数学·统计学系列

U0198952

Combinatorial Mathematics

组合数学

● 陈景润 著

HITP

哈尔滨工业大学出版社

HARBIN INSTITUTE OF TECHNOLOGY PRESS

内容提要

本书为组合数学的经典教材,共分为六章。书中列举了大量组合问题和例题,并尽可能使用初等方法来解决它们,以使广大读者能够掌握组合论的思想和方法。本书内容丰富,叙述由浅入深,每章都有习题,另附习题解答。

本书对初学组合论的读者是一本较好的入门书,对于中学教师、大学理工科学生和广大的工程技术人员以及从事科学研究的工作者也是一本较好的参考书。

图书在版编目(CIP)数据

组合数学/陈景润著. —哈尔滨:哈尔滨工业
大学出版社,2012.4(2024.5 重印)
ISBN 978-7-5603-3564-3

Ⅰ.①组…　Ⅱ.①陈…　Ⅲ.①组合数学　Ⅳ.①O157

中国版本图书馆 CIP 数据核字(2012)第 056076 号

策划编辑　刘培杰　张永芹
责任编辑　王勇钢
封面设计　孙茵艾
出版发行　哈尔滨工业大学出版社
社　　址　哈尔滨市南岗区复华四道街 10 号　邮编 150006
传　　真　0451－86414749
网　　址　http://hitpress.hit.edu.cn
印　　刷　哈尔滨博奇印刷有限公司
开　　本　787mm×1092mm　1/16　印张 13.25　字数 250 千字
版　　次　2012 年 4 月第 1 版　2024 年 5 月第 7 次印刷
书　　号　ISBN 978-7-5603-3564-3
定　　价　28.00 元

序言

组合数学是一门新兴的数学分支,它研究有关离散对象在各种约束条件下的安排和配置的问题,它在理论上与数论、代数学、函数论、概率统计等有密切的关系,在国防工业、物理、化学、生物、计算机科学、空间技术、信息编码、物质结构、遗传工程、实验设计、管理科学、人工智能等二十多个领域内都有重要的应用。因而,成为受到普遍重视的学科,近二十多年来其发展尤为迅速,据不完全统计,国外发表的论文有七万篇。国内研究者越来越多。

组合数学具有悠久的历史,现在世界上许多组合数学家认为中国是先期组合数学的发源地。这门古老的学问之所以焕发出新的活力,主要是由于计算机的出现和计算机科学的蓬勃发展,提出了一系列传统数学无法解决的理论和实际问题,这促使数学工作者以现代的理论和方法,把组合数学建立在全新的基础之上,成为计算机科学发展的一个不可分割的组成部分。因此,组合数学的发展,对于我国科学技术现代化,具有重要的现实意义。

最近我们到了河南省数学研究所、新乡师范学院、河南师范大学以及两次到贵州省讲学,特别是在贵州民族学院讲了较长时间的组合数学,我们欣喜地看到一代年轻的组合数学工作者成长起来,而要求学习掌握组合论这一门数学学科的人越来

1

多了,他们普遍希望能看到供理工科学生阅读的参考书,因而我们把讲学的部分内容编写成了《组合数学》这本书。

书中介绍组合论的计数问题,以及解决计数问题的数学工具,如加法原则、乘法原则、抽屉原则、容斥原理、递推关系和母函数等。书中列举了大量组合问题和例题,并尽可能使用初等方法来解决它们,以使广大读者能够掌握组合论的思想和方法。本书内容丰富,叙述由浅入深,每章都有习题,另附习题解答。本书对初学组合论的读者是一本较好的入门书,对于中学教师、大学理工科学生和广大的工程技术人员以及从事科学研究的工作者也是一本较好的参考书。

在写这本书的过程中,我们得到中国科学院数学研究所的领导和同志们的支持,河南省数学研究所、新乡师范学院、河南师范大学和贵州民族学院等广大师生亦给予帮助和支持;本书初稿经过贵州民族学院副院长谭鑫教授、数学系林敬藩主任和贵州教育学院李长明副院长阅读并提出宝贵意见,特别应该提到的是贵州民族学院数学系的黎鉴愚老师,他非常详细地阅读了本书初稿,提出了很多宝贵意见和建议,并对本书的编写工作给予了很大的帮助;谨在此一并表示衷心感谢。

由于时间短促,书中可能存在不少的疏漏,希望同志们批评指正。

陈景润

1983 年 12 月

目

录

引　言

第一章

组合论又叫组合数学,它是一个历史很久的数学分支.组合论所研究的中心问题是按照一定的规则来安排一些物件有关的数学问题,当符合所要求的安排并不是很显然不存在或存在时,那么我们首要的问题就是去证明它的不存在或是去证明它的存在.当符合所要求的安排显然是存在或是我们已经证明它是存在时,那么求出这样的安排的(全部或其中不等价的)个数,以及怎样才能够把这样的安排求出来的问题,如果它还给出了最优化的标准,则还需寻求出最优的安排如此等等.上述几方面问题依次被称为存在性问题、计数问题、构造问题、最优化问题.

几千年以前人们就已经开始研究组合论,据传早在《河图》中,我国人民就已经对一些有趣的组合问题给出了正确的解答.

§1　洛书的传说和构成

在我国人民的神话传说中,有一位人物是很著名的,他就是禹.据传早在四千多年以前,大禹为了治理那个容易泛滥成

1

灾的黄河,曾经领导人民日夜奔忙地工作,据说几次过家门都没有时间停下去看看妻儿,这种大公无私的精神,今天看来还是令人感动.据传在大禹治好那滚滚汹涌的河流后,就有龙马从河中跃出献出河图,另外在洛河里也有一只大乌龟背驮了就是这个出名的洛书给大禹.据说这洛书河图都包含了治理国家的大道理.这传说历史倒很悠久,在《论语》中,孔夫子就因为当时世风日下,人心不古,没有圣人之治,以致"河不出图"而感慨万千.

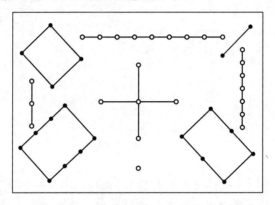

洛书

洛书上的每个圆圈都是代表一个1,所以如果我们把洛书上的图形用阿拉伯数字写出来就是图1.图1是由1到9这九个数所组成的具有三行三列的一个方形阵列,其中每行、每列以及每条对角线上三个数之和都等于15.即

4	9	2
3	5	7
8	1	6

图1

$$4+9+2=15, 3+5+7=15$$
$$8+1+6=15, 4+3+8=15$$
$$9+5+1=15, 2+7+6=15$$
$$4+5+6=15, 2+5+8=15$$

又在图1中我们有

$$2+6+8+4=20, 7+1+3+9=20$$
$$6+8+4+2=20, 1+3+9+7=20$$
$$8+4+2+6=20, 3+9+7+1=20$$
$$4+2+6+8=20, 9+7+1+3=20$$

现在我们来说明图1是怎样得到的,我们取九张同样大小的正方形纸块,并在九张纸上,写上从1到9的数目字.然后再将它们按照图2来进行排列.排列好后,将图2中的1和9位置进行对调,同时再将图2中的3和7位置进行对调.这样我们就得到了图3.现在我们把记有1,3,9,7的纸块向中间5的纸块移近.于是我们就得到了图1.这个方法记载在1275年宋代的大数学家杨辉写的书上,书名叫做《续古摘奇算经》.他写道:"九子斜排,上下对易,左右相更,

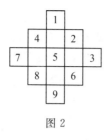

图 2

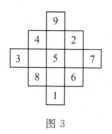

图 3

四维挺进,戴九履一,左三右七,二四为肩,六八为足."杨辉称这种图为"纵横图",而且是第一个中国数学家对这方面的深入研究.后来外国人也开始研究杨辉研究过的这一种洛书,并且把它推广,即将 $1,2,\cdots,n$ 个自然数放进由 n^2 个小正方形组成的正方形方阵里,要求纵、横及对角线的和都相等,满足这些要求的方阵称为"n 阶纵横图",国外称为"n 阶魔术方阵"或"n 阶幻方".这样洛书就是三阶纵横图或三阶幻方.由于

$$16+2+3+13=34,5+11+10+8=34$$
$$9+7+6+12=34,4+14+15+1=34$$
$$16+5+9+4=34,2+11+7+14=34$$
$$3+10+6+15=34,13+8+12+1=34$$
$$16+11+6+1=34,13+10+7+4=34$$

所以图 4 就是一个四阶的纵横图,现在我们要推广杨辉的方法来算出一个五阶的纵横图,也就是说我们在二十五个小方格的上面写上从 1 开始到 25.然后我们根据杨辉的九子斜排,改为二十五子斜排就得到图 5,在图 5 中居上的有 1,6,2.居下的有 24,20,25.然后再根据杨辉的上下对易,把 1 调到 19 的上面,把 2 调到 20 的上面,把 6 调到 24 的上面,就得到图 6.然后再把图 6 居下的调到上面去,把 24 调到 12 的上面,把 20 调到 8 的上面,把 25 调要 13 的上面,这样

图 4

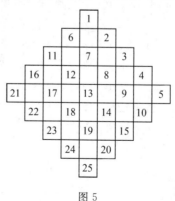

图 5

3

就得到图 7.最后我们来进行左右相更,居左的有 16,21,22,居右的有 4,5,10.
现在我们把居左的 16 调到 8 的右边去,把 22 调到 14 的右边去,把 21 调到 13
的右边去.这样我们就得到图 8.然后再把图 8 中居右的 4 调到 12 的左边去,把
10 调到 18 的左边去,把 5 调到 13 的左边去,这样就得到图 9,这就是我们所需
要的五阶纵横图.

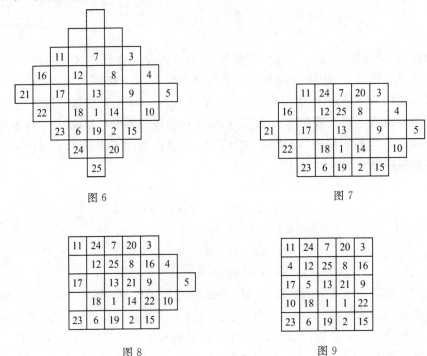

图 6   图 7

图 8   图 9

由于
$$11+24+7+20+3=65,11+4+17+10+23=65$$
$$4+12+25+8+16=65,24+12+5+18+6=65$$
$$17+5+13+21+9=65,7+25+13+1+19=65$$
$$10+18+1+14+22=65,20+8+21+14+2=65$$
$$23+6+19+2+15=65,3+16+9+22+15=65$$
$$11+12+13+14+15=65,3+8+13+18+23=65$$
所以图 9 就是一个五阶的纵横图.

由于
$$27+29+2+4+13+36=111$$
$$9+11+20+22+31+18=111$$
$$32+25+7+3+21+23=111$$

$$14+16+34+30+12+5=111$$
$$28+6+15+17+26+19=111$$
$$1+24+33+35+8+10=111$$
$$27+9+32+14+28+1=111$$
$$29+11+25+16+6+24=111$$
$$2+20+7+34+15+33=111$$
$$4+22+3+30+17+35=111$$
$$13+31+21+12+26+8=111$$
$$36+18+23+5+19+10=111$$
$$27+11+7+30+26+10=111$$
$$36+31+3+34+6+1=111$$

27	29	2	4	13	36
9	11	20	22	31	18
32	25	7	3	21	23
14	16	34	30	12	5
28	6	15	17	26	19
1	24	33	35	8	10

图 10

所以图 10 就是一个六阶的纵横图.

由于 n 阶魔术方阵中的所有整数的和是 $1+2+3+\cdots+n^2$,而这个数等于 $\dfrac{n^2(n^2+1)}{2}$,所以 n 阶魔术方阵的每行(或每列或每条对角线)的数值都等于 $\dfrac{n(n^2+1)}{2}$. 又我们将在习题中证明不存在有二阶的魔术方阵,若读者对魔术方阵感兴趣,可以参阅 W. W. Rouse. Ball 写的书,书名为《Mathematical Recreations and Essays》,该书中的第 193 到 221 页详细地讨论了这个问题. 又该书是由 New York:Macmillan 出版社于 1962 年出版的.

§2 关于斐波那契数列

斐波那契(Leonarde Fibonacci)生于 1175 年,是意大利的一位很著名的数学家. 在 1202 年他写了一本数学书,书名叫做《Liber Abaci》,在这本书中提出了一个很有名的"关于兔子生兔子的数学问题",即有一个人把一对小兔子放在四面都围着的地方,他想知道一年以后总共有多少对兔子生出来. 假定一对小兔子经过一个月以后就能够长大成为一对大兔子,而一对大兔子经过一个月以后就能够生出一对小兔子. 这是一个算术问题,但是它却不能够使用普通的算术公式来进行计算. 我们使用记号△来表示一对小兔子而用记号○来表示一对大兔子. 不妨假定时间是由 1 月 1 日开始进行计算的. 我们使用记号 F_n 来表示在 n 月 1 日总共有兔子的对数,即在 n 月 1 日总共有 F_n 对. 我们可以使用下面的图形来表示兔子的繁殖情况,其中实箭头 → 表示一对小兔子长大成为一对大兔子或表示一对大兔子照样生长,而虚箭头 ┄→ 表示生下来的一对小兔子.

我们使用记号 $F_n^{(大)}$ 来表示在 n 月 1 日大兔子对的数目,而用 $F_n^{(小)}$ 来表示在

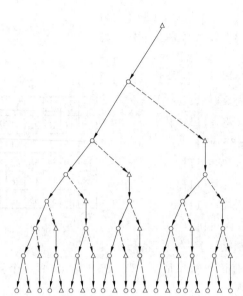

在1月1日只有一对小兔子

在2月1日只有一对大兔子

在3月1日有一对大兔子和
一对小兔子

在4月1日有两对大兔子和
一对小兔子

在5月1日有三对大兔子和
两对小兔子

在6月1日有五对大兔子和
三对小兔子

在7月1日有八对大兔子和
五对小兔子

在8月1日有十三对大兔子
和八对小兔子

n 月 1 日小兔子对的数目,并把上面的计算结果列表如下:

n	1	2	3	4	5	6	7	8	9
$F_n^{(大)}$	0	1	1	2	3	5	8	13	21
$F_n^{(小)}$	1	0	1	1	2	3	5	8	13
F_n	1	1	2	3	5	8	13	21	34

当 $n \geqslant 1$ 时,则由 $F_n, F_n^{(大)}, F_n^{(小)}$ 的定义我们有

$$F_n = F_n^{(大)} + F_n^{(小)} \tag{1}$$

$$F_n = F_{n+1}^{(大)}, F_n^{(大)} = F_{n+1}^{(小)} \tag{2}$$

当 $n \geqslant 3$ 时,则由式(1)和(2)我们有

$$F_n = F_n^{(大)} + F_n^{(小)} = F_{n-1} + F_{n-1}^{(大)} = F_{n-1} + F_{n-2} \tag{3}$$

当 $n \geqslant 3$ 时使用 $F_1 = F_2 = 1$ 和式(3)我们可以计算出 F_n 的数值.经过计算我们得列表 1.使用 $F_{42} = 267\ 914\ 296$ 知道只由一对小兔子经过三年半时间就可以繁殖为二亿六千七百九十一万又四千二百九十六对兔子,由于兔子不会以这样快的速率生育,所以这不过是一个假设问题.

今 $F_1 = F_2 = 1$,而当 $n \geqslant 3$ 时,令 $F_n = F_{n-1} + F_{n-2}$,数学家后来就把这数列 $F_1, F_2, \cdots, F_n, \cdots$(即 $1,1,2,3,5,8,13,21,34,55,89,144,233,377,\cdots$)叫做斐波那契数列(Fibonacci Sequence)以纪念这个最先得到这个数列的数学家,其中的 F_n 系表示这数列中的第 n 项.由于这个数列在数学、物理和化学中是一个常出现的数列,又具有很奇特的数学性质,所以美国数学会每三个月就出版一本专门对这数列进行研究的季刊，称为《斐波那契季刊》(Fibonacci Quarterly)，法国著名数学家鲁卡斯(E. Lucas)在研究数论时发现素数分布问题是和斐波那契数有关，因而他发现一种新的数列.

令 $L_1 = 1, L_2 = 3$，而当 $n \geqslant 3$ 时，令 $L_n = L_{n-1} + L_{n-2}$，数学家称这数列 L_1，$L_2, \cdots, L_n, \cdots$（即 1,3,4,7,11,18,29,47,76,123,199,322,521,$\cdots$）为鲁卡斯数列. 鲁卡斯数列和斐波那契数列具有某些相同的性质. 例如自从第二项以后的项是由前面二项的和组成.

表 1

n	F_n	n	F_n	n	F_n
1	1	15	610	29	514 229
2	1	16	987	30	832 040
3	2	17	1 597	31	1 346 269
4	3	18	2 584	32	2 178 309
5	5	19	4 181	33	3 524 578
6	8	20	6 765	34	5 702 887
7	13	21	10 946	35	9 227 465
8	21	22	17 711	36	14 930 352
9	34	23	28 657	37	24 157 817
10	55	24	46 368	38	39 088 169
11	89	25	75 025	39	63 245 986
12	144	26	121 393	40	102 334 155
13	233	27	196 418	41	165 580 141
14	377	28	317 811	42	267 914 296

§3 哥尼斯堡的七桥问题

欧拉(L. Euler,1707—1783)在 1727 年二十岁的时候，被俄国请去在圣彼得堡的科学院做研究工作. 差不多在这个时候，他的德国朋友告诉他一个曾经令许多人困惑的问题. 原来在当时的东普鲁士有一个小城镇叫做哥尼斯堡(Konigsberg)，这城中有一条河横贯市内，河中心有两个小岛. 在当时有七座桥把这两个小岛和对岸联结起来(图 10).

在周末当地的市民喜欢去城里散步买东西. 有人曾想法子从家里出发走过

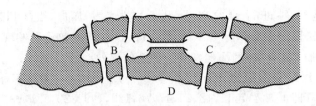

图 10

所有的桥回到家里,他们想是否能够从某座桥出发使得所走过的桥都只一次. 许多人试过都不成功,现在是否有一种方法能这样走过.

欧拉的朋友告诉欧拉这个"哥尼斯堡七桥问题",要他想法子解决.

欧拉并没有跑到哥尼斯堡去走走. 他把这个问题化成了这样的问题来看. 把两岸和小岛各缩成为一点,把桥化为边,两个顶点有边联结,当且仅当这两点所代表的地区有桥联结起来. 这样欧拉就得到一个图(图 11),欧拉考虑这个图能否用一笔画成,如果能够的话,则对应的七桥问题,也就能解决了. 欧拉先研究一般能一笔画成的图应该具有什么样的性质? 他发现它们可以分成为两类,全部点都是偶点或是两个奇点(欧拉把进出的边总数是偶数的点叫做偶点,把进出的边总数是奇数的点叫做奇点).

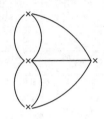

图 11

我们知道,如果一个图能够用一笔画成,那么在这个图上一定有一个点开始画,称做始点;同时也一定有终止点,称做终点;我们把图上的其他点称做过路点,因为我们要经过它,首先我们来看看过路点具有什么性质? 它是有进有出的点,也就是说如果有一个边进入这点,那么就一定要有一条边从这点出去,不可能有出无进,否则它就会变成为起点,也不可能有进无出,否则它就会变成为终点. 因此在过路点进出的边的总数应该是偶数,即过路点应该是偶点.

当起点和终点是同一个点时,那么它也是属于有进有出的点型的点,因此它一定是偶点,这样就得到图上全体的点都是偶点.

如果起点和终点不是同一个点,那么它们一定是奇点. 这样就知道图上应该有两个奇点.

由于在七桥问题上的图中的点,都是奇点,即共有四个奇点,所以说图 11 一定不能够用一笔画成.

在巴黎(Paris)的情况就不同. 有一条河,河中心有两个岛,有 15 座桥把这两个岛和对岸联结起来(图 12).

由于通过两岛之中任一个岛的桥的

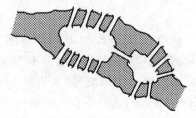

图 12

数目都是偶数,而通过两岸的任一个岸的桥的数目都是奇数,这就表示由任一个岸出发都存在有一条路,它使所有的桥都只走一次而到达另外的一个岸.

§4　计数趣谈

18 世纪德国出了一位大科学家高斯,他生在一个很贫穷的家庭里,他父亲是一个劳苦的工人,高斯在还不会说话时就开始学习算术了,当高斯三岁的时候,有一天晚上他看着父亲计算工钱,还纠正了父亲计算中的错误.

长大以后他成为当时最杰出的数学家、物理学家和天文学家. 现在电磁学中的一些单位就是用他的名字命名的. 数学家们则称他为"数学王子".

高斯八岁时进入乡村小学读书. 教算术的老师是一个从城里来的人,他觉得在乡下教几个穷小孩读书真是大材小用. 他认为,穷人的孩子天生都是笨蛋,这些蠢笨的孩子一定不会把念念好,如果有机会还应该打他们几下,以使自己在这枯燥的生活里增添一些乐趣.

有一天,算术老师情绪很低落,同学们看到老师非常不高兴的脸儿,都害怕起来,心想今天可能又要挨老师的打了.

老师说:"你们今天替我算算 1 加 2 加 3 加 4 加 5 一直加到 100 的和,谁算不出来就罚他不准回家吃午饭!"老师讲完这句话后,一言不发地拿起一本小说坐到椅子里看书去了.

课堂里的小朋友们拿起石板开始计算:"1 加 2 等于 3,3 加 3 等于 6,6 加 4 等于 10,10 加 5 等于 15,15 加 6 等于 21,21 加 7 等于 28,28 加 8 等于 36,……"有些小朋友加到几个数字后就把石板上的结果擦掉了,再加下去,数字越来越大,很不好算,不少孩子的脸涨得通红,有的孩子的头上渗出了汗珠.

还不到半点钟,小高斯拿起了他的石板走上前去:"老师,答案是不是这样?"

老师头也不抬,挥着那肥厚的手,说:"去! 回去再算! 错了!"他想不可能这么快学生就会有答案的.

可是高斯却站着不动,把石板伸向老师面前:"老师,我想这个答案是对的."

算术老师本想要怒吼起来,可是一看石板上整整齐齐写了这样的数 5 050,他惊奇起来,因为他自己曾经算过,得到的数值也是 5 050,这个八岁的小鬼怎么这样快就得到了这个数值呢?

高斯解释了他发现的一个方法,这个方法就是古时中国人和希腊人用来计算级数 $1+2+3+\cdots+n$ 的方法. 高斯的发现使老师觉得羞愧,觉得自己以前目空一切和轻视穷人家的孩子的观点是不对的,他以后也认真教起书来,并且还总从城里买些数学书自己进修并借给高斯看.在他的鼓励下,高斯以后便在数学上作了一些重要的研究了.

　　古时的中国人和希腊人怎样算 $1+2+3+\cdots+n$,宋代数学家杨辉和他的学生们用 1 个圆球代表 1,用 2 个圆球代表 2,用 3 个圆球代表 3,当 $n\geqslant 4$ 时,用 n 个圆球代表 n.于是有

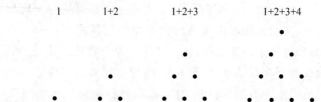

　　一般我们用 S_n 来表示 $1+2+3+\cdots+n$ 的值,现在要知道 S_n 的数目,我们可以设想有另外一个 S_n(这里用白圆球来表示),把它倒放,并和原来的 S_n 靠拢拼合起来,我们就得到一个平行四边形:

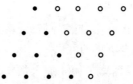

总共有 n 行,每一行有 $n+1$ 个圆球,所以全部有 $n(n+1)$ 个圆球,这是两个 S_n,因此一个 S_n 应该是 $n(n+1)\div 2$.

　　现在我们使用更简单的办法来计算这个和.

　　当 $n\geqslant 6$ 时,利用

$$1+2+3+4+\cdots+(n-1)+n=n+(n-1)+\cdots+4+3+2+1$$

由于

	1	2	3	4	$\cdots$	$n-1$	n
(+)	n	$n-1$	$n-2$	$n-3$	$\cdots$	2	1
	$n+1$	$n+1$	$n+1$	$n+1$	$\cdots$	$n+1$	$n+1$

总共有 n 个 $n+1$,所以我们有

$$2\{1+2+3+4+\cdots+(n-1)+n\}=$$
$$\{1+2+3+4+\cdots+(n-1)+n\}+\{n+(n-1)+(n-2)+$$
$$(n-3)+\cdots+2+1\}=$$
$$\underbrace{(n+1)+(n+1)+(n+1)+(n+1)+\cdots+(n+1)+(n+1)}_{n\text{个}}$$

所以　　　　　$$1+2+3+4+\cdots+(n-1)+n=\frac{n(n+1)}{2}$$

又当 $n \geqslant 11$ 时,我们有

$$1+3+5+7+\cdots+(2n-3)+(2n-1)=$$
$$(2n-1)+(2n-3)+(2n-5)+(2n-7)+\cdots+3+1$$

由于

	1	3	5	7	$\cdots$	$2n-3$	$2n-1$
(+)	$2n-1$	$2n-3$	$2n-5$	$2n-7$	$\cdots$	3	1
	$2n$	$2n$	$2n$	$2n$	$\cdots$	$2n$	$2n$

上面共有 n 个 $2n$,所以我们有

$$2\{1+3+5+7+\cdots+(2n-3)+(2n-1)\}=$$
$$\{1+3+5+7+\cdots+(2n-3)+(2n-1)\}+\{(2n-1)+$$
$$(2n-3)+(2n-5)+(2n-7)+\cdots+3+1\}=$$
$$n\cdot(2n)=2n^2$$

因此

$$1+3+5+7+\cdots+(2n-3)+(2n-1)=n^2 \qquad (4)$$

§5 数学归纳法

数学归纳法是在组合论中被广泛地应用的方法.数学归纳法的用途是它可以推断某些在一系列的特殊情形已经成立了的数学命题在一般的情形下是不是也真确.它的原则是这样的:

假如有一个数学命题符合下面两个条件:(1) 这个命题对 $n=1$ 是真确的;(2)假设这个命题对任一个正整数 $n=k-1$ 是真确的,那么我们就可以推出它对于 $n=k$ 也真确;则我们说这个命题对于所有的正整数 n 都是真确的.

如果我们说数学归纳法的原则不是真确的,那就是说这个命题并非对所有的正整数 n 都是真确的,那么我们一定可以找到一个最小的使命题不真确的正整数 m.由于已知这个命题对 $n=1$ 是真确的,所以 m 一定大于 1.由于 m 是一个大于 1 的正整数,所以 $m-1$ 也是一个正整数.但 m 是使命题不真确的最小的正整数,由于 $m-1$ 小于 m,所以命题对 $n=m-1$ 一定真确.这样就得出,对于正整数 $m-1$ 命题是真确的,而对于紧接着的正整数 m,命题不真确.这和数学归纳法原则中的条件(2) 相冲突.

下面举一些用数学归纳法证明问题的例子.

例 1 证明 n^3+5n 是 6 的倍数(这里 n 是一个正整数).

证明 这里的数学命题就是指 n^3+5n 是 6 的倍数.

(1) 当 $n=1$ 时有 $n^3+5n=6$，因而当 $n=1$ 时数学命题成立.

(2) 设 k 是一个 $\geqslant 2$ 的整数.令这个数学命题对 $n=k-1$ 成立,即假定
$$(k-1)^3+5(k-1)=6m$$
成立,其中 m 是一个整数.由此来推出 k^3+5k 是 6 的倍数.事实上,由归纳法假设
$$k^3+5k=(k-1+1)^3+5(k-1)+5=$$
$$(k-1)^3+3(k-1)^2+3(k-1)+1+5(k-1)+5=$$
$$(k-1)^3+5(k-1)+3(k-1)k+6=$$
$$6\left(m+1+\frac{k(k-1)}{2}\right)$$

由于 k 是一个整数,所以 $\dfrac{k(k-1)}{2}$ 也是一个整数,因而 $m+1+\dfrac{k(k-1)}{2}$ 是一个整数.由此说明 k^3+5k 确实是 6 的倍数.因而 n^3+5n 是 6 的倍数对所有的正整数 n 都成立.

例 2 设 n 是一个正整数,$x_1,\cdots,x_n,y_1,\cdots,y_n$ 都是实数,则
$$(x_1y_1+\cdots+x_ny_n)^2\leqslant(x_1^2+\cdots+x_n^2)(y_1^2+\cdots+y_n^2) \tag{5}$$
成立.

证明 这里的数学命题是式(5)是真确的.

(1) 当 $n=1$ 时我们有 $x_1^2y_1^2\geqslant(x_1y_1)^2$,故式(5)是成立的.

(2) 设 k 是一个 $\geqslant 2$ 的整数.令这个数学命题对 $n=k-1$ 成立.即假定
$$(x_1y_1+\cdots+x_{k-1}y_{k-1})^2\leqslant(x_1^2+\cdots+x_{k-1}^2)(y_1^2+\cdots+y_{k-1}^2) \tag{6}$$
成立.由此来推出 $(x_1y_1+\cdots+x_ky_k)^2\leqslant(x_1^2+\cdots+x_k^2)(y_1^2+\cdots+y_k^2)$ 成立.由式(6)我们有
$$(x_1y_1+\cdots+x_{k-1}y_{k-1}+x_ky_k)^2=$$
$$(x_1y_1+\cdots+x_{k-1}y_{k-1})^2+x_k^2y_k^2+2x_ky_k(x_1y_1+\cdots+x_{k-1}y_{k-1})\leqslant$$
$$(x_1^2+\cdots+x_{k-1}^2)(y_1^2+\cdots+y_{k-1}^2)+x_k^2y_k^2+2x_ky_k(x_1y_1+\cdots+x_{k-1}y_{k-1}) \tag{7}$$

由于 x_i,y_i（其中 $i=1,2,\cdots,k$）都是实数,所以我们有
$$x_k^2y_i^2+x_i^2y_k^2-2x_ky_kx_iy_i=(x_ky_i-x_iy_k)^2\geqslant 0$$
即 $2x_ky_kx_iy_i\leqslant x_k^2y_i^2+x_i^2y_k^2$.故得到
$$x_k^2y_k^2+2x_ky_k(x_1y_1+\cdots+x_{k-1}y_{k-14})\leqslant$$
$$x_k^2(y_1^2+\cdots+y_k^2)+y_k^2(x_1^2+\cdots+x_{k-1}^2) \tag{8}$$
由式(7)和式(8)我们有
$$(x_1y_1+\cdots+x_ky_k)^2\leqslant(x_1^2+\cdots+x_k^2)(y_1^2+\cdots+y_k^2)$$
即式(5)对于所有的正整数 n 都成立.

下面所列举的几个从数字计算中所出现的猜想问题,表面看来是很困难的,但是实际上使用数学归纳法却是很容易证明的. 例如,经过计算,我们得知

$$1 - 2^2 + 3^2 = 1 + 2 + 3$$
$$1 - 2^2 + 3^2 - 4^2 + 5^2 = 1 + 2 + 3 + 4 + 5$$
$$1 - 2^2 + 3^2 - 4^2 + 5^2 - 6^2 + 7^2 = 1 + 2 + 3 + 4 + 5 + 6 + 7$$
$$1 - 2^2 + 3^2 - 4^2 + 5^2 - 6^2 + 7^2 - 8^2 + 9^2 =$$
$$1 + 2 + 3 + 4 + 5 + 6 + 7 + 8 + 9$$
$$1 - 2^2 + 3^2 - 4^2 + 5^2 - 6^2 + 7^2 - 8^2 + 9^2 - 10^2 + 11^2 =$$
$$1 + 2 + 3 + 4 + 5 + 6 + 7 + 8 + 9 + 10 + 11$$

因而,我们猜想当 $n \geqslant 3$ 时,则

$$1 - 2^2 + 3^2 - 4^2 + 5^2 - \cdots - (2n)^2 + (2n+1)^2 =$$
$$1 + 2 + 3 + 4 + 5 + \cdots + (2n) + (2n+1) \tag{9}$$

成立. 现在我们使用数学归纳法来证明,当 $n \geqslant 3$ 时,式(9)是成立的. 即设 $k \geqslant 3$,而当 $n = k$ 时,式(9)成立,而来证明当 $n = k + 1$ 时,式(9)也成立. 由于假设 $n = k$ 时,式(9)是成立的,所以我们有

$$1 - 2^2 + 3^2 - 4^2 + 5^2 - \cdots - (2k)^2 + (2k+1)^2 - (2(k+1))^2 +$$
$$(2(k+1)+1)^2 =$$
$$1 + 2 + 3 + 4 + 5 + \cdots + 2k + (2k+1) - (2k+2)^2 + (2k+3)^2 =$$
$$1 + 2 + 3 + 4 + 5 + \cdots + 2k + (2k+1) - (2k)^2 - 8k - 4 + (2k)^2 + 12k + 9 =$$
$$1 + 2 + 3 + 4 + 5 + \cdots + 2k + (2k+1) + 4k + 5 =$$
$$1 + 2 + 3 + 4 + 5 + \cdots + 2k + (2k+1) + 2(k+1) + (2(k+1)+1)$$

故当 $n = k + 1$ 时,式(9)是成立的,因此式(9)得证.

经过计算,我们得知

$$1 - 2^2 = -(1 + 2)$$
$$1 - 2^2 + 3^2 - 4^2 = -(1 + 2 + 3 + 4)$$
$$1 - 2^2 + 3^2 - 4^2 + 5^2 - 6^2 = -(1 + 2 + 3 + 4 + 5 + 6)$$
$$1 - 2^2 + 3^2 - 4^2 + 5^2 - 6^2 + 7^2 - 8^2 =$$
$$-(1 + 2 + 3 + 4 + 5 + 6 + 7 + 8)$$
$$1 - 2^2 + 3^2 - 4^2 + 5^2 - 6^2 + 7^2 - 8^2 + 9^2 - 10^2 =$$
$$-(1 + 2 + 3 + 4 + 5 + 6 + 7 + 8 + 9 + 10)$$

因而我们猜想,当 $n \geqslant 3$ 时,则

$$1 - 2^2 + 3^2 - 4^2 + \cdots + (2n-1)^2 - (2n)^2 =$$
$$-(1 + 2 + 3 + 4 + \cdots + (2n-1) + (2n)) \tag{10}$$

成立. 现在我们又使用数学纳法来证明,当 $n \geqslant 3$ 时,式(10)是成立的. 即设 $k \geqslant 3$,而当 $n = k$ 时,式(10)是成立的,而来证明当 $n = k + 1$ 时,式(10)也成立.

13

由于假设当 $n=k$ 时,式(10)是成立的,所以我们有

$$1-2^2+3^2-4^2+\cdots+(2k-1)^2-(2k)^2+(2(k+1)-1)^2-(2(k+1))^2=$$
$$-(1+2+3+4+\cdots+2k)+(2k+1)^2-(2k+2)^2=$$
$$-(1+2+3+4+\cdots+2k)+4k^2+4k+1-4k^2-8k-4=$$
$$-(1+2+3+4+\cdots+2k)-(2k+1)-(2k+2)=$$
$$-(1+2+3+4+\cdots+2k+(2k+1)+(2k+2))$$

故当 $n=k+1$ 时,式(10)是成立的,因而式(10)得证.

经过计算,我们得知

$$1^3+2^3=(1+2)^2$$
$$1^3+2^3+3^3=(1+2+3)^2$$
$$1^3+2^3+3^3+4^3=(1+2+3+4)^2$$
$$1^3+2^3+3^3+4^3+5^3=(1+2+3+4+5)^2$$
$$1^3+2^3+3^3+4^3+5^3+6^3=(1+2+3+4+5+6)^2$$
$$1^3+2^3+3^3+4^3+5^3+6^3+7^3=(1+2+3+4+5+6+7)^2$$

因而我们猜想,当 $n\geqslant 3$ 时,则

$$1+2^3+\cdots+n^3=(1+2+\cdots+n)^2 \tag{11}$$

成立. 现在我们也使用数学归纳法来证明,当 $n\geqslant 3$,而当 $n=k$ 时,式(11)是成立的. 即设 $k\geqslant 3$,而当 $n=k$ 时,式(11)成立,而来证明当 $n=k+1$ 时,式(11)也成立. 由于假设当 $n=k$ 时,式(11)是成立的,所以我们有

$$1+2^3+\cdots+k^3+(k+1)^3=$$
$$(1+2+\cdots+k)^2+(k+1)^3=$$
$$(1+2+\cdots+k)^2+(k+1)^3-(1+2+\cdots+k+(k+1))^2+$$
$$(1+2+\cdots+k+(k+1))^2=$$
$$(1+2+\cdots+k)^2+(k+1)^3-(1+2+\cdots+k)^2-$$
$$2(1+2+\cdots+k)(k+1)-(k+1)^2+(1+2+\cdots+k+(k+1))^2=$$
$$(k+1)((k+1)^2-2(1+2+\cdots+k)-(k+1))+$$
$$(1+2+\cdots+k+(k+1))^2=$$
$$(k+1)\left((k+1)^2-\frac{2k(k+1)}{2}-(k+1)\right)+$$
$$(1+2+\cdots+k+(k+1))^2=$$
$$(1+2+\cdots+k+(k+1))^2$$

故当 $n=k+1$ 时,式(11)是成立的,因而式(11)得证.

　　组合学这门学科的飞速进展,乃是最近几十年的事,这是由于多种因素促进的结果.一方面组合论受到了许多新兴的应用和理论学科的推动和刺激,例如电子计算机科学、数字通信理论、规划论等等.另一方面,又由于组合论内部

的理论的要求也使它不断地向前发展,因而使得这一门具有很长历史的数学学科现在不仅没有衰老,相反的,却是非常活跃并具有很好的成果.

习 题

1.证明不存在有二阶魔术方阵.

2.证明三阶魔术方阵中,5一定要在中间.

3.是否存在一个四阶魔术方阵,具有形式

2	3	⋯	⋯
4	⋯	⋯	⋯
⋯	⋯	⋯	⋯
⋯	⋯	⋯	⋯

4.请用杨辉方法做一个七阶魔术方阵.

5.验证

64	2	3	61	60	6	7	57
9	55	54	12	13	51	50	16
17	47	46	20	21	43	42	24
40	26	27	37	36	30	31	33
32	34	35	29	28	38	39	25
41	23	22	44	45	19	18	48
49	15	14	52	53	11	10	56
3	58	59	5	4	62	63	1

是一个八阶魔术方阵.

6.验证[①]

47	58	69	80	1	12	23	34	45
57	68	79	9	11	22	33	44	46
67	78	8	10	21	32	43	54	56
77	7	18	20	31	42	53	55	66

---

① 编校注:此处由于数表太长,只能两页排版,因此表的前半部分表最下不封口,表示表未完.

6	17	19	30	41	52	63	65	76
16	27	29	40	51	62	64	75	5
26	28	39	50	61	72	74	4	15
36	38	49	60	71	73	3	14	25
37	48	59	70	81	2	13	24	35

是一个九阶的魔术方阵.

7. 验证

68	81	94	107	120	1	14	27	40	53	66
80	93	106	119	11	13	26	39	52	65	67
92	105	118	10	12	25	38	51	64	77	79
104	117	9	22	24	37	50	63	76	78	91
116	8	21	23	36	49	62	75	88	90	103
7	20	33	35	48	61	74	87	89	102	115
19	32	34	47	60	73	86	99	101	114	6
31	44	46	59	72	85	98	100	113	5	18
43	45	58	71	84	97	110	112	4	17	30
55	57	70	83	96	109	111	3	16	29	42
56	69	82	95	108	121	2	15	28	41	54

是一个十一阶的魔术方阵.

又验证

93	108	123	138	153	168	1	16	31	46	61	76	91
107	122	137	152	167	13	15	30	45	60	75	90	92
121	136	151	166	12	14	29	44	59	74	89	104	106
135	150	165	11	26	28	43	58	73	88	103	105	120
149	164	10	25	27	42	57	72	87	102	117	119	134
163	9	24	39	41	56	71	86	101	116	118	133	148
8	23	38	40	55	70	85	100	115	130	132	147	162
22	37	52	54	69	84	99	114	129	131	146	161	7

36	51	53	63	83	98	113	128	143	145	160	6	21
50	65	67	82	97	112	127	142	144	159	5	20	35
64	66	81	96	111	126	141	156	158	4	19	34	49
78	80	95	110	125	140	155	157	3	18	33	48	63
79	94	109	124	139	154	169	2	17	32	47	62	77

是一个十三阶的魔术方阵.

再验证

122	139	156	173	190	207	224	1	18	35	52	69	86	103	120
138	155	172	189	206	223	15	17	34	51	68	85	102	119	121
154	171	188	205	222	14	16	33	50	67	84	101	118	135	137
170	187	204	221	13	30	32	49	66	83	100	117	134	136	153
186	203	220	12	29	31	48	65	82	99	116	133	150	152	169
202	219	11	28	45	47	64	81	98	115	132	149	151	168	185
218	10	27	44	46	63	80	97	114	131	148	165	167	184	201
9	26	43	60	62	79	96	113	130	147	164	166	183	200	217
25	42	59	61	78	95	112	129	146	163	180	182	199	216	8
41	58	75	77	94	111	128	145	162	179	181	198	215	7	24
57	74	76	93	110	127	144	161	178	195	197	214	6	23	40
73	90	92	109	126	143	160	177	194	196	213	5	22	39	56
89	91	108	125	142	159	176	193	210	212	4	21	38	55	72
105	107	124	141	158	175	192	209	211	3	20	37	54	71	88
106	123	140	157	174	191	208	225	2	19	36	53	70	87	104

是一个十五阶的魔术方阵.

8. 验证

155	174	193	212	231	250	269	288	1	20	39	58	77	96	115	134	153
173	192	211	230	249	268	287	17	19	38	57	76	95	111	133	152	154
191	210	229	248	267	286	16	18	37	56	75	94	113	132	151	170	172
209	228	247	266	285	15	34	36	55	74	93	112	131	150	169	171	190

227	246	265	284	14	33	35	54	73	92	111	130	149	168	187	189	208
245	264	283	13	32	51	53	72	91	110	129	148	167	186	188	207	226
263	282	12	31	50	52	71	90	109	128	147	166	185	204	206	225	244
281	11	30	49	68	70	89	108	127	146	165	184	203	205	224	243	262
10	29	48	67	69	88	107	126	145	164	183	202	221	223	242	261	280
28	47	66	85	87	106	125	144	163	182	201	220	222	241	260	279	9
46	65	84	86	105	124	143	162	181	200	219	238	240	259	278	8	27
64	83	102	104	123	142	161	180	199	218	237	239	253	277	7	26	45
82	101	103	122	141	160	179	198	217	236	255	257	276	6	25	44	63
100	119	121	140	159	178	197	216	235	254	256	275	5	24	43	62	81
118	120	139	158	177	196	215	234	253	272	274	4	23	42	61	80	99
136	138	157	176	195	214	233	252	271	273	3	22	41	60	79	98	117
137	156	175	194	213	232	251	270	289	2	21	40	59	78	97	116	135

是一个十七阶的魔术方阵.

再验证

192	213	234	255	276	297	318	339	360	1	22	43	64	85	106	127	148	169	190
212	233	254	275	296	317	338	359	19	21	42	63	84	105	126	147	168	189	191
232	253	274	295	316	337	358	18	20	41	62	83	104	125	146	167	188	209	211
252	273	294	315	336	357	17	38	40	61	82	103	124	145	166	187	208	210	231
272	293	314	335	356	16	37	39	60	81	102	123	144	165	186	207	228	230	251
292	313	334	355	15	36	57	59	80	101	122	143	164	185	206	227	229	250	271
312	333	354	14	35	56	58	79	100	121	142	163	184	205	226	247	249	270	291
332	353	13	34	55	76	78	99	120	141	162	183	204	225	246	248	269	290	311
352	12	33	54	75	77	98	119	140	161	182	203	224	245	266	268	289	310	331
11	32	53	74	95	97	118	139	160	181	202	223	244	265	267	288	309	330	351
31	52	73	94	98	117	138	159	180	201	222	243	264	285	287	308	329	350	10
51	72	93	114	116	137	158	179	200	221	242	263	284	286	307	328	349	9	30
71	92	113	115	136	157	178	199	220	241	262	283	304	306	327	348	8	29	50
91	112	133	135	156	177	198	219	240	261	282	303	305	326	347	7	28	49	70

111	132	134	155	176	197	218	239	260	281	302	323	325	346	6	27	48	69	90
131	152	154	175	196	217	233	259	280	301	322	324	345	5	26	47	68	89	110
151	153	174	195	216	237	258	279	300	321	342	344	4	25	46	67	88	109	130
171	173	194	215	236	257	278	299	320	341	343	3	24	45	66	87	108	129	150
172	193	214	235	256	277	298	319	340	361	2	23	44	65	86	107	128	149	170

是一个十九阶的魔术方阵.

9. 证明当 $n \geqslant 2$ 时,则我们有:

(i) $F_1 + F_2 + \cdots + F_n = F_{n+2} - 1$;

(ii) $F_1 + F_3 + \cdots + F_{2n-1} = F_{2n}$.

10. 证明当 $n \geqslant 2$ 时,则我们有:

(i) $F_2 + F_4 + \cdots + F_{2n} = F_{2n+1} - 1$;

又当 $m \geqslant 4$ 时,则我们有

(ii) $F_1 - F_2 + F_3 - F_4 + \cdots + (-1)^{m+1} F_m = (-1)^{m+1} F_{m-1} + 1$.

11. 证明当 $n \geqslant 2$ 时,则我们有

$$F_1^2 + F_2^2 + \cdots + F_n^2 = F_n F_{n+1}$$

12. 证明当 n 和 m 都是正整数时则我们有

$$F_{n+m} = F_{n-1} F_m + F_n F_{m+1}$$

13. 证明当 $n \geqslant 2$ 时,则我们有:

(i) $F_{n-1}^2 + F_n^2 = F_{2n-1}$;

(ii) $F_{n+1}^2 - F_{n-1} = F_{2n}$;

(iii) $F_n F_{n+1} - F_{n-1} F_{n-2} = F_{2n-1}$;

(iv) $F_{3n} = F_{n+1}^3 + F_n^3 - F_{n-1}^3$.

14. 证明当 $n \geqslant 1$ 时,则我们有:

(i) $F_{n+1}^2 - F_n F_{n+2} = (-1)^n$;

(ii) $F_1 F_2 + F_2 F_3 + F_3 F_4 + \cdots + F_{2n-1} F_{2n} = F_{2n}^2$.

15. 证明当 $n \geqslant 1$ 时,则我们有:

(i) $F_1 F_2 + F_2 F_3 + F_3 F_4 + \cdots + F_{2n} F_{2n+1} = F_{2n+1}^2 - 1$;

(ii) $nF_1 + (n-1)F_2 + \cdots + 2F_{n-1} + F_n = F_{n+4} - (n+3)$;

(iii) 当 n 和 m 都是正整数时,则我们有

$$F_{nm} \geqslant F_n^m$$

16. 证明当 $n \geqslant 1$ 时,则我们有:

(i) $L_n = F_{n-1} + F_{n+1}$;

(ii) $F_{2n} = L_n F_n$;

19

(iii)$F_3 + F_6 + F_9 + \cdots + F_{3n} = \dfrac{F_{3n+2} - 1}{2}$.

17.求证:

(i) 当 $n \geqslant 1$ 时则我们有

$$1 \cdot 2 + 2 \cdot 3 + \cdots + n(n+1) = \dfrac{1}{3}n(n+1)(n+2)$$

(ii) 设 a 为一个实变量而 n 为任意非负整数,则我们有

$$a^2 + a + 1 \mid a^{n+2} + (a+1)^{2n+1}$$

(iii) 设 n 是一个正整数而 $a_1, \cdots, a_n$ 是 n 个非负实数,则我们有

$$(a_1 a_2 \cdots a_n)^{\frac{1}{n}} \leqslant \dfrac{a_1 + a_2 + \cdots + a_n}{n}$$

排列与组合

排列和组合是初等代数中的一段独特的内容,是数学中的重要基础知识之一,它对于我们解决许多实际问题,以及进一步学习某些数学知识(如整数的分析、行列式、概率等等),都有着重要的作用;二项式的系数是数学中的另一重要基础知识,它对我们解决许多实际问题,以及进一步学习和研究代数、高等数学等都有着重要的作用.

§1 排 列

人们把所研究的对象叫做元素,把某些元素的总体叫做集合,在一般情况下,我们用大写的拉丁字母 $A,B,C,D,\cdots$ 来表示集合,而用小写的拉丁字母 $a,b,c,d,\cdots$ 来表示元素,在考虑排列和组合问题时,当元素的数目较多时,我们还常常把所给的元素顺次编上号码,用符号 $a_1,a_2,\cdots,a_n$ 来代表.

定义 1 集合 A 的一个排列是集合 A 中元素的一个有序选出,当 R 是对排列的限制条件时,则我们把这样的排列叫做 R -排列.

常见到的排列有下面的两种排列:

（1）从 n 个各不相同的元素里，每次取出 m 个（其中 $0 \leqslant m \leqslant n$）全是不相同的元素来进行排列．人们常把这类排列简称为相异元素不许重复的排列．

（2）从 n 个各不相同的元素里，每次取出 m 个元素（可以重复）的排列．人们常把这类排列简称为相异元素可重复的排列．

例 1 从三个字母 a, b, c；不许重复排列共有六种，即为

$$abc, acb, bac, bca, cab, cba$$

例 2 写出从五个字母 a, b, c, d, e 中每次取出两个字母的所有不同排列并要求：

（1）不许重复；（2）可以重复；

的这种排列各有几种.

解 （1）不许重复的排列共有

$$ab, ac, ad, ae$$
$$ba, bc, bd, be$$
$$ca, cb, cd, ce$$
$$dc, db, dc, de$$
$$ea, eb, ec, ed$$

这样的排列有 20 种.

（2）可以重复的排列共有

$$aa, ab, ac, ad, ae$$
$$ba, bb, bc, bd, be$$
$$ca, cb, cc, cd, ce$$
$$da, db, dc, dd, de$$
$$ea, eb, ec, ed, ee$$

共有 25 种.

研究排列问题的主要目的是求出根据已知的条件所能作出的不同排列的种数．对于一些比较简单的排列问题，可以采用例 1 和例 2 中所用的方法，即把所有不同的排列全部列举出来，数出它们的种数，这样就得到答案，显然，这种方法是很繁的．人们为了找出一个简单的，能够直接求出排列种数的方法，于是就从处理不少排列问题后总结出来的两个有力而又直观的原则，即加法原则和乘法原则.

加法原则（Rule of Sum）：如果我们能够完成事件 X 的方法共有 x 种，而完成事件 Y（相异于事件 X）的方法共有 y 种，则我们能够完成（事件 X 或事件 Y）的方法共有 $x + y$ 种.

例 3 从北京向北走的道路共有二十条，而从北京向南走的道路共有五十条，则离开北京的道路共计有七十条．

我们称之为原则而不叫做定理,是由于人们很难将"事件"和"相异"这两个比较模糊的概念给以很清楚的、很正确的定义,然后使用这些定义来证明定理.由例3我们知道,加法原则可以应用于例3的情况,但是加法原则不能应用于下面的这个例子.

例4 小于10的偶数,共有四个(即2,4,6,8);小于10的素数共有四个(即2,3,5,7);但是,小于10的正整数,它们或者是偶数,或者是素数的个数(即2,3,4,5,6,7,8)是七个而不是八个,即在这种情况下我们不能使用加法原则,其原因是偶数和素数,并不是相异的,即这两个事件不是独立的.

加法原则可以推广到多于两个事件的情况.如果我们能够完成事件 X_1 的方法总共有 x_1 种,完成事件 X_2 的方法共有 x_2 种,完成事件 X_3 的方法共有 x_3 种,……,则我们能够完成(事件 X_1 或事件 X_2 或事件 X_3 或……)的方法共有 $x_1 + x_2 + x_3 + \cdots$ 种.

例5 从北京向北走的道路共有二十条,而从北京向西走的道路共有十条,从北京向南走的道路共有五十条,而从北京向东走的道路共有二十条,则离开北京的道路共有一百条.

乘法原则(Rule of Product):如果我们能够完成事件 X 的方法共有 x 种,而完成事件 Y 的(相异于事件 X)方法共有 y 种,则我们能够完成(事件 X 和事件 Y)的方法共有 xy 种.

例6 如果从北京(Beijing)到武汉(Wuhan)有三条路(即 x, y, z)可以走,从武汉到广州(Guangzhou)有五条路可以走,试问:从北京经过武汉而到达广州,可以有几种不同的走法?

解 从北京经过武汉而到达广州共有 $3 \times 5 = 15$(种)不同的走法,如图13所示.

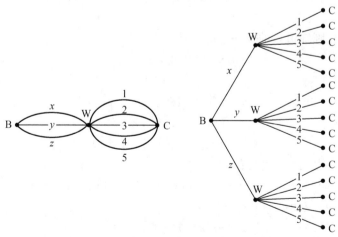

图 13

23

又，这 15 种不同的走法是

$x1$	$x2$	$x3$	$x4$	$x5$
$y1$	$y2$	$y3$	$y4$	$y5$
$z1$	$z2$	$z3$	$z4$	$z5$

乘法原则可以推广到多于两个事件的情况. 如果我们能够完成事件 X_1 的方法共有 x_1 种，完成事件 X_2 的方法共有 x_2 种，完成事件 X_3 的方法共有 x_3 种，……，则我们能够完成（事件 X_1 加事件 X_2 加事件 X_3 加……）的方法共有 $x_1 x_2 x_3 \cdots$ 种.

当 $n \geqslant 1$ 时，人们为了方便起见，把从 1 开始的 n 个自然数的连乘积用记号 $n!$（读做 n 阶乘）来表示，我们有 $1! = 1, 2! = 2 \times 1 = 2, 3! = 3 \times 2 \times 1 = 6$，而当 $n \geqslant 4$ 时，则我们有 $n! = n \cdot (n-1) \cdot (n-2) \cdots 2 \cdot 1$，又令 $0! = 1$，把 n 个不同的元素全部取出来作排列，则这种排列称为 n 个不同元素的全排列.

当 $1 \leqslant r \leqslant n$ 时，我们把从 n 个不同元素中取出 r 个元素不许重复的排列的种数，记作 $(n)_r$，则全排列的种数即 $(n)_n$.

定理 1　当 $1 \leqslant r \leqslant n$ 时，则我们有

$$(n)_r = n(n-1)\cdots(n-r+1) = \frac{n!}{(n-r)!} \tag{1}$$

证明　在一个不许重复的排列 $x_1, x_2, \cdots, x_n$ 中 x_1 可以取 n 个元素中的任何一个，故有 n 种取法；x_1 取定之后，x_2 可以取其余 $n-1$ 个元素中的任何一个，故有 $n-1$ 种取法；……；在 $x_1, x_2, \cdots, x_i$ 都取定之后，则 x_{i+1} 可以取剩下来的 $n-i$ 个元素中的任何一个元素，故有 $n-i$ 种取法；……；在 $x_1, x_2, \cdots, x_{r-1}$ 都取定之后，则 x_r 可以取剩下的 $n-r+1$ 个元素中的任何一个，故有 $n-r+1$ 种取法，由乘法原则知道总的取法数应该是

$$n(n-1)\cdots(n-r+1)$$

故本定理成立.

定理 2　当 $2 \leqslant r < n$ 时，则我们有

$$(n)_r = n(n-1)_{r-1} \tag{2}$$

$$(n)_r = r(n-1)_{r-1} + (n-1)_r \tag{3}$$

证明　由式(1)我们有

$$(n)_r = n[(n-1)\cdots(n-1-(r-1)+1)] = n(n-1)_{r-1}$$

故式(2)成立. 又由式(1)我们有

$$(n)_r = n(n-1)\cdots(n-r+1) =$$
$$r(n-1)\cdots(n-1-(r-1)+1) +$$

$$(n-r)(n-1)\cdots(n-r+1) =$$
$$r(n-1)_{r-1} + (n-1)\cdots(n-r+1)(n-1-r+1) =$$
$$r(n-1)_{r-1} + (n-1)_r$$

故本定理得证.

例 7　某铁路线上一共有 100 个大小车站,铁路局要为这条路线上准备几种不同的车票.

解　因为每张车票都标明起点站和终点站的站名,所以同样的两站间就有 2 种不同的车票,从 100 个车站的站名中取出两个车站站名,分起点站和终点站排起来,所以这种排列的种数即是本题的解,所以这是在 100 个不同元素中每次取出两个不同元素的所有排列的种数问题;于是由定理 1 即得需要准备的车票种数是

$$(100)_2 = 100 \times 99 = 9\,900$$

故要准备 9 900 种不同的车票.

当 $1 \leqslant r \leqslant n$ 时,我们把从 n 个不同的元素中取出 r 个元素可以重复的排列的种数记作 U_r^n.

定理 3　当 $1 \leqslant r \leqslant n$ 时,我们有

$$U_r^n = n^r \tag{4}$$

证明　在一个可以重复的排列 $x_1, x_2, \cdots, x_r$ 中的任意一个元素 x_i(其中 $1 \leqslant i \leqslant r$)可以取 n 个元素中的任何一个,即有 n 种取法,由乘法原则知道定理 3 成立.

§2　组　合

定义 2　集合 A 的一个组合是集合 A 中元素的一个无序选出,当 R 是对组合的限制条件时,则我们把这样的组合叫做 R-组合.

常见到的组合有下面这两种组合:

(1) 从 n 个各不相同的元素里,每次取出 m 个(其中 $1 \leqslant m \leqslant n$)全是不相同的元素来进行组合,人们常把这类组合简称为相异元素不许重复的组合.

(2) 从 n 个各不相同的元素里,每次取出 m 个元素(可以重复的)的组合,人们常把这类组合简称为相异元素可以重复的组合.

例 8　从三个字母 a, b, c 中每次取出两个不许重复的组合共有三种,即为

$$ab, ac, bc$$

例 9　写出从五个字母 a, b, c, d, e 中每次取出两个字母的所有不同组合并要求:

（1）不许重复；（2）可以重复；

的这种组合各有几种.

解 （1）不许重复的组合共有

$$ab, ac, ad, ae$$

$$bc, bd, be$$

$$cd, ce, de$$

这样的组合有 10 种.

（2）可以重复的组合共有

$$aa, ab, ac, ad, ae$$

$$bb, bc, bd, be$$

$$cc, cd, ce$$

$$dd, de, ee$$

这样的组合共有 15 种.

研究组合的主要目的之一是求出根据已知条件所能作出的不同组合的种数.

当 $1 \leqslant r \leqslant n$ 时，我们把从 n 个不同的元素中取出 r 个不同的元素的组合的种数记作 $\binom{n}{r}$.

定理 4 当 $1 \leqslant r \leqslant n$ 时，则我们有

$$\binom{n}{r} = \frac{(n)_r}{r!} = \frac{n!}{(n-r)! \, r!} \tag{5}$$

证明 设集合 A 是由 n 个不同元素所构成的，即 $\{x_1, x_2, \cdots, x_n\}$（其中的 x_i 都是不相同的，$1 \leqslant i \leqslant n$），则集合 A 的一个由 r 个不同元素 $\{x_1, \cdots, x_r\}$（其中的 x_i 都是不相同的，$1 \leqslant i \leqslant r$）的组合就是集合 A 的一个由 r 个不同元素所形成的子集合，例如说 $\{x_1, \cdots, x_r\}$ 都可以导出集合 A 的 $r!$ 个排列，反之，集合 $\{x_1, x_2, \cdots, x_r\}$ 的全部 r 个不许重复的排列只导出集合 A 的一个由 r 个不同的元素的组合，由定理 1，我们有

$$(n)_r = \frac{n!}{(n-r)!}$$

故得到

$$\binom{n}{r} = \frac{(n)_r}{r!} = \frac{n!}{(n-r)! \, r!}$$

因而本定理成立.

例 10 某铁路线上一共有 100 个大小车站，则在该线路上总共有多少种不同的火车票价.

解　本例题的性质与例 7 有些不同,因为火车票的种数和起点站、终点站有关,从甲站到乙站和从乙站到甲站应当准备两种火车票,但是火车票的票价只与起点站和终点站之间的距离有关,从甲站到乙站和从乙站到甲站的火车票价是相同的,所以说本题的解,就是要求在 100 个不同元素中每次取出 2 个不同元素的所有组合的种数问题,于是由定理 4 即得到该铁路局总共有

$$\binom{100}{2} = \frac{100 \times 99}{2} = 4\ 950 (种)$$

不同的火车票价.

从例 7 和例 10 中可以看出,n 个不同元素中每次取 r 个不同元素的排列与组合之间,有以下的主要区别:

在排列中,要考虑元素间的先后顺序,所以在两个的排列里,其中每一个排列都是由 r 个不同元素所构成.即使元素完全相同,只要这些元素间的先后顺序不同,就要看成是不同的排列.在组合中,不考虑元素间的先后顺序,所以在有 r 个不同元素的组合里,只要元素完全相同而不考虑先后顺序是否不同,都是同一种组合,抓住了"有没有顺序关系"这一点,就可以正确地判断被考虑的问题是排列问题还是组合问题.

定理 5　当 $1 \leqslant r \leqslant n-1$ 时,则我们有

$$\binom{n}{r} = \binom{n}{n-r} \tag{6}$$

当 $2 \leqslant r \leqslant n-1$ 时我们有

$$\binom{n}{r} = \binom{n-1}{r-1} + \binom{n-1}{r} \tag{7}$$

证明　当 $1 \leqslant r \leqslant n-1$ 时,则由式(5)我们有

$$\binom{n}{n-r} = \frac{n!}{(n-(n-r))!\ (n-r)!} = \frac{n!}{r!\ (n-r)!} = \binom{n}{r}$$

故式(6)得证.当 $2 \leqslant r \leqslant n-1$ 则由式(5)我们有

$$\binom{n-1}{r-1} + \binom{n-1}{r} =$$

$$\frac{(n-1)!}{(n-1-(r-1))!\ (r-1)!} + \frac{(n-1)!}{(n-1-r)!\ r!} =$$

$$\frac{(n-1)!}{(n-r-1)!\ (r-1)!} \left(\frac{1}{n-r} + \frac{1}{r} \right) =$$

$$\frac{(n-1)!}{(n-r-1)!\ (r-1)!} \left(\frac{n}{r(n-r)} \right) =$$

$$\frac{n!}{(n-r)!\ r!} =$$

$$\binom{n}{r}$$

故式(7)得证,因而本定理成立.

当 $1 \leqslant r \leqslant n$ 时,我们把从 n 个不同的元素中取出 r 个元素可以重复的组合的种数记作 F_r^n.

定理6 当 $1 \leqslant r \leqslant n$ 时,则我们有

$$F_r^n = \binom{n+r-1}{r}$$

证明 我们将证明在 $\{1,2,\cdots,n\}$ 中所有取出 r 个整数可以重复的组合所构成的集合是和 $\{1,2,\cdots,n+r-1\}$ 中所有取出 r 个不可以重复的组合所构成的集合中间存在有一一对应.首先我们来考虑 $\{1,2,\cdots,n\}$ 中的一个由 r 个整数可以重复的组合,称之为 $\{a_1,a_2,\cdots,a_r\}$,并设这 r 个整数所形成的集合,具有不减少的次序,即

$$a_1 \leqslant a_2 \leqslant \cdots \leqslant a_r$$

现将 a_1 加以 0,将 a_2 加以 1,将 a_3 加以 2,……,将 a_r 加以 $r-1$,即将 $\{a_1,a_2,\cdots,a_r\}$ 变成为 $\{a_1,a_2+1,a_3+2,\cdots,a_r+r-1\}$,我们这样做的目的是要构成一个没有重复的新的整数集合.可是,这样做的结果一定会使我们加大整数的数值,而 $\{a_1,a_2+1,a_3+2,\cdots,a_r+r-1\}$ 是 $\{1,2,\cdots,n+r-1\}$ 中的一个子集合(如果 a_r 在加以 $r-1$ 前是 n,则在加以 $r-1$ 后,应是 $n+r-1$)又我们容易知道新的整数集合,是没有重复的,即有

$$a_1 < a_2+1 < a_3+2 < \cdots < a_r+r-1$$

这就证明了由 $\{1,2,\cdots,n\}$ 中的一个允许重复的 r 个元素所组成的子集合就能产生出由 $\{1,2,\cdots,(n+r-1)\}$ 中的 r 个元素没有重复的一个子集合,现在我们还需要来证明这是一一对应.现考虑 $\{1,2,\cdots,n+r-1\}$ 内的没有重复的 $\{b_1,b_2,\cdots,b_r\}$ 这一个子集合,如果它是按增加次序排列的,即 $1 \leqslant b_1 < b_2 < \cdots < b_r \leqslant n+r-1$ 令 $a_i = b_i - i + 1$,则我们有

$$1 \leqslant a_1 \leqslant a_2 \leqslant \cdots \leqslant a_r \leqslant n$$

即 $\{a_1,a_2,\cdots,a_r\}$ 是 $\{1,2,\cdots,n\}$ 内的 r 个元素可以重复的子集合,因为这种对应关系是一一对应的,所以这两种组合的个数相同,又由于从 $n+r-1$ 个不同元素中取出 r 个不同的元素的组合的种数是 $\binom{n+r-1}{r}$,故本定理成立.

§3 $(n)_r$ 和 $\left[\begin{matrix}n\\r\end{matrix}\right]$ 的取值范围的扩充

在 $(n)_r$,$\left[\begin{matrix}n\\r\end{matrix}\right]$ 的定义中,由于它们有意义的范围必须要求 n,r 满足条件 $n \geqslant$

$r \geqslant 1$，为了便于以后在理论和应用上处理问题起见，所以有必要对 n,r 的取值范围进行扩充，为此，引进以下的定义式

$$(n)_r = \begin{cases} 1 & \text{当 } n \geqslant r = 0 \text{ 时} \\ 0 & \text{当 } 0 \leqslant n < r \text{ 时} \end{cases}$$

$$\begin{bmatrix} n \\ r \end{bmatrix} = \begin{cases} 1 & \text{当 } r = 0 \text{ 时} \\ 0 & \text{当 } 0 \leqslant n < r \text{ 或 } r < 0 \leqslant n \text{ 时} \\ (-1)^r \begin{bmatrix} |n| + r - 1 \\ r \end{bmatrix} & \text{当 } n < 0 \text{ 且 } r > 0 \text{ 时} \\ (-1)^{n+r} \begin{bmatrix} |r| - 1 \\ |n| - 1 \end{bmatrix} & \text{当 } n < 0 \text{ 且 } r < 0 \text{ 时} \end{cases}$$

这里自然会产生一个问题，如上扩充 n,r 的范围以后，原来的定理2和定理5是否仍然成立？下面的定理回答了这个问题.

定理 7 当 $n \geqslant 1, r \geqslant 1$ 时，则我们有

$$(n)_r = n(n-1)_{r-1} \tag{8}$$

$$(n)_r = r(n-1)_{r-1} + (n-1)_r \tag{9}$$

当 n 和 r 不同为 0 时则我们有

$$\begin{bmatrix} n \\ r \end{bmatrix} = \begin{bmatrix} n-1 \\ r \end{bmatrix} + \begin{bmatrix} n-1 \\ r-1 \end{bmatrix} \tag{10}$$

当 n 和 r 都是整数时则我们有

$$\begin{bmatrix} n \\ r \end{bmatrix} = \begin{bmatrix} n \\ n-r \end{bmatrix} \tag{11}$$

当 n 是一个整数时则我们有

$$\begin{bmatrix} n \\ n \end{bmatrix} = \begin{bmatrix} n \\ 0 \end{bmatrix} = 1 \tag{12}$$

证明 当 $2 \leqslant r \leqslant n$ 时则由式（2）和（3）知道式（8）和（9）都成立，当 $r = 1 \leqslant n$ 时则由于 $(n)_1 = n,(n-1)_1 = n-1$ 和 $(n-1)_0 = 1$ 知道式（8）和（9）都成立，当 $1 \leqslant n < r$ 时则由于 $(n)_r = 0,(n-1)_r = 0$ 和 $(n-1)_{r-1} = 0$，这时式（8）和（9）都成立，故当 $n \geqslant 1, r \geqslant 1$ 时式（8）和（9）都成立. 当 $n = r \geqslant 1$ 时则由于 $\begin{bmatrix} n-1 \\ n \end{bmatrix} = 0$ 和 $\begin{bmatrix} n \\ n \end{bmatrix} = \begin{bmatrix} n-1 \\ n-1 \end{bmatrix} = 1$ 知道式（10）成立，当 $2 \leqslant r \leqslant n-1$ 时则由于式（7）知道式（10）成立，对于 $n \geqslant 0, r \geqslant 0$ 的其他情形而式（10）的正确性可由下表得出

n r	$\binom{n-1}{r}$	$\binom{n-1}{r-1}$	$\binom{n}{r}$	
$n=0<r$	$(-1)^r$	$(-1)^{r-1}$	0	式(10)成立
$1\leqslant n<r$	0	0	0	式(10)成立
$n\geqslant 2,r=1$	$n-1$	1	n	式(10)成立
$n=1,r=1$	0	1	1	式(10)成立
$n\geqslant 2,r=0$	1	0	1	式(10)成立
$n=1,r=0$	1	0	1	式(10)成立
$n=0,r=0$	0	$(-1)^2\binom{0}{0}=1$	1	此时式(10)不成立

又由 $\binom{n}{r}$ 的扩充定义知道当 $r\neq 0$ 时我们有 $\binom{0}{r}=0$,故得到

$$\binom{n}{r}=\begin{cases}(-1)^r\binom{\mid n\mid+r-1}{r} & \text{当 }0=n<r\text{ 时}\\[2mm](-1)^{n+r}\binom{\mid r\mid-1}{\mid n\mid-1} & \text{当 }0=n>r\text{ 时}\end{cases}$$

这就是说,在 $\binom{n}{r}$ 的扩充定义中当 $n<0$ 时成立的公式对于 $n\leqslant 0$ 也成立,故有

$$\binom{n}{r}=(-1)^r\binom{\mid n\mid+r-1}{r} \quad \text{当 }n\leqslant 0<r\text{ 时}$$

$$(-1)^{n+r}\binom{\mid r\mid-1}{\mid n\mid-1} \quad \text{当 }n\leqslant 0,r<0\text{ 时} \tag{13}$$

当 $n\leqslant 0<r$ 时,则由式(13)我们有

$$\binom{n-1}{r}=(-1)^r\binom{\mid n-1\mid+r-1}{r}=(-1)^r\binom{\mid n\mid+1+r-1}{r}=$$

$$(-1)^r\binom{\mid n\mid+r}{r} \tag{14}$$

当 $n\leqslant 0<1<r$ 时,由式(13)我们有

$$\binom{n-1}{r-1}=(-1)^{r-1}\binom{\mid n-1\mid+r-2}{r-1}=$$

$$(-1)^{r-1}\binom{\mid n\mid+r-1}{r-1} \tag{15}$$

当 $n\leqslant 0<r=1$ 时则由于 $r-1=0$ 故有

$$\binom{n-1}{r-1}=1=(-1)^{r-1}\binom{\,|\,n\,|+r-1}{r-1}$$

故此时式(15)也成立,当 $n\leqslant 0<r$ 时则由式(13)到(15)和 $|\,n\,|+r\geqslant r\geqslant 1$ 我们有

$$\binom{n}{r}=(-1)^{r}\binom{\,|\,n\,|+r-1}{r}=$$

$$(-1)^{r}\left[\binom{\,|\,n\,|+r}{r}-\binom{\,|\,n\,|+r-1}{r-1}\right]=$$

$$\binom{n-1}{r}+\binom{n-1}{r-1}$$

故当 $n\leqslant 0<r$ 时则式(10)成立.当 $n\leqslant 0, r<0$ 时则由式(13)我们有

$$\binom{n-1}{r}=(-1)^{n+r-1}\binom{\,|\,r\,|-1}{\,|\,n-1\,|-1}=(-1)^{n+r-1}\binom{\,|\,r\,|-1}{\,|\,n\,|}$$

$$\binom{n-1}{r-1}=(-1)^{n+r-2}\binom{\,|\,r-1\,|-1}{\,|\,n-1\,|-1}=(-1)^{n+r}\binom{\,|\,r\,|}{\,|\,n\,|}$$

$$\binom{n}{r}=(-1)^{n+r}\binom{\,|\,r\,|-1}{\,|\,n\,|-1}=(-1)^{n+r}\left[\binom{\,|\,r\,|}{\,|\,n\,|}-\binom{\,|\,r\,|-1}{n}\right]=$$

$$\binom{n-1}{r-1}+\binom{n-1}{r}$$

故当 $n\leqslant 0, r<0$ 时则式(10)成立,又当 $n>0>r$ 时,则由于 $\binom{n}{r}=\binom{n-1}{r}=$ $\binom{n-1}{r-1}=0$,故当 $n>0>r$ 时式(10)成立,即得当 n 和 r 不同为 0 时则(10)成立.

当 $n=r\geqslant 1$ 时则由于 $\binom{n}{0}=1$,故式(11)成立,当 $1\leqslant r\leqslant n-1$ 时,则由式 (6)知道式(11)成立,当 $n\geqslant 0=r$ 时,则有 $\binom{n}{r}=1=\binom{n}{n-r}$,故此时式(11)成立,当 $0\leqslant n<r$ 时,则有 $\binom{n}{r}=0=\binom{n}{n-r}$,故此时式(11)成立,因而当 $n\geqslant 0$, $r\geqslant 0$ 时,则式(11)都成立,当 $n\geqslant 0>r$ 时,则有 $\binom{n}{r}=0=\binom{n}{n+|\,r\,|}=\binom{n}{n-r}$, 故此时式(11)成立.当 $n<0, r<0$,并且 $n\leqslant r$ 时,则由式(13)我们有

$$\binom{n}{r}=(-1)^{n+r}\binom{\,|\,r\,|-1}{\,|\,n\,|-1}=\begin{cases}0 & \text{当 } n<r \text{ 时}\\1 & \text{当 } n=r \text{ 时}\end{cases} \tag{16}$$

31

当 $n < r < 0$ 时,则我们有 $\binom{n}{n-r} = (-1)^{n+(n-r)}\binom{|n-r|-1}{|n|-1} = 0$ 而当 $n = r <$

0 时,则我们有 $\binom{n}{n-r} = 1$,故当 $n < 0, r < 0$ 并且 $n \leqslant r$ 时则由式(16)知道式

(11)成立,当 $n < 0, r < 0$ 并且 $n > r$ 时,则由式(13)我们有

$$\binom{n}{n-r} = (-1)^{n-r}\binom{|n|+n-r-1}{n-r} =$$

$$(-1)^{n-r}\binom{|r|-1}{|r|-|n|} =$$

$$(-1)^{n+r}\binom{|r|-1}{|n|-1} =$$

$$\binom{n}{r}$$

故此时式(11)成立. 当 $n \leqslant 0 < r$ 时,则由式(13)我们有

$$\binom{n}{r} = (-1)^r\binom{|n|+r-1}{r}$$

又此时有 $n \leqslant 0, n-r < 0$,故由式(13)我们有

$$\binom{n}{n-r} = (-1)^{2n-r}\binom{|n-r|-1}{|n|-1} =$$

$$(-1)^r\binom{|n|+r-1}{|n|-1} =$$

$$(-1)^r\binom{|n|+r-1}{r} =$$

$$\binom{n}{r}$$

故此时式(11)成立,即当 n 和 r 都是整数时,则式(11)成立.

当 $n \geqslant 0$ 时则由定义知道式(12)成立,当 $n < 0$ 时则由定义有 $\binom{n}{0} = 1$,而当

$n < 0$ 时则由式(13)我们有

$$\binom{n}{n} = (-1)^{2n}\binom{|n|-1}{|n|-1} = 1$$

故式(12)得证. 故本定理得证.

§4   二项式定理和它的应用

定理 8   当 n 是一个正整数时则我们有

$$(a+b)^n = \sum_{0 \leqslant k \leqslant n} \binom{n}{k} a^{n-k} b^k = \sum_{k \geqslant 0} \binom{n}{k} a^{n-k} b^k \tag{17}$$

证明   当 $k > n$ 时有 $\binom{n}{k} = 0$，故得到

$$\sum_{k \geqslant 0} \binom{n}{k} a^{n-k} b^k = \sum_{0 \leqslant k \leqslant n} \binom{n}{k} a^{n-k} b^k$$

在乘积

$$(a+b)^n = \underbrace{(a+b)(a+b)\cdots(a+b)}_{n \uparrow}$$

中，项 $a^{n-k} b^k$ 是从 n 个因子 $a+b$ 中选取 k 个(其中 $0 \leqslant k \leqslant n$)，在这 k 个 $a+b$ 里都取 b，而从余下来的 $n-k$ 个因子中都选取 a 作乘积得到，因此，$a^{n-k} b^k$ 的系数为上述选法的个数，即组合数 $\binom{n}{k}$，因此本定理成立.

定理 8 就是著名的牛顿二项式定理，右边的式子称为 $(a+b)^n$ 的二项式的展开式而组合数 $\binom{n}{k}$ 又叫做二项式系数，下面略举数例，以说明它的应用.

定理 9   当 $n > 0$ 时则我们有

$$\sum_{k \geqslant 0} \binom{n}{k} = \sum_{0 \leqslant k \leqslant n} \binom{n}{k} = 2^n \tag{18}$$

$$\sum_{k \geqslant 0} (-1)^k \binom{n}{k} = \sum_{0 \leqslant k \leqslant n} (-1)^k \binom{n}{k} = 0 \tag{19}$$

$$\sum_{k \geqslant 0} \binom{n}{2k} = \sum_{k \geqslant 0} \binom{n}{2k+1} = 2^{n-1} \tag{20}$$

证明   由于当 $n < k$ 时我们有 $\binom{n}{k} = 0$，故得到

$$\sum_{k > n} \binom{n}{k} = 0 = \sum_{k > n} (-1)^k \binom{n}{k} \tag{21}$$

在式(17)中取 $a = b = 1$ 则得到

$$2^n = (1+1)^n = \sum_{0 \leqslant k \leqslant n} \binom{n}{k} \tag{22}$$

在式(17)中取 $a=1,b=-1$ 则得到

$$0=(1-1)^n=\sum_{0\leqslant k\leqslant n}(-1)^k\binom{n}{k} \tag{23}$$

由式(21)和(22)知道式(18)成立,由式(21)和(23)知道式(19)成立. 由式(22)和(23)相加即得 $2\sum\limits_{0\leqslant k\leqslant\frac{n}{2}}\binom{n}{2k}=2^n$,又由于当 $k>\dfrac{n}{2}$ 时有 $\binom{n}{2k}=0$ 而得到

$$\sum_{k\geqslant 0}\binom{n}{2k}=\sum_{0\leqslant k\leqslant\frac{n}{2}}\binom{n}{2k}=2^{n-1} \tag{24}$$

由式(22)和(23)相减即得

$$2^n=2\sum_{0\leqslant k\leqslant\frac{n-1}{2}}\binom{n}{2k+1}$$

又由于当 $k>\dfrac{n-1}{2}$ 时有 $\binom{n}{2k+1}=0$ 而得到

$$\sum_{k\geqslant 0}\binom{n}{2k+1}=\sum_{0\leqslant k\leqslant\frac{n-1}{2}}\binom{n}{2k+1}=2^{n-1} \tag{25}$$

由式(24)和(25)知道式(20)成立,故本定理成立.

定理 10　当 n,m 和 r 都是整数,而 $n\geqslant m\geqslant 0$ 时则我们有

$$\sum_{k\geqslant 0}\binom{n-m}{k}\binom{m}{r-k}=\binom{n}{r} \tag{26}$$

$$\sum_{k\geqslant 0}\binom{n}{k}^2=\binom{2n}{n} \tag{27}$$

证明　当 $n\geqslant m\geqslant 0,k\geqslant 0$ 而 $r<0$ 时,则由定义有

$$\binom{n}{r}=0=\binom{m}{r-k}$$

故式(26)成立. 当 $r>n\geqslant m\geqslant 0$ 时则由定义有 $\binom{n}{r}=0$,当 $r-k>m$ 时则有 $\binom{m}{r-k}=0$,而当 $r-k\leqslant m$ 时则有 $k\geqslant r-m>n-m$,故此时有 $\binom{n-m}{k}=0$,因而当 $r>n\geqslant m\geqslant 0$ 时式(26)也成立. 现假设 $n\geqslant r\geqslant 0$,在式(17)中取 $a=1$, $b=t$ 则有

$$\sum_{r\geqslant 0}\binom{n}{r}t^r=(1+t)^n=(1+t)^m(1+t)^{n-m}=$$

$$\sum_{l\geqslant 0}\binom{m}{l}t^l\sum_{k\geqslant 0}\binom{n-m}{k}t^k=$$

$$\sum_{r \geqslant 0} t^r \sum_{\substack{k+l=r \\ k \geqslant 0, l \geqslant 0}} \binom{n-m}{k} \binom{m}{l} =$$

$$\sum_{r \geqslant 0} t^r \sum_{k \geqslant 0} \binom{n-m}{k} \binom{m}{r-k} \qquad (28)$$

当 $0 \leqslant r \leqslant n$ 时则由比较式(28)两边的系数即知式(26)成立.

现在式(26)中取 $n=2n_1, r=n_1, m=n_1$ 则由式(26)和 $\begin{bmatrix} n_1 \\ n_1-k \end{bmatrix} = \binom{n_1}{k}$ 就知道式(27)成立,因而本定理得证.

定理 11 当 $n > 1$ 时我们有

$$\sum_{k \geqslant 1} k(-1)^k \binom{n}{k} = 0 \qquad (29)$$

当 $n \geqslant r \geqslant 1$ 时则我们有

$$\sum_{k \geqslant 0} (-1)^k \binom{k}{r} \binom{n}{k} = 0 \qquad (30)$$

证明 在式(17)中取 $a=1, b=-t$,则有

$$(1-t)^n = \sum_{k \geqslant 0} (-1)^k \binom{n}{k} t^k \qquad (31)$$

对式(31)两边的 t 求微商即得

$$-n(1-t)^{n-1} = \sum_{k \geqslant 1} (-1)^k k \binom{n}{k} t^{k-1}$$

令 $t=1$ 即得式(29)成立.我们对式(31)两边的 t 进行 r(其中 $n \geqslant r \geqslant 1$)次微商则我们有

$$(-1)^r (n)_r (1-t)^{n-r} = \sum_{k \geqslant r} (-1)^k (k)_r \binom{n}{k} t^{k-r}$$

将上式的两边同时除以 $r!$,然后再由式(1)和(5)我们有

$$(-1)^r \binom{n}{r} (1-t)^{n-r} = \sum_{k \geqslant r} (-1)^k \binom{k}{r} \binom{n}{k} t^{k-r}$$

令 $t=1$ 即得式(30)成立.因而本定理得证.

定理 12 当 $n > 0$ 时,则我们有

$$\sum_{k \geqslant 1} \frac{(-1)^{k-1}}{k+1} \binom{n}{k} = \frac{n}{n+1} \qquad (32)$$

$$\sum_{k \geqslant 1} \frac{(-1)^{k-1}}{k} \binom{n}{k} = \sum_{1 \leqslant k \leqslant n} \frac{1}{k} \qquad (33)$$

证明 当 $n > 0$ 时,由于

$$\binom{n}{k} = \frac{n!}{(n-k)! \; k!} = \frac{k+1}{n+1} \binom{n+1}{k+1}$$

及式(19)我们有

$$\sum_{1 \leqslant k \leqslant n} \frac{(-1)^{k-1}}{k+1} \binom{n}{k} = \sum_{1 \leqslant k \leqslant n} \frac{(-1)^{k-1}}{n+1} \binom{n+1}{k+1} =$$

$$\sum_{2 \leqslant k \leqslant n+1} \frac{(-1)^k}{n+1} \binom{n+1}{k} =$$

$$\frac{1}{n+1} \left[\sum_{0 \leqslant k \leqslant n+1} (-1)^k \binom{n+1}{k} - 1 + (n+1) \right] =$$

$$\frac{n}{n+1}$$

故式(32)成立. 现在我们使用式(32)和数学归纳法来证明式(33)成立, 当 $n=1$ 时显见式(33)成立. 现设当 $n=N$(其中 $N \geqslant 2$)时式(33)成立, 即有

$$\sum_{k \geqslant 1} \frac{(-1)^{k-1}}{k} \binom{N}{k} = \sum_{1 \leqslant k \leqslant N} \frac{1}{k}$$

则我们由式(10)和式(32)有

$$\sum_{k \geqslant 1} \frac{(-1)^{k-1}}{k} \binom{N+1}{k} =$$

$$\frac{(-1)^N}{N+1} + \sum_{1 \leqslant k \leqslant N} \frac{(-1)^{k-1}}{k} \binom{N+1}{k} =$$

$$\frac{(-1)^N}{N+1} + \sum_{1 \leqslant k \leqslant N} \frac{(-1)^{k-1}}{k} \left[\binom{N}{k} + \binom{N}{k-1} \right] =$$

$$\frac{(-1)^N}{N+1} + \sum_{1 \leqslant k \leqslant N} \frac{(-1)^{k-1}}{k} \binom{N}{k} + \sum_{1 \leqslant k \leqslant N} \frac{(-1)^{k-1}}{k} \binom{N}{k-1} =$$

$$\frac{(-1)^N}{N+1} + \sum_{1 \leqslant k \leqslant N} \frac{1}{k} + \sum_{0 \leqslant k \leqslant N-1} \frac{(-1)^k}{k+1} \binom{N}{k} =$$

$$\frac{(-1)^N}{N+1} + \sum_{1 \leqslant k \leqslant N} \frac{1}{k} + 1 + \sum_{1 \leqslant k \leqslant N} \frac{(-1)^k}{k+1} \binom{N}{k} - \frac{(-1)^N}{N+1} =$$

$$\sum_{1 \leqslant k \leqslant N} \frac{1}{k} + 1 - \frac{N}{N+1} =$$

$$\sum_{1 \leqslant k \leqslant N+1} \frac{1}{k}$$

故由数学归纳法知道式(33)成立, 因而本定理得证.

§5 多项式定理

假设我们有四个盒子(即 B_1, B_2, B_3, B_4)和 15 个有标记的球,我们想知道共有多少种不同的方法能将这 15 个球置于盒中,但需要满足条件

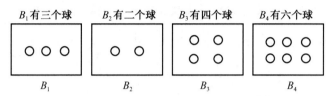

B_1 有三个球 B_2 有二个球 B_3 有四个球 B_4 有六个球

我们知道在 15 个球中取出 3 个置于 B_1 中的方法共有 $\dbinom{15}{3}$ 种,我们在剩余下来的 12 个球中取出 2 个置于盒 B_2 中的方法共有 $\dbinom{12}{2}$ 种,我们能在剩余下来的 10 个球中取出 4 个置于盒 B_3 中的方法共有 $\dbinom{10}{4}$ 种,最后将剩余下来的 6 个球全部置于盒 B_4 中的方法共有 $\dbinom{6}{6}$ 种.

由乘法原则知道我们能将 15 个有标记的球置于 B_1, B_2, B_3, B_4 这四个盒中总共有

$$\binom{15}{3}\binom{12}{2}\binom{10}{4}\binom{6}{6} = \frac{15!}{3!\ 12!} \times \frac{12!}{2!\ 10!} \times \frac{10!}{4!\ 6!} \times \frac{6!}{6!\ 0!} =$$

$$\frac{15!}{3!\ 2!\ 4!\ 6!}$$

定义 3   设 $n = r_1 + r_2 + \cdots + r_k$,假设我们有 k 个盒子(即 $B_1, B_2, \cdots, B_k$)和 n 个有标记的球,我们使用记号 $\dbinom{n}{r_1, r_2, \cdots, r_k}$ 来表示有多少种方法能将这 n 个有标记的球置于这 k 个盒中,其中有 r_1 个球置于盒 B_1 中,有 r_2 个球置于盒 B_2 中,$\cdots\cdots$,有 r_k 个球置于盒 B_k 中.

使用这个记号则我们有

$$\binom{15}{3, 2, 4, 6} = \frac{15!}{3!\ 2!\ 4!\ 6!}$$

引理 1   我们有

$$\binom{n}{r_1, r_2, \cdots, r_k} = \binom{n}{r_1}\binom{n-r_1}{r_2} \cdots \binom{n-r_1-r_2-\cdots-r_{k-1}}{r_k} =$$

$$\frac{n!}{r_1! \ r_2! \ \cdots r_k!}$$

证明　由上面所讨论就知道本引理成立.当只有两个盒子时,这时就是二项式的系数,即有

$$\binom{n}{r,n-r} = \frac{n!}{r! \ (n-r)!} = \binom{n}{r}$$

我们可以将符号 $\binom{n}{r,n-r}$ 解释成为从 n 个有标记的球中取出 r 个置于盒 B_1 中,然后再把所剩余下来的 $n-r$ 个球全部置于盒 B_2 中,我们有

$$(x_1 + x_2 + x_3)^2 = \binom{2}{2,0,0}x_1^2 + \binom{2}{0,2,0}x_2^2 +$$

$$\binom{2}{0,0,2}x_3^2 + \binom{2}{1,1,0}x_1x_2 + \binom{2}{1,0,1}x_1x_3 + \binom{2}{0,1,1}x_2x_3 =$$

$$x_1^2 + x_2^2 + x_3^2 + 2x_1x_2 + 2x_1x_3 + 2x_2x_3$$

定理 13(多项式定理)　当 n 是一个正整数时,则我们有

$$(x_1 + x_2 + \cdots + x_k)^n = \sum_{\substack{r_1+r_2+\cdots+r_k=n \\ r_i \geq 0(i=1,\cdots,k)}} \binom{n}{r_1,r_2,\cdots,r_k} x_1^{r_1}x_2^{r_2}\cdots x_k^{r_k}$$

其中符号 $\sum$ 系表示和式中的 $r_1, r_2, \cdots, r_k$ 经过所有满足条件 $n = r_1 + r_2 + \cdots + r_k$ 的非负整数.

证明　我们有

$$(x_1 + x_2 + \cdots + x_k)^n = (x_1 + x_2 + \cdots + x_k)(x_1 + x_2 + \cdots + x_k) \cdot \cdots \cdot$$
$$(x_1 + x_2 + \cdots + x_k)$$

上式是由 n 个因子相乘而成的,而它的展开式的项都是由每个因子之中各取某个 x,然后相乘而成的,即所有的项都具有形式

$$x_1^{r_1}x_2^{r_2}\cdots x_k^{r_k}$$

而 $r_1 + r_2 + \cdots + r_k = n$,又项 $x_1^{r_1}x_2^{r_2}\cdots x_k^{r_k}$ 的系数等于在这 n 个因子中先取出 r_1 个因子而在这 r_1 个因子中都是取 x_1,然后再取出 r_2 个因子而在这 r_2 个因子中都是取 x_2,……,最后取出 r_k 个因子而在这 r_k 个因子之中都是取 x_k,故项 $x_1^{r_1}x_2^{r_2}\cdots x_k^{r_k}$ 的系数等于

$$\binom{n}{r_1,r_2,\cdots,r_k}$$

例 11　我们有

$$(a+b+c+d)^3 =$$

$$\binom{3}{3,0,0,0}a^3 + \binom{3}{0,3,0,0}b^3 + \binom{3}{0,0,3,0}c^3 +$$

$$\binom{3}{0,0,0,3}d^3 + \binom{3}{2,1,0,0}a^2b + \binom{3}{2,0,1,0}a^2c +$$

$$\binom{3}{2,0,0,1}a^2d + \binom{3}{1,2,0,0}ab^2 + \binom{3}{0,2,1,0}b^2c +$$

$$\binom{3}{0,2,0,1}b^2d + \binom{3}{1,0,2,0}ac^2 + \binom{3}{0,1,2,0}bc^2 +$$

$$\binom{3}{0,0,2,1}c^2d + \binom{3}{1,0,0,2}ad^2 + \binom{3}{0,1,0,2}bd^2 +$$

$$\binom{3}{0,0,1,2}cd^2 + \binom{3}{1,1,1,0}abc + \binom{3}{1,1,0,1}abd +$$

$$\binom{3}{1,0,1,1}acd + \binom{3}{0,1,1,1}bcd =$$

$$a^3 + b^3 + c^3 + d^3 + 3a^2b + 3a^2c + 3a^2d + 3ab^2 + 3b^2c +$$

$$3b^2d + 3ac^2 + 3bc^2 + 3c^2d + 3ad^2 + 3bd^2 + 3cd^2 + 6abc +$$

$$6abd + 6acd + 6bcd$$

例 12 在 $(x_1 + x_2 + x_3 + x_4 + x_5)^7$ 的展开式中的项 $x_1^2 x_3 x_4^3 x_5$ 的系数是

$$\binom{7}{2,0,1,3,1} = \frac{7!}{2!\ 0!\ 1!\ 3!\ 1!} = 420$$

例 13 在 $(2x_1 - 3x_2 + 5x_3)^6$ 的展开式中的项 $x_1^3 x_2 x_3^2$ 的系数是

$$\binom{6}{3,1,2}(2)^3(-3)^1(5)^2 = -36\ 000$$

习 题

1. 请求出 $\binom{10}{3}, \binom{16}{2}, \binom{14}{6}, \binom{15}{5}$ 的数值.

2. 请证明：

(i) $\binom{n}{r} = \frac{n}{r}\binom{n-1}{r-1}$；

(ii) $\binom{n}{r} = \frac{n}{n-r}\binom{n-1}{r}$.

3. 求证：

(i) $\frac{n}{n+1}\binom{2n}{n} = \binom{2n}{n-1}$；

(ii) $\dfrac{1}{n+1}\dbinom{2n}{n}=\dbinom{2n-1}{n-1}-\dbinom{2n-1}{n+1}$.

4. 求证：

(i) $\displaystyle\sum_{k=0}^{n}\dfrac{1}{k+1}\dbinom{n}{k}=\dfrac{2^{n+1}-1}{n+1}$；

(ii) $\displaystyle\sum_{k=0}^{n}(-1)^{k-1}\dfrac{1}{k+1}\dbinom{n}{k}=\dfrac{n}{n+1}$.

5. 求证：当 $n\geqslant 1$ 时，则我们有

$$\sum_{k\geqslant 0}(-1)^{k}\dbinom{n}{k}x^{k}(1+x)^{n-k}=1$$

6. 求证：当 $n\geqslant 1,k\geqslant 1$ 时，则我们有：

(i) $\dbinom{n-1}{k}=\displaystyle\sum_{i=0}^{k}\dbinom{n}{k-i}(-1)^{i}$；

(ii) $\displaystyle\sum_{i=0}^{k}(-1)^{i}x^{i}(1+x)^{n}=(1+x)^{n-1}(1-(-x)^{k+1})$.

7. 证明：当 n 是一个正整数时，则我们有

$$\sum_{k\geqslant 0}(-1)^{k}\dbinom{n}{k}\left(\dfrac{1+kx}{(1+nx)^{k}}\right)=0$$

8. 求证：当 n 和 r 都是正整数，而 $r\leqslant n$ 时，则我们有：

(i) $\displaystyle\sum_{k=0}^{n-r}\dbinom{r+k}{r}=\dbinom{n+1}{r+1}$；

(ii) $\displaystyle\sum_{k=1}^{n}k(k+1)(k+2)=6\dbinom{n+3}{4}$.

9. 求证：当 n 和 r 都是正整数，而 $r\leqslant n$ 时，则我们有

$$\sum_{k=1}^{n}k(k+1)(k+2)\cdots(k+r)=((r+1)!\,)\dbinom{n+1+r}{r+2}$$

10. 求证：当 n 和 m 都是非负整数而 $m\leqslant n$ 时，则我们有

$$\sum_{k=0}^{m}\dbinom{n-k}{m-k}=\dbinom{n+1}{m}$$

11. 当 n 和 m 都是非负整数，而 $m\leqslant n$ 时，请求出 $\displaystyle\sum_{k=m}^{n}\dbinom{k}{m}\dbinom{n}{k}$ 的最简表达式.

12. 求证：当 n 和 m 都是非负整数时，则我们有

$$\sum_{k=0}^{m}(-1)^{k}\dbinom{n}{k}=(-1)^{m}\dbinom{n-1}{m}$$

13. 设 m 是一个整数而 n 是一个非负整数,则我们有

$$\sum_{k=0}^{n}\binom{m+k}{k}=\binom{m+n+1}{n}$$

14. 设 r,m 和 n 都是整数而 $1\leqslant m<n$,则我们有

$$\sum_{k=m}^{n}\binom{k}{r}=\binom{n+1}{r+1}-\binom{m}{r+1}$$

15. 求证:当整数 $n\geqslant 0$ 和 $x\neq 1$ 时,则我们有

$$(1-x)^{-n-1}=\sum_{k=0}^{\infty}\binom{n+k}{n}x^k$$

16. 求证:当 n 是一个非负整数时,则我们有

$$\sum_{k=0}^{n}(-1)^k\binom{2n-2k}{n}\binom{n}{k}=2^n$$

17. 求证:当 n 和 m 都是非负整数而 $m\leqslant n$ 时,则我们有

$$\sum_{k=m}^{n}\binom{n}{k}\binom{k}{m}(-1)^{k+m}=\begin{cases}0 & \text{当 } m<n \text{ 时} \\ 1 & \text{当 } m=n \text{ 时}\end{cases}$$

18. 求证:当 n,m 和 l 都是非负整数时,则我们有

$$\sum_{k=0}^{n}\binom{k}{m}\binom{n-k}{l}=\binom{n+1}{m+l+1}$$

19. 求证:当 n 和 m 都是非负整数时,则我们有

$$\sum_{k=0}^{m}(-1)^k\binom{n}{k}\binom{n}{m-k}=\begin{cases}0 & \text{当 } m \text{ 为奇数时} \\ (-1)^{\frac{m}{2}}\begin{bmatrix}n \\ \dfrac{m}{2}\end{bmatrix} & \text{当 } m \text{ 为偶数时}\end{cases}$$

抽屉原则

第 三 章

§1 抽屉原则的最简形式

把 $n+1$ 件或更多的物体放到 n 个抽屉中去,那么,至少有一个抽屉里要放进两件或者更多的物体.这就是抽屉原则的最简单形式.抽屉原则又称重叠原则,在国外又称鸽舍原则,或叫做迪利克雷(P. G. Dirichlet)原则.这一道理似乎并无惊人之处,其正确性可算至为明显,当 19 世纪出现在数学中时便解决了几个很重要的问题.下面我们将举些关于用抽屉原则的最简形式来解决问题的例子.

例 1 今有两组正整数,其中每一组中的所有数都小于 n(其中 n 是一个正整数),又假设每一组中的数都是互不相同的,并且这两组数的总个数 $\geqslant n$.试证:一定可以从每组中各取一数,使它们的和正好等于 n.

证明 设这两组数分别是 $a_1, a_2, \cdots, a_k; b_1, b_2, \cdots, b_l$,则由于这两组数都是不同的正整数,所以可以设

$$1 \leqslant a_1 < a_2 < \cdots < a_k < n$$
$$1 \leqslant b_1 < b_2 < \cdots < b_l < n$$

现令 $c_i = n - a_i$(其中 $1 \leqslant i \leqslant k$),则由于 a_i 是不同的,以

及 $a_i < n$ 而有 $n > c_1 > c_2 > \cdots > c_k \geqslant 1$. 考察正整数 $b_1, b_2, \cdots, b_l, c_1, c_2, \cdots,$ c_k. 由于总个数 $\geqslant n$，即 $l + k \geqslant n$；又由于 $b_1, b_2, \cdots, b_l, c_1, c_2, \cdots, c_k$ 都 $\geqslant 1$ 又 $\leqslant$ $n - 1$. 现在我们把 $b_1, b_2, \cdots, b_l, c_1, c_2, \cdots, c_k$ 看为 $l + k$ 件物体，而把 $1, 2, \cdots, n - 1$ 看为 $n - 1$ 个抽屉，由于 $l + k \geqslant n$，故至少应有两个物体在同一个抽屉里，即有两个数相等. 但由于 $b_i (i = 1, 2, \cdots, l)$ 和 $c_j (j = 1, 2, \cdots, k)$ 都各自不相等，故落在这个抽屉里的数应分别来自 $b_i (i = 1, 2, \cdots, l)$ 和 $c_j (j = 1, 2, \cdots, k)$，所以必定有某个 b_i 和某个 c_j 相等，即 $b_i = c_j = n - a_j$，故我们有 $b_i + a_j = n$，因而本例题得证.

例 2 假定 n 是一个正整数，则在集合 $\{1, 2, \cdots, 2n\}$ 中任取 $n + 1$ 个整数出来，一定存在两个整数，其中一个整数能整除另外一个整数.

证明 我们知道，任一正整数 m，都可以写成为 $2^k \cdot l$（其中 k 是非负整数，而 l 是正的奇数）. 而大于等于 1 又小于等于 $2n$ 的奇数只有 n 个，由于我们取出的是 $n + 1$ 个数，这 $n + 1$ 个数都写成为 $2^k \cdot l$ 的形式后，至少有两个数所对应的奇数 l 是相同的，而对应的 k 都是非负整数，所以对应于 k 小的那个整数可以整除对应于 k 大的另一个整数. 故本例题得证. 又本例题中的 $n + 1$ 不能改为小于等于 n 的数，因为在 $n + 1, n + 2, \cdots, 2n$ 这 n 个数中不存在有一个整数能整除另一个整数.

§2 抽屉原则的一般形式

我们还能扩充抽屉原则，注意到，如果有 $2n + 1$ 个物体放到 n 个抽屉里去，则至少有一个抽屉有 3 个（或 3 个以上）物体，如果有 $3n + 1$ 个物体放到 n 个抽屉里去，则至少有一个抽屉里有 4 个（或 4 个以上）物体；……；更一般，我们有

抽屉原则 如果将 m 个物体放到 n 个抽屉里去，则至少有一个抽屉含有 $\left[\dfrac{m-1}{n}\right] + 1$ 个物体（其中 $\left[\dfrac{m-1}{n}\right]$ 表示不超过 $\dfrac{m-1}{n}$ 的最大整数）.

证明 小于 m 的 n 的最大倍数是由 $\dfrac{m-1}{n}$ 减去其分数部分所得的整数，这就是 $\left[\dfrac{m-1}{n}\right]$. 如果不存在有一个抽屉，它含有 $\left[\dfrac{m-1}{n}\right] + 1$ 个物体，则每个抽屉含的物体最多是 $\left[\dfrac{m-1}{n}\right]$，而总共有 n 个抽屉，所以这 n 个抽屉所含的物体总数小于等于 $n\left[\dfrac{m-1}{n}\right] \leqslant n\dfrac{m-1}{n} = m - 1 < m$. 这与已知有 m 个物体矛盾，所以至少有一个抽屉里有 $\left[\dfrac{m-1}{n}\right] + 1$ 个（或更多）物体.

例 3 给定一个由任意 $n^2 + 1$ 个不同的实数所构成的数列 $a_1, a_2, \cdots, a_{n^2+1}$，

则一定存在一个由 $n+1$ 个项所构成的增加数列,或者存在一个由 $n+1$ 个项所构成的减少数列.

证明 假定不存在一个由 $n+1$ 个项所构成的增加数列,我们将证明一定存在由 $n+1$ 个项所构成的一个减少数列.假定对每一个 k(其中 $k=1,2,\cdots,n^2+1$),令 m_k 是从 a_k 开始的最长的增加数列的项数,因为不存在有一个由 $n+1$ 个项所构成的增加数列,故 $m_k \leqslant n$(其中 $k=1,2,\cdots,n^2+1$),由于 $m_k \geqslant 1$(其中 $k=1,2,\cdots,n^2+1$),所以说 $m_1,m_2,\cdots,m_{n^2+1}$ 这 n^2+1 个整数都在 1 和 n 之间.我们把 $m_1,m_2,\cdots,m_{n^2+1}$ 看成是 n^2+1 个物体,放到 $1,2,\cdots,n$ 这 n 个抽屉里,由抽屉原则,至少存在一个抽屉里有 $n+1$(或更多)个物体,设这 $n+1$ 个物体是 $m_{k_1},m_{k_2},\cdots,m_{k_{n+1}}$,则有 $m_{k_1}=m_{k_2}=\cdots=m_{k_{n+1}}$(其中 $1\leqslant k_1 < k_2 < \cdots < k_{n+1} \leqslant n^2+1$).下面我们来证明:对于所有的 i(其中 $1\leqslant i \leqslant n$)都有 $a_{k_i} > a_{k_{i+1}}$.假定存在一个 i,使得 $a_{k_i} < a_{k_{i+1}}$(其中 $1\leqslant i \leqslant n$),由 $m_{k_{i+1}}$ 的定义,我们知道从 $a_{k_{i+1}}$ 开始有一个增加数列,它的项数是 $m_{k_{i+1}}$.再由 $k_i < k_{i+1}$ 知 $a_{k_{i+1}}$ 在 a_{k_i} 之后,而我们又假设了 $a_{k_i} < a_{k_{i+1}}$,所以得到从 a_{k_i} 开始有一个由 $m_{k_{i+1}}+1$ 项所构成的增加数列.又由于 m_{k_i} 的定义,知道从 a_{k_i} 开始最长的增加数列的项数是 m_{k_i},又由于 $m_{k_i}=m_{k_{i+1}}$,这与从 a_{k_i} 开始有一个由 $m_{k_{i+1}}+1=m_{k_i}+1$ 项所构成的增加数列发生矛盾,所以得到 $a_{k_i} > a_{k_{i+1}}$(其中 $1\leqslant i \leqslant n$),这样,就有从 a_{k_1} 开始的由 $n+1$ 个项所构成的减少数列 $a_{k_1},a_{k_2},\cdots,a_{k_{n+1}}$.因此本例题得证.又本例题是最好的可能结果,因为若把 n^2+1 项改为 n^2 项,就可能不存在一个由 $n+1$ 项构成的增加数列或减少数列.例如 $n,n-1,n-2,\cdots,2,1,2n,2n-1,\cdots,n+1,3n,3n-1,3n-2,\cdots,2n+1,\cdots,n^2,n^2-1,n^2-2,\cdots,(n-1)n+1$,在这个项数为 n^2 的数列里,最长的增加数列或最长的减少数列的项数都是 n.

例 4 在任意的一群人中,一定有这样两个人,他们在这群人中有相同数目的朋友.

证明 当人数为 1 时,不成为一个人群.故可先设这群人的个数为 n 而 $n \geqslant 2$.当 $n=2$ 时,这两人或互相认识,或者互相不认识.当这两人互相认识时,则他们的朋友都是 1 个人;当他们互相不认识时,他们的朋友都是 0,故本例题当 $n=2$ 时成立.假设 $n \geqslant 3$,分三种情况来讨论.第一种情况,如果在这群人中每个人的朋友数都不为 0 时,我们用 x_i(其中 $1\leqslant i \leqslant n$)来表示第 i 个人的朋友数目,则有 $1\leqslant x_i \leqslant n-1$.由于 $x_1,x_2,\cdots,x_n$ 共有 n 个正整数,而每个正整数的数值都大于等于 1 而小于等于 $n-1$.所以我们可以把 $x_1,x_2,\cdots,x_n$ 看为 n 个物体,而把 $1,2,\cdots,n-1$ 这 $n-1$ 个数看为 $n-1$ 个抽屉,这就是把 n 个物体放到 $n-1$ 个抽屉的问题了,故至少有两个物体在同一个抽屉里.设 x_k 与 x_l 在同一抽屉里(其中 $k\neq l$),即 $x_k=x_l$(其中 $k\neq l$),所以第 k 个人与第 l 个人的朋友数相等.即第一种情况下本例题成立.第二种情况,如只有 1 个人没有朋友,不妨

设这个人是第 n 个人,而其余的人的朋友数都大于等于 1,又由于这个人没有朋友,所以其余的 $n-1$ 个人的朋友数都小于等于 $n-2$.我们把 $x_1,x_2,\cdots,x_{n-1}$ 看为 $n-1$ 个物体,把 $1,2,\cdots,n-2$ 这 $n-2$ 个整数看成是 $n-2$ 个抽屉,则由抽屉原则,至少有一个抽屉里放了两个物体.设 x_k 与 x_l(其中 $k\neq l$ 且 $k,l\leqslant n-1$)在同一抽屉里,即 $x_k=x_l$,故第 k 个人与第 l 个人的朋友数相等.因而在第二种情况下,本例题也成立.第三种情况,至少有两人都没有朋友时,这两人的朋友数都为 0,也就是说,这两个人的朋友数目相同,故在第三种情况下,本例题结论也成立.所以本例题得证.

§3　关于 Ramsey 定理

下面的几个定理都需要使用抽屉原则.

定理 1　由六个人组成的一群人中,一定有三个人(或三个人以上)互相都认识,或者有三个人(或三个人以上)互相都不认识.

证明　我们在这六个人中任意固定一个人,并用字母 A 来代表这个人,而把其余的五个人分成两类:第一类是与 A 认识的人群,我们使用记号 F 来代表这一类人群,第二类是与 A 不认识的人群,我们使用记号 S 来表示第二类人群.这样,我们便把其余的五个人分成为 F 和 S 这两类人群了.根据抽屉原则,至少有一类包含有三个人(或三个人以上)(这是由于 $\left[\dfrac{5-1}{2}\right]+1=3$ 而得到的).如果 F 中有三个人(或三个人以上),则这三个人(或三个人以上)可能是互相都不认识,也可能有两个人(或两个人以上)互相认识.若 F 中的这三个人(或三个人以上)都互相不认识,则本定理已经成立,故不妨设 F 中有两个人(或两个人以上)互相认识,那么再把 A 放到这两个人(或两个人以上)中去,则由于这两个人(或两个人以上)都与 A 认识而得到三个人(或三个人以上)都互相认识了,因而本定理也成立;如果 F 中最多只有两人,则在 S 中含有三个人(或三个人以上).若 S 中三个人(或三个人以上)互相都认识,则本定理已成立;若 S 中有两个人(或两个人以上)互相不认识,则把 A 加到这两个人(或两个人以上)中去,就得到三个人(或三个人以上)互相不认识了,因而本定理也成立.综上所述,本定理得证.

如果我们使用圆圈来表示人,又用线段把圆圈两两联结起来,其中实线段表示这一对人是互相认识的,用虚线段表示这一对人是互相不认识的,则图 1 是这六个人可能的情况之一.

定理 1 告诉我们,任何一个由六个圆圈构成的图形中,如用实线或虚线将这六个圆圈都两两联结起来,则有一个(或一个以上)由三条实线构成的三角形或者有一个(或一个以上)由三条虚线构成的三角形.我们把这两种三角形都称之为纯三角形.

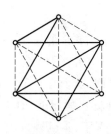

图 1

当只有五个人时,我们可以有图 2.在图 2 中,显然没有纯三角形.

因而,在定理 1 中,如果将六改为五时,则有可能不存在有纯三角形,所以说在这个意义下,这个定理的结果是最好的.

现在我们再将定理 1 加以推广.我们把四个人互相都认识或者四个人互相都不认识的情况用图 3 来表示.

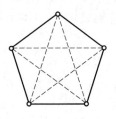

图 2

定理 2 由十个人所构成的一个人群中,或者存在有四个(或四个以上)人互相都认识,或者存在有三个(或三个以上)人互相都不认识.

证明 我们在这十个人中任意固定一个人,并用符号 A 来表示这个人,而把其余九个人分为两类:第一类是与 A 不认识的人群,我们使用符号 S 来表示;第二类是与 A 认识的人群,我们使用符号 F 来表示.

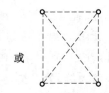

或

图 3

如果 S 中有四个(或四个以上)人,则或者存在有四个(或四个以上)人互相都认识,或者存在有两个(或两个以上)人互相不认识.当有四个(或四个以上)人互相都认识时,则本定理已经成立.如果 S 中有两个(或两个以上)人互相不认识时,则把 A 加到这两个(或两个以上)人中去,就得到有三个(或三个以上)人互相不认识了,因而本定理也成立;如果 S 中最多有三个人,则由抽屉原则知道 F 中至少有 6 个人,故由定理 1 得到: F 中有三个(或三个以上)人互相都认识,或者有三个(或三个以上)人互相都不认识.当有三个(或三个以上)的人互相都不认识时,本定理已经成立了;当有三个(或三个以上)人互相都认识时,把 A 加到这三个(或三个以上)人中去,就得到有四个(或四个以上)人互相都认识了,因而本定理也成立.综上所述,本定理得证.

我们可以用图 4 来表示定理 2 的结论.

用同样的方法,我们可以得到

定理 3 由十个人组成的人群中,或者存在有四个(或四个以上)人互相都不认识,或者存在有三个人(或三个人以上)互相都认识.

我们可以用图 5 来表示定理 3 的结论.

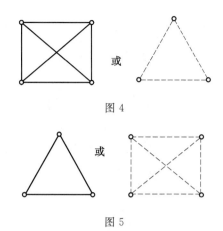

图 4

图 5

由定理 2 和定理 3,我们不难推出

定理 4   由二十个人所组成的人群中,或者存在有四个人(或四个人以上)互相都认识,或者存在有四个人(或四个人以上)互相都不认识.

这个结论可以用图 3 来表示.

证明   我们在这二十个人中任意固定一个人,并把这个人记为 A,而其余的十九个人可以分成两类:第一类是与 A 认识的人群,记为 F;第二类是与 A 不认识的人群,记为 S. 由于 $\left[\dfrac{19-1}{2}\right]+1=10$,所以这两类中至少有一类包含有十个人(或十个人以上).

若 F 中包含有十个人(或十个人以上),则由定理 3,我们有图 5:

若存在有四个人(或四个人以上)互相都不认识,则本定理已经成立了;若有三个人(或三个人以上)互相认识,我们把 A 加进去,就得到有四个人(或四个人以上)互相都认识,因而本定理也成立.

若 S 中有十个人(或十个人以上),则由定理 2 我们有图 4:

如果有四个人(或四个人以上)互相都认识,则本定理已经成立了;如果有三个人(或三个人以上)互相都不认识,我们把 A 加进去,就有四个人(或四个人以上)互相都不认识了,因而本定理也成立. 由以上几个方面的讨论,即知本定理

得证.

我们用记号 $N(a,b)$ 来表示这样的一个人群中的人数,在这个人群中或者有 a 个人(或 a 个以上的人)互相都认识,或者有 b 个人(或 b 个以上的人)互相都不认识.我们称 $N(a,b)$ 为 Ramsey 数.由定理 1,我们有

$$N(3,3) \leqslant 6$$

由定理 2,我们有

$$N(4,3) \leqslant 10$$

由定理 3,我们有

$$N(3,4) \leqslant 10$$

由定时 4,我们有

$$N(4,4) \leqslant 20$$

这些数目给出了 $N(a,b)$ 的上界,但它们不一定是最好的结果.例如,已经有人证明了

$$N(4,4) \leqslant 19$$

定理 5 我们有

$$N(a,b) = N(b,a) \tag{1}$$
$$N(a,2) = a \tag{2}$$

证明 由对称性,我们立即得到式(1)成立.现在我们只需证明式(2)成立.若在 a 个人中全是互相都认识的,则式(2)已经成立了,否则至少有两个人互相不认识,故式(2)也成立,所以本定理得证.

定理 6 对所有 $\geqslant 2$ 的整数 a,b,我们都有:

$N(a,b)$ 是一个有限数(这个数只与 a 和 b 有关),并且有

$$N(a,b) \leqslant N(a-1,b) + N(a,b-1) \tag{3}$$

证明 我们先来证明式(3),而当式(3)已经证明是成立时,立即可知 $N(a,b)$ 是一个有限数了.在 $N(a-1,b) + N(a,b-1)$ 个人中,我们先固定任意一个人,并把这个人记为 A,而其余的 $N(a-1,b) + N(a,b-1) - 1$ 个人中,可以分为两类:第一类是与 A 认识的人群,我们用 F 来表示;第二类是与 A 不认识的人群,我们用 S 来表示.则或者在 F 中有 $N(a-1,b)$ 个(或更多的)人,或者在 S 中有 $N(a,b-1)$ 个(或更多的)人.否则,F 中的人数 $\leqslant N(a-1,b)-1$,而且在 S 中的人数 $\leqslant N(a,b-1)-1$,故

$$F \text{ 与 } S \text{ 中的总人数} \leqslant N(a-1,b) + N(a,b-1) - 2$$

这与已知的 F 和 S 中的总人数为 $N(a-1,b) + N(a,b-1) - 1$ 而发生矛盾.

如果在 F 中有 $N(a-1,b)$ 个人,则由 $N(a-1,b)$ 的定义,我们有 $a-1$ 个(或更多的)人互相都认识,或者有 b 个(或更多的)人互相都不认识.若有 b 个(或更多的)人互相都不认识,则式(3)已经成立了.若有 $a-1$ 个(或更多的)人

互相都认识,我们把 A 加进去,就有 a 个(或更多的)人互相都认识了,因而式(3)也成立.

如果 S 中有 $N(a,b-1)$ 个人,则由 $N(a,b-1)$ 的定义,在这 $N(a,b-1)$ 个人中,有 a 个(或更多的)人互相都认识,或者有 $b-1$ 个(或更多的)人互相都不认识.若有 a 个(或更多的)人互相都认识时,式(3)已经成立了,若有 $b-1$ 个(或更多的)人互相都不认识时,我们把 A 加进去,就得到有 b 个(或更多的)人互相都不认识了,因而式(3)也成立.由上述讨论,本定理得证.

注意 式(3)中,并非表示等号一定可能成立.事实上已经有例子使等号不成立了.例如,我们已经知道有下面的定理,即

定理 7 当 $N(a-1,b)$ 和 $N(a,b-1)$ 都是偶数时,则我们有
$$N(a,b) < N(a-1,b) + N(a,b-1) - 1 \qquad (4)$$

证明 由于证明过程很繁杂,在这里我们就不给予证明了,读者若感兴趣,可参阅《BASIC TECHNIQUES OF COMBINATORIAL THEORY》书中的第 171 页.该书作者为 D. I. A. COHEN. 于 1978 年出版.

定理 8 我们有
$$N(3,3) = 6 \qquad (5)$$
$$N(3,4) = N(4,3) = 9 \qquad (6)$$

证明 式(5)的证明可见定理 1.现在我们来证明式(6).

由于式(2)和(5)我们有 $N(4,2)=4$,$N(3,3)=6$,而 4 与 6 都是偶数,故由式(1)和(4)我们有
$$N(3,4) = N(4,3) \leqslant N(3,3) + N(4,2) - 1 =$$
$$6 + 4 - 1 = 9 \qquad (7)$$
但当人数只有 8 个时,我们有图 6.

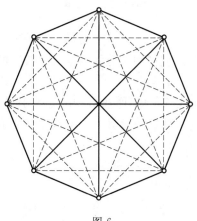

图 6

这个图中既无纯实线三角形,又无纯虚线四边形,因而

$$N(3,4)=N(4,3)>8 \tag{8}$$

由式(7)和(8),即可得

$$N(3,4)=N(4,3)=9$$

因而式(6)成立.由式(5)和(6),本定理得证.

定理9 我们有

$$N(3,5)=N(5,3)=14$$

证明 由式(1),(3)和(6),我们有

$$N(3,5)=N(5,3)\leqslant N(4,3)+N(5,2)=9+5=14 \tag{9}$$

但当人数只有13个时,我们有图7.

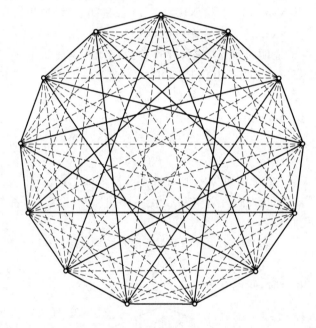

图7

图7中的线条很多,我们把图7分解为仅有实线边的图8和仅有虚线边的图9.

在图8中,没有纯实线三角形,而在图9中,也没有纯虚线五边形(包括对角线在内).因而图7中既无纯实线三角形,又无纯虚线五边形(包括对角线在内).故我们有

$$N(3,5)=N(5,3)>13 \tag{10}$$

由式(9)和(10),我们立即可得

$$N(3,5)=N(5,3)=14$$

所以本定理得证.

又有人证明了:在十七个人中,可能不存在有四个人互相都认识(或者四个

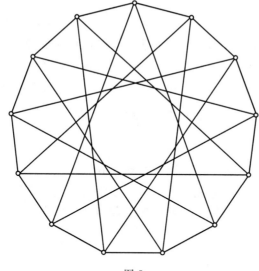

图 8

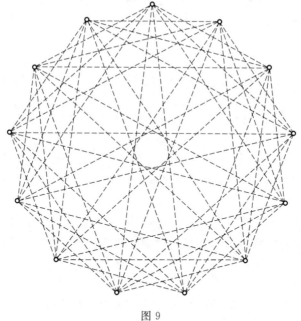

图 9

人都互相不认识），即是

$$N(4,4) > 17 \tag{11}$$

但由式(3)，我们有

$$N(4,4) \leqslant N(3,4) + N(4,3) = 9 + 9 = 18 \tag{12}$$

由式(11)和(12)，我们可以得到

51

$$N(4,4)=18 \qquad\qquad (13)$$

此外,我们现在知道的还有 $N(3,6)=N(6,3)=18,N(3,7)=N(7,3)=23$. 但是,当 $k\geqslant 8$ 时,$N(3,k)$ 的确切数字我们尚未知道;当 $k\geqslant 5$ 时,$N(4,k)$ 的确切数字也尚未知道;当 $k\geqslant 4$ 时,$N(5,k)$ 的确切数字我们也不知道.

§4 置 换

让我们考虑把 1 到 n 中的数,置换到 $a_1,a_2,\cdots,a_n$. 我们可以认为这不仅仅是一个静态,而且是一个重新安排物体的过程,在这种意义下,则 132 不仅仅是一个排列,而且是把位于最后的物体置于前两个物体之间的一个动作. 为了描写这个动作,我们使用记号

$$\begin{pmatrix} 1 & 2 & 3 & \cdots & n \\ a_1 & a_2 & a_3 & \cdots & a_n \end{pmatrix}$$

它的意思可以解释为将 1 送到 a_1 的地方,将 2 送到 a_2 的地方等等. 我们还可以认为置换是一种替换,即将 1 放到 a_1 的地方,将 2 放到 a_2 的地方,等等. 又例如

$$\begin{pmatrix} 1 & 2 & 3 \\ 1 & 3 & 2 \end{pmatrix}$$

即表示将 1 放到 1 的地方,将 2 放到 3 的地方,将 3 放到 2 的地方.

当 P_1 和 P_2 都是置换时,则我们定义 P_1P_2 为首先施加置换 P_1,然后再施加置换 P_2 的结果. 例如当 $n=4$ 时有两个置换为

$$P_1=\begin{pmatrix} 1 & 2 & 3 & 4 \\ 2 & 4 & 1 & 3 \end{pmatrix} \text{ 和 } P_2=\begin{pmatrix} 1 & 2 & 3 & 4 \\ 3 & 4 & 2 & 1 \end{pmatrix}$$

则在 P_1P_2 中首先是 P_1 将 1 放到 2 的地方,然后是 P_2 将 2 送到 4 的地方,即有

$$P_1P_2=\begin{pmatrix} 1 & 2 & 3 & 4 \\ 4 & & & \end{pmatrix}$$

P_1 将 2 放到 4 的地方,然后 P_2 将 4 放到 1 的地方,即有

$$P_1P_2=\begin{pmatrix} 1 & 2 & 3 & 4 \\ 4 & 1 & & \end{pmatrix}$$

P_1 将 3 放到 1 的地方,然后是 P_2 将 1 放到 3 的地方,即有

$$P_1P_2=\begin{pmatrix} 1 & 2 & 3 & 4 \\ 4 & 1 & 3 & \end{pmatrix}$$

P_1 将 4 放到 3 的地方,然后是 P_2 将 3 放到 2 的地方,故 P_1P_2 将 4 放到 2 的地方,即有

$$P_1P_2=\begin{pmatrix} 1 & 2 & 3 & 4 \\ 4 & 1 & 3 & 2 \end{pmatrix}$$

如上所定义的两个置换之乘积,还是一个置换,我们还可以证明置换对于乘法来说,是满足结合律的,即有

$$a(bc) = (ab)c$$

有一个恒等(Identity)置换,即

$$\begin{pmatrix} 1 & 2 & 3 & 4 \\ 1 & 2 & 3 & 4 \end{pmatrix} = I$$

它使得对于任意置换 P 都有 $IP = P$,及 $PI = P$ 成立.对于每一个置换 P 一定有一个逆置换 P^{-1},它使得 $P(P^{-1}) = I$,和 $(P^{-1})P = I$ 成立,逆置换的构成是容易的,即如果 P_1 送 1 到 2 则 P^{-1} 送 2 到 1,等等,例如

$$P = \begin{pmatrix} 1 & 2 & 3 & 4 \\ 3 & 1 & 2 & 4 \end{pmatrix}, \quad P^{-1} = \begin{pmatrix} 1 & 2 & 3 & 4 \\ 2 & 3 & 1 & 4 \end{pmatrix}$$

在数学中我们常遇到元素的集合 G,而对于集合 G 中的元素,我们有办法定义其乘积并使得它们具有下面四个性质:

1. G 中的二个元素相乘还是 G 中的一个元素.

2. 当 a, b, c 都属于 G 时则有

$$a(bc) = (ab)c$$

3. 在 G 中有一个恒等元素,这使得对于 G 中的任一个元素都具有

$$Ix = x \text{ 和 } xI = x$$

4. 对于 G 中的每一个元素,相应地在 G 中都有一个逆元素 x^{-1},它使得

$$x(x^{-1}) = I \text{ 和 } (x^{-1})x = I$$

这样的一个集合 G,我们称之为群,为了避免混乱,我们使用记号 $*$ 来表示群 G 中的乘积.

例 5 正整数的商(也叫做正有理数或正分数)构成一个群,其中的恒等元素是 1 而 $\frac{a}{b}$ 的逆元素是 $\frac{b}{a}$.

例 6 设 $G = \{1, 3, 7, 9\}$,故集合 G 中共有四个元素,即 1, 3, 7, 9.当 x 和 y 都属于集合 G 时,则我们定义 $x * y$ 等于 xy 中的个位数的数字,则集合 G 是一个群.例如 3 乘 7 等于 21 而 21 的个位数是 1,所以在 G 中 $3 * 7 = 1$;由于 7 乘 9 等于 63,所以在 G 中有 $7 * 9 = 3$.对于这个群的乘法表示是:

$*$	1	3	7	9
1	1	3	7	9
3	3	9	1	7
7	7	1	9	3
9	9	7	3	1

例 7　全体整数的集合 G 对于 G 中的两个元素 x 和 y，则我们定义 $x * y = x + y$（其中"$+$"系表示通常所用的加法），则有：

(1) $x * y$ 显然还是一个正整数.

(2) 我们有 $x * (y * z) = (x * y) * z$.

(3) 整数 0 是一个恒等元素，即有

$$0 * x = x * 0 = x$$

(4) 对于 G 中的每一个元素 x 都有它的逆元素 $(-x)$，具有

$$a * (-a) = 0 = (-a) * a$$

定理 10　数 $1, 2, \cdots, n$ 的全体置换构成一个群.

这个群我们使用记号 S_n 来表示并称之为 n 阶对称群，它恰巧有 $n!$ 个元素.

例 8　S_3 的 6 个元素是

$$\begin{pmatrix} 1 & 2 & 3 \\ 1 & 2 & 3 \end{pmatrix}, \begin{pmatrix} 1 & 2 & 3 \\ 1 & 3 & 2 \end{pmatrix}, \begin{pmatrix} 1 & 2 & 3 \\ 2 & 1 & 3 \end{pmatrix}$$

$$\begin{pmatrix} 1 & 2 & 3 \\ 2 & 3 & 1 \end{pmatrix}, \begin{pmatrix} 1 & 2 & 3 \\ 3 & 1 & 2 \end{pmatrix}, \begin{pmatrix} 1 & 2 & 3 \\ 3 & 2 & 1 \end{pmatrix}$$

置换的乘积不像数列的乘积一样，它不总是可以交换的，也就是说，a 和 b 的乘积不总会是等于 b 和 a 的乘积.

例 9　我们有

$$\begin{pmatrix} 1 & 2 & 3 \\ 2 & 1 & 3 \end{pmatrix} \begin{pmatrix} 1 & 2 & 3 \\ 3 & 2 & 1 \end{pmatrix} = \begin{pmatrix} 1 & 2 & 3 \\ 2 & 3 & 1 \end{pmatrix}$$

但是

$$\begin{pmatrix} 1 & 2 & 3 \\ 3 & 2 & 1 \end{pmatrix} \begin{pmatrix} 1 & 2 & 3 \\ 2 & 1 & 3 \end{pmatrix} = \begin{pmatrix} 1 & 2 & 3 \\ 3 & 1 & 2 \end{pmatrix}$$

这只表示 S_3 不是可交换的，但是这种想法可以对于更大阶的对称群还是对的，例如对于 S_5，我们有

$$\begin{pmatrix} 1 & 2 & 3 & 4 & 5 \\ 2 & 1 & 3 & 4 & 5 \end{pmatrix} \begin{pmatrix} 1 & 2 & 3 & 4 & 5 \\ 3 & 2 & 1 & 4 & 5 \end{pmatrix} = \begin{pmatrix} 1 & 2 & 3 & 4 & 5 \\ 2 & 3 & 1 & 4 & 5 \end{pmatrix}$$

但是

$$\begin{pmatrix} 1 & 2 & 3 & 4 & 5 \\ 3 & 2 & 1 & 4 & 5 \end{pmatrix} \begin{pmatrix} 1 & 2 & 3 & 4 & 5 \\ 2 & 1 & 3 & 4 & 5 \end{pmatrix} = \begin{pmatrix} 1 & 2 & 3 & 4 & 5 \\ 3 & 1 & 2 & 4 & 5 \end{pmatrix}$$

另外方面，对于 S_1 来说只有一个置换即 $\begin{pmatrix} 1 \\ 1 \end{pmatrix}$ 而对于 S_2 来说只有两个置换

即

$$\begin{pmatrix} 1 & 2 \\ 1 & 2 \end{pmatrix}, \begin{pmatrix} 1 & 2 \\ 2 & 1 \end{pmatrix}$$

故 S_1 和 S_2 都是交换群.

使用二排的符号来描写置换有两个不方便之处,首先,它是麻烦和含有很多多余的记号($1,2,\cdots,n$ 的重复);其次,这个符号将每个置换的根本结构隐藏,为了修改这些,我们就引进了另外一种置换的记号,称之为轮换,一个轮换是在圆括弧内的一列数,使用逗号或间隔来分离.例如 $(a_1,a_2,\cdots,a_m)$ 表示明确重新排列,即"将 a_1 放到 a_2 的地方,将 a_2 放到 a_3 的地方,$\cdots\cdots$,将 a_{m-1} 放到 a_m 的地方,将 a_m 放到 a_1 的地方",一个轮换的长度就是含在该轮换的项的数目.

例 10 $\begin{pmatrix} 1 & 2 & 3 & 4 \\ 3 & 4 & 2 & 1 \end{pmatrix}$ 的轮换是 $(1,3,2,4)$,它的长度是 4.

例 11 $\begin{pmatrix} 1 & 2 & 3 & 4 \\ 2 & 3 & 1 & 4 \end{pmatrix}$ 的轮换是 $(1,2,3)$,其中 4 停留固定.

例 12 $\begin{pmatrix} 1 & 2 & 3 & 4 & 5 & 6 \\ 4 & 6 & 1 & 3 & 2 & 5 \end{pmatrix} = \begin{pmatrix} 1 & 2 & 3 & 4 & 5 & 6 \\ 4 & 2 & 1 & 3 & 5 & 6 \end{pmatrix} \begin{pmatrix} 1 & 2 & 3 & 4 & 5 & 6 \\ 1 & 6 & 3 & 4 & 2 & 5 \end{pmatrix} =$

$(1,4,3)(2,6,5)$

例 13 $\begin{pmatrix} 1 & 2 & 3 & 4 & 5 & 6 \\ 5 & 4 & 3 & 6 & 1 & 2 \end{pmatrix} =$

$\begin{pmatrix} 1 & 2 & 3 & 4 & 5 & 6 \\ 5 & 2 & 3 & 4 & 1 & 6 \end{pmatrix} \begin{pmatrix} 1 & 2 & 3 & 4 & 5 & 6 \\ 1 & 4 & 3 & 6 & 5 & 2 \end{pmatrix} \begin{pmatrix} 1 & 2 & 3 & 4 & 5 & 6 \\ 1 & 2 & 3 & 4 & 5 & 6 \end{pmatrix} =$

$(1,5)(2,4,6)(3)$

例 14 对于 S_2 中的两个元素使用轮换表示时则有

$$\begin{pmatrix} 1 & 2 \\ 1 & 2 \end{pmatrix} = (1)(2) = I, \begin{pmatrix} 1 & 2 \\ 2 & 1 \end{pmatrix} = (1,2)$$

例 15 对于 S_3 中的六个元素使用轮换来表示时则有

$$\begin{pmatrix} 1 & 2 & 3 \\ 1 & 2 & 3 \end{pmatrix} = (1)(2)(3) = I$$

$$\begin{pmatrix} 1 & 2 & 3 \\ 1 & 3 & 2 \end{pmatrix} = (1)(2,3) = (2,3)$$

$$\begin{pmatrix} 1 & 2 & 3 \\ 2 & 1 & 3 \end{pmatrix} = (1,2)(3) = (1,2)$$

$$\begin{pmatrix} 1 & 2 & 3 \\ 2 & 3 & 1 \end{pmatrix} = (1,2,3)$$

$$\begin{pmatrix} 1 & 2 & 3 \\ 3 & 1 & 2 \end{pmatrix} = (1,3,2)$$

$$\begin{pmatrix} 1 & 2 & 3 \\ 3 & 2 & 1 \end{pmatrix} = (1,3)(2) = (1,3)$$

关于 S_3 中的元素的乘积表是：

	I	$(1,2)$	$(1,3)$	$(2,3)$	$(1,2,3)$	$(1,3,2)$
I	I	$(1,2)$	$(1,3)$	$(2,3)$	$(1,2,3)$	$(1,3,2)$
$(1,2)$	$(1,2)$	I	$(1,2,3)$	$(1,3,2)$	$(1,3)$	$(2,3)$
$(1,3)$	$(1,3)$	$(1,3,2)$	I	$(1,2,3)$	$(2,3)$	$(1,2)$
$(2,3)$	$(2,3)$	$(1,2,3)$	$(1,3,2)$	I	$(1,2)$	$(1,3)$
$(1,2,3)$	$(1,2,3)$	$(2,3)$	$(1,2)$	$(1,3)$	$(1,3,2)$	I
$(1,3,2)$	$(1,3,2)$	$(1,3)$	$(2,3)$	$(1,2)$	I	$(1,2,3)$

如果 G 是一个群而 S 是 G 中的一个子集合而且 S 也是一个群时，则我们说 S 是 G 的一个子群. 例如 S_1 是 S_2 的一个子群，S_2 是 S_3 的一个子群，等等.

两个轮换称做分离的(Disjoint)，如果在这两个轮换中没有共同的元素.

定理 11　当 a 和 b 是两个分离的轮换时，则我们有

$$ab = ba$$

证明　当 a 和 b 是两个置换，而这两个置换用到重新安排的是分离集合时是和它们的重新安排的次序无关，因而本定理成立.

习　题

1.设有 $a_1 + a_2 + \cdots + a_n - n + 1$ 个元素，其中 n 和 $a_i(i=1,2,\cdots,n)$ 都是正整数，若将这 $a_1 + a_2 + \cdots + a_n - n + 1$ 个元素分成为 n 个集合，则至少应存在一个正整数 m(其中 $1 \leqslant m \leqslant n$)，它使得在第 m 个集合里至少包含有 a_m 个元素.

2.设 $m \geqslant 1$，又设 $a_1,a_2,\cdots,a_{2m+1}$ 是 $1,2,\cdots,2m+1$ 的一个更列，则 2 能够整除 $(a_1 - 1)(a_2 - 2)\cdots(a_{2m+1} - (2m+1))$.

3.10 个不同的十进制两位数，组成一个集合 A，试证明必定存在 A 的两个不相交的非空子集合 B 和 E，使 B 中一切元素之和等于 E 中一切元素之和.

4.在边长为 1 的正方形内任意放置 5 个点，则其中至少有两点，它们的距离 $\leqslant \dfrac{\sqrt{2}}{2}$.

5.如下图:3 行 9 列的 27 个小方格，每个小方格都涂上红色或者蓝色，则一定有两列的涂色方式相同.

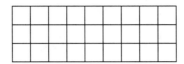

6. 任给五个整数,则必能从中选出三个,使得它们之和能够被 3 整除.

7. 设正奇数 $n \geqslant 3$,而 $a_1, a_2, \cdots, a_{n^2-2n+2}$ 是 n^2-2n+2 个整数,则必能从中选出 n 个数,使得它们的和能够被 n 整除.

8. 设 n 和 $a_1, a_2, \cdots, a_{n+1}$ 都是正整数,则我们总可以找到一对数 a_i 与 a_j(其中 $1 \leqslant i < j \leqslant n+1$)使得它们的差能够被 n 整除.

9. 设正整数 $n \geqslant 2$,又设 $a_1, a_2, \cdots, a_n$ 是 n 个正整数,则我们总可以找到一对数 a_i 与 a_j(其中 $1 \leqslant i < j \leqslant n$),使得它们的差或者它们的和能够被 n 整除.

10. 设正整数 $a \geqslant 2, b \geqslant 2$,则我们有

$$N(a,b) \leqslant \binom{a+b-2}{a-1}$$

11. 设 w 是任一给定实数,n 是任意正整数,则存在整数 x, y 使得

$$|y - wx| < \frac{1}{n} \quad 0 < x \leqslant n$$

12. 令 $a = \begin{pmatrix} 1 & 2 & 3 & 4 & 5 & 6 & 7 \\ 6 & 3 & 5 & 2 & 4 & 1 & 7 \end{pmatrix}, b = \begin{pmatrix} 1 & 2 & 3 & 4 & 5 & 6 & 7 \\ 6 & 7 & 2 & 1 & 3 & 4 & 5 \end{pmatrix}$

请求出 ab 与 ba,它们是否相等?

13. 设 P_1 是长度为 2 的一个轮换,请证明 $P_1^2 = I$. 设 P_2 是长度为 3 的一个轮换,请证明 $P_2^3 = I$. 设 $k \geqslant 4$ 而 P_{k-1} 是长度为 k 的一个轮换,请证明 $P_{k-1}^k = I$.

14. 设 $P = (1,2)(3,4,5,6)$,请证明 $P^4 = I$.

容斥原理

第 四 章

§1 集合的基本知识

为了介绍容斥原理,我们必须首先介绍一些关于集合的基本知识.

集合:我们把所研究的对象叫做元素,把那些确定的,能够区分的元素的总体叫做集合,并说这个集合是由这些元素所组成.例如,北京大学的全体学生组成一个集合.如果不特别声明集合中的某些元素是相同的,则可以认为所有元素都是相异的.我们常用大写拉丁字母来表示集合,而用小写拉丁字母表示元素.

若元素 a 在集合 A 中,那么我们就说集合 A 中含有元素 a,并记为 $a \in A$ 或 $A \ni a$.

若元素 a 不在集合 A 中,那么我们就说集合 A 中不含有元素 a,记为 $a \notin A$ 或 $A \not\ni a$.

若任给两个集合 A 和集合 B,当且仅当对于每一个元素 a,若 $a \in A$,则 $a \in B$;并且,对于每一个元素 a,若 $a \in B$,则 $a \in A$.那么我们就说集合 A 和集合 B 相等,记为 $A = B$.例如,集合 $A = \{1,2,3\}$,集合 $B = \{3,1,2\}$.由于这两个集合元素完全相同,虽然元素的顺序不同,我们还是说 $A = B$. 若集合 $C = \{1,3,5\}$,而集合 $D = \{2,3,4\}$. 这两个集合只有一个相同的元素 3,但是其他的元素就不同了,因此 $C \neq D$.

若集合 A 的每一个元素也都是集合 B 的元素,那以我们就说集合 A 是集合 B 的一个子集合,记为 $A \subset B$. 若集合 A 不是集合 B 的子集合,就记为 $A \not\subset B$. 若 $A \subset B$ 时,我们也说 A 包含在 B 中,有时也说集合 B 包含集合 A.

对于任给的集合 A, B, C,我们有:

(i) $A \subset A$,

(ii) 若 $A \subset B$ 且 $B \subset C$, 则 $A \subset C$.

对集合之间的运算来说,最基本的运算有"并"和"交".

若三个集合 A, B, C 之间满足:A 中的任一个元素 x 都包含在 B 中或者包含在集合 C 中;又集合 B 或者集合 C 中的元素也都包含在集合 A 中. 则称集合 A 为集合 B 与集合 C 的并集合,记为

$$A = B \bigcup C$$

若三个集合 A, B, C 之间满足:集合 A 中的任一元素 x,一定包含在集合 B 中,也一定包含在集合 C 中;又集合 B 和集合 C 都共同含有的元素也一定在集合 A 中. 则称集合 A 是集合 B 与集合 C 的交集合,记为

$$A = B \bigcap C$$

§2　关于容斥原理

在计算一个集合的元素的个数时,我们经常发现间接计算比直接计算更为简单. 例如,我们想计算 1 到 600 之间不能被 6 整除的整数的个数时,可采用下述方法:首先计算 1 到 600 之间能被 6 整除的整数的个数,因为每 6 个连续整数内,一定有且只有一个整数能被 6 整除,所以 1 到 600 之间能被 6 整除的整数的个数为 $600 \div 6 = 100$,而在 1 到 600 之间不能被 6 整除的整数的个数就是 $600 - 100 = 500$. 这个例子中所用到的间接计算原理可叙述如下:如果集合 A 是集合 S 的一个子集合,则属于 A 的元素的个数,等于 S 的所有元素的个数减去属于 S 而不属于 A 的元素的个数. 若我们用记号 $\overline{A}$ 来表示属于 S 而不属于 A 的元素的集合,并用记号 $|A|$ 来表示 A 的元素的个数,那么上述原理还可以写为

$$|A| = |S| - |\overline{A}|$$

或者是

$$|\overline{A}| = |S| - |A|$$

下面我们来讨论上述原理的重要推广,并称之为"容斥原理",还要举几个

例子来说明这个原理的运用.

　　设 S 是一个有限元素的集合,又设 P_1,P_2 是两个不同的性质.S 中的每一个元素可能具有性质 P_1 和性质 P_2,可能只具有两个性质之一,也可能这两个性质都不具有.我们想求出 S 中的既不具有性质 P_1 又不具有性质 P_2 的元素的个数.首先在集合 S 的所有元素中,去掉具有性质 P_1 的元素,再去掉具有性质 P_2 的元素.请注意,这样计算时,我们把那些既具有性质 P_1 又具有性质 P_2 的元素减掉了两次,所以还得加上一次既具有性质 P_1 又具有性质 P_2 的元素.若令 A_1 是 S 中的具有性质 P_1 的所有元素的子集合,而令 A_2 是 S 中的具有性质 P_2 的所有元素的子集合,又令 $\overline{A_1}$ 是 S 中的不具有性质 P_1 的所有元素的子集合,$\overline{A_2}$ 是 S 中的不具有性质 P_2 的所有元素的子集合,则 $\overline{A_1}\cap\overline{A_2}$(这即是 $\overline{A_1}$ 与 $\overline{A_2}$ 的交集合)就是 S 中的既不具有性质 P_1 又不具有性质 P_2 的元素的子集合.于是我们有下列公式

$$|\,\overline{A_1}\cap\overline{A_2}\,|=|\,S\,|-|\,A_1\,|-|\,A_2\,|+|\,A_1\cap A_2\,| \tag{1}$$

　　更一般,假设 $P_1,P_2,\cdots,P_m$ 是 m 个性质.S 中的元素可能具有这些性质的一部分或全部,也可能不具有这些性质中的任何一个性质.令 $A_i(i=1,2,\cdots,m)$ 是 S 中的子集合,它的元素具有性质 P_i(也可能同时具有其他性质);那么 $A_i\cap A_j$ 是 S 中的同时具有性质 P_i 和性质 P_j 的元素的子集合;$A_i\cap A_j\cap A_k$ 是 S 中的同时具有性质 P_i,P_j 和 P_k 的元素的子集合;…….而在 S 中的不具有性质 $P_1,P_2,\cdots,P_m$ 中的任何一个性质的元素的子集合是

$$\overline{A_1}\cap\overline{A_2}\cap\overline{A_3}\cap\cdots\cap\overline{A_m}$$

定理 1　我们有
$$|\,\overline{A_1}\cap\overline{A_2}\cap\overline{A_3}\cap\cdots\cap\overline{A_m}\,|=$$
$$|\,S\,|-\sum|\,A_i\,|+\sum|\,A_i\cap A_j\,|-\sum|\,A_i\cap A_j\cap A_k\,|+\cdots+$$
$$(-1)^m|\,A_1\cap A_2\cap A_3\cap\cdots\cap A_m\,| \tag{2}$$
成立.其中第一个和式取遍包含于区间 $[1,m]$ 的所有整数集合;第二个和式取遍集合 $\{(i,j)\mid i\neq j,$ 且 $i,j=1,2,\cdots,m\}$;第三个和式取遍集合 $\{(i,j,k)\mid i\neq j\neq k\neq i,$ 且 $i,j,k=1,2,\cdots,m\}$;……

　　说明　当 $m=3$ 时,式(2)为
$$|\,\overline{A_1}\cap\overline{A_2}\cap\overline{A_3}\,|=|\,S\,|-\sum_{i=1}^{3}|\,A_i\,|+\sum_{i\neq j,i,j=1}^{3}|\,A_i\cap A_j\,|+$$
$$(-1)^3|\,A_1\cap A_2\cap A_3\,|=$$
$$|\,S\,|-(|\,A_1\,|+|\,A_2\,|+|\,A_3\,|)+$$
$$(|\,A_1\cap A_2\,|+|\,A_1\cap A_3\,|+|\,A_2\cap A_3\,|)-|\,A_1\cap A_2\cap A_3\,| \tag{3}$$
因为 $1+3+3+1=8$,所以式(3)右边共有 8 项.

当 $m=4$ 时,式(2)为

$$| \overline{A_1} \cap \overline{A_2} \cap \overline{A_3} \cap \overline{A_4} | =$$

$$| S | - (| A_1 | + | A_2 | + | A_3 | + | A_4 |) +$$

$$(| A_1 \cap A_2 | + | A_1 \cap A_3 | + | A_1 \cap A_4 | + | A_2 \cap A_3 | + | A_2 \cap A_4 | +$$

$$| A_3 \cap A_4 |) - (| A_1 \cap A_2 \cap A_3 | + | A_1 \cap A_2 \cap A_4 | +$$

$$| A_1 \cap A_3 \cap A_4 | + | A_2 \cap A_3 \cap A_4 |) +$$

$$| A_1 \cap A_2 \cap A_3 \cap A_4 | \tag{4}$$

因为 $1+4+6+4+1=16$,所以式(4)右边有 16 项.

在一般情况下,式(2)右边的项数是

$$\binom{m}{0} + \binom{m}{1} + \binom{m}{2} + \cdots + \binom{m}{m-1} + \binom{m}{m} = (1+1)^m = 2^m$$

在证明定理之前,我们先举一个例子来看一下定理的应用.

例 1 某高中一个班共有 60 名学生,其中:24 个学生喜爱数学,28 个学生喜爱物理,26 个学生喜爱化学,10 个学生既喜爱数学又喜爱物理,8 个学生即喜爱数学又喜爱化学,14 个学生既喜爱物理又喜爱化学,6 个学生对这三门科学都喜爱,问有多少个学生对这三门学科都不喜爱?

解 设这个班的 60 个学生所组成的集合为 S,而其中喜爱数学的学生所组成的集合为 A_1,喜欢物理的学生所组成的集合为 A_2,喜欢化学的学生所组成的集合为 A_3,那么既喜欢数学又喜欢物理的学生所组成的集合为 $A_1 \cap A_2$,既喜欢数学又喜欢化学的学生所组成的集合为 $A_1 \cap A_3$,既喜欢物理又喜欢化学的学生所组成的集合为 $A_2 \cap A_3$,三门学科都喜欢的学生所组成的集合为 $A_1 \cap A_2 \cap A_3$,而三门学科都不喜欢的学生所组成的集合为 $\overline{A_1} \cap \overline{A_2} \cap \overline{A_3}$. 由式(3),我们有

$$| \overline{A_1} \cap \overline{A_2} \cap \overline{A_3} | = | S | - (| A_1 | + | A_2 | + | A_3 |) +$$

$$(| A_1 \cap A_2 | + | A_1 \cap A_3 | + | A_2 \cap A_3 |) - | A_1 \cap A_2 \cap A_3 | =$$

$$60 - (24 + 28 + 26) + (10 + 8 + 14) - 6 = 8$$

所以有 8 个学生对这三门学科都不喜爱.

现在我们再来证明定理 1.

证明 式(2)左边是 S 中的不具有性质 $P_1, P_2, \cdots, P_m$ 中任何一个性质的元素的个数. 因此,我们要证明式(2)成立,只需去证明一个不具有性质 P_1, $P_2, \cdots, P_m$ 中任何一个性质的元素,对式(2)右边的贡献是 1;而至少含有这 m 个性质中的一个性质的元素对式(2)右边的贡献则是 0.

首先考虑 S 中的一个不具有这 m 个性质中任何一个性质的元素 x,它在 S 中,但不在 $A_i (i=1,2,\cdots,m)$ 中,所以它对式(2)右边贡献的数值是

$$\bullet \qquad 1 - 0 + 0 - 0 + \cdots + (-1)^m \times 0 = 1$$

61

其次考虑 S 中的元素 y，它恰好具有这 m 个性质中的 $n(1 \leqslant n \leqslant m)$ 个性质.它在 S 中，所以对 $|S|$ 的贡献为 $1 = \binom{n}{0}$；它恰好具有 n 个性质，所以它是集合 $A_1, A_2, \cdots, A_m$ 中的 n 个集合的元素，因而它对 $\sum |A_i|$ 的贡献是 $n = \binom{n}{1}$；又因为在 n 个性质中取出一对性质的方法有 $\binom{n}{2}$ 个，故 y 是 $\binom{n}{2}$ 个集合 $A_i \cap A_j$ 中的一个元素，所以它对 $\sum |A_i \cap A_j|$ 的贡献是 $\binom{n}{2}$；同样，它对 $\sum |A_i \cap A_j \cap A_k|$ 的贡献是 $\binom{n}{3}$；……. 因而 y 对式（2）右边所作出的贡献是

$$\binom{n}{0} - \binom{n}{1} + \binom{n}{2} - \binom{n}{3} + \cdots + (-1)^m \binom{n}{m} \tag{5}$$

其中 $n \leqslant m$，由于当 $n < k$ 时有 $\binom{n}{k} = 0$，故式（5）的数值也就是

$$\binom{n}{0} - \binom{n}{1} + \binom{n}{2} - \binom{n}{3} + \cdots + (-1)^n \binom{n}{n} = (1-1)^n = 0$$

所以 y 若具有性质 $P_1, P_2, \cdots, P_m$ 中的至少一个性质时，它对式（2）右边的贡献都只能是 0. 因而本定理得证.

推论 在集合 S 中的至少具有性质 $P_1, P_2, \cdots, P_m$ 中的一个性质的元素的个数是

$$|A_1 \cup A_2 \cup A_3 \cup \cdots \cup A_m| =$$
$$\sum |A_i| - \sum |A_i \cap A_j| + \sum |A_i \cap A_j \cap A_k| + \cdots +$$
$$(-1)^{m+1} |A_1 \cap A_2 \cap A_3 \cap \cdots \cap A_m| \tag{6}$$

其中和式的取法与式（2）中和式的取法一样.

证明 集合 $A_1 \cup A_2 \cup A_3 \cup \cdots \cup A_m$ 是 S 中的至少具有性质 $P_1, P_2, \cdots, P_m$ 中的一个性质之元素所组成的子集合，所以有

$$|A_1 \cup A_2 \cup A_3 \cup \cdots \cup A_m| = |S| - |\overline{A_1 \cup A_2 \cup A_3 \cup \cdots \cup A_m}|$$

但由集合论的一个常用公式，我们有

$$\overline{A_1 \cup A_2 \cup A_3 \cup \cdots \cup A_m} = \overline{A_1} \cap \overline{A_2} \cap \overline{A_3} \cap \cdots \cap \overline{A_m}$$

故我们有

$$|A_1 \cup A_2 \cup A_3 \cup \cdots \cup A_m| = |S| - |\overline{A_1} \cap \overline{A_2} \cap \overline{A_3} \cap \cdots \cap \overline{A_m}| \tag{7}$$

将式（2）代入式（7），即可知道式（6）成立. 因而本推论得证.

§3 容斥原理的应用

例2 请求出 1 到 1 000 中不能被 5 整除,也不能被 6 或 8 整除的整数的个数.

解 为了解决这个问题,我们引进一些记号,对一个实数 r,我们令 $[r]$ 表示一个不超过 r 的最大整数,同时,我们把整数 a,b 的最小公倍数记为 $L_{cm}\{a,b\}$,把三个整数 a,b,c 的最小公倍数记为 $L_{cm}\{a,b,c\}$,我们用 P_1 来表示一个整数能被 5 整除的这个性质,又用 P_2 来表示一个整数能被 6 整除的这个性质,我们再用 P_3 来表示一个整数能被 8 整除的这个性质;令 S 是从 1 到 1 000 中的所有整数组成的集合,又令 A_i(其中 $i=1,2,3$)是 S 中的具有性质 P_i 的整数所组成的子集合. 我们想找出的就是 $\overline{A}_1 \cap \overline{A}_2 \cap \overline{A}_3$ 中的整数的个数. 首先,我们有

$$|A_1| = \left[\frac{1\,000}{5}\right] = 200$$

$$|A_2| = \left[\frac{1\,000}{6}\right] = 166$$

$$|A_3| = \left[\frac{1\,000}{8}\right] = 125$$

在集合 $A_1 \cap A_2$ 中的整数是同时能被 5 和 6 整除的,但是一个整数能同时被 5 和 6 整除的充要条件是这个整数能被 5 和 6 的最小公倍数整除,而 5 和 6 的最小公倍数是 30,所以集合 $A_1 \cap A_2$ 中的整数一定能被 30 整除,故我们有

$$|A_1 \cap A_2| = \left[\frac{1\,000}{30}\right] = 33$$

同样道理,因为 5 和 8 的最小公倍数是 40,6 和 8 的最小公倍数是 24,所以我们有

$$|A_1 \cap A_3| = \left[\frac{1\,000}{40}\right] = 25$$

$$|A_2 \cap A_3| = \left[\frac{1\,000}{24}\right] = 41$$

又因为 5,6,8 的最小公倍数是 120,用相似的办法,可以得到

$$|A_1 \cap A_2 \cap A_3| = \left[\frac{1\,000}{120}\right] = 8$$

所以,由定理 1,我们知道,1 到 1 000 中的即不能被 5 整除又不能被 6 或 8 整除的整数的个数为

$$|\overline{A}_1 \cap \overline{A}_2 \cap \overline{A}_3| = |S| - (|A_1| + |A_2| + |A_3|) + (|A_1 \cap A_2| + |A_1 \cap A_3| + |A_2 \cap A_3|) - |A_1 \cap A_2 \cap A_3| =$$

$$1\,000-(200+166+125)+(33+25+41)-8=600$$

故本例题得解.

例 3　如果两个整数的最大公因子是 1,则称它们是互素的.例如,12 与 49 是互素的,但是 39 与 111 不是互素的,这是因为它们都能被 3 整除.我们把小于 n 而又和 n 互素的正整数的个数称为欧拉函数 $\varphi(n)$.例如,小于 30 而与 30 互素的正整数有 1,7,11,13,17,19,23,29.(小于 30 的其他正整数与 30 都有大于 1 的公因子)所以得到 $\varphi(30)=8$.

若 n 的不同素数因子是 $p_1,p_2,\cdots,p_m$,用 $A_i(i=1,2,\cdots,m)$ 来表示从 1 到 n 的能被 p_i 整除的所有整数组成的集合.现在我们要来计算 $\varphi(n)$,这个 $\varphi(n)$ 也就是集合 $\{1,2,\cdots,n\}$ 中的不属于任一个 $A_i(i=1,2,\cdots,m)$ 的整数的个数,由式(2),我们有

$$\varphi(n)=n-\sum|A_i|+\sum|A_i\cap A_j|-\sum|A_i\cap A_j\cap A_k|+\cdots+$$
$$(-1)^m|A_1\cap A_2\cap A_3\cap\cdots\cap A_m| \tag{8}$$

从 1 到 n 之间能同时被素数 p_i,p_j,p_k 整除的整数的个数为 $\dfrac{n}{p_ip_jp_k}$,而这些整数恰好是 $p_ip_jp_k,2p_ip_jp_k,3p_ip_jp_k,\cdots,\left(\dfrac{n}{p_ip_jp_k}\right)p_ip_jp_k$,所以由式(8)我们有

$$\varphi(n)=n-\left(\frac{n}{p_1}+\frac{n}{p_2}+\cdots+\frac{n}{p_m}\right)+$$
$$\left(\frac{n}{p_1p_2}+\frac{n}{p_1p_3}+\cdots+\frac{n}{p_{m-1}p_m}\right)-\cdots+$$
$$(-1)^m\frac{n}{p_1p_2\cdots p_m}=$$
$$n\left(1-\frac{1}{p_1}\right)\left(1-\frac{1}{p_2}\right)\cdots\left(1-\frac{1}{p_m}\right)$$

注意　在 $\varphi(n)$ 中,不管 n 的素数因子 p_i 的次数是多少次方(但次数 ≥1)时,结论中的 $\left(1-\dfrac{1}{p_1}\right)\left(1-\dfrac{1}{p_2}\right)\cdots\left(1-\dfrac{1}{p_m}\right)$ 都是一样.例如,求 $\varphi(30)$ 和 $\varphi(60)$,则因为 $30=2\times3\times5,60=2^2\times3\times5$ 所以我们有

$$\varphi(30)=30\left(1-\frac{1}{2}\right)\left(1-\frac{1}{3}\right)\left(1-\frac{1}{5}\right)=8$$
$$\varphi(60)=60\left(1-\frac{1}{2}\right)\left(1-\frac{1}{3}\right)\left(1-\frac{1}{5}\right)=16$$

如果集合 $\{1,2,3,\cdots,n\}$ 的无重复排列 $a_1,a_2,\cdots,a_n$ 满足条件 $a_i\neq i(i=1,2,\cdots,n)$,则称 i 为排列 $1,2,3,\cdots,n$ 的一个更列.我们使用 D_n 来表示集合 $\{1,2,\cdots,n\}$ 的更列的个数,则我们有:当 $n=1$ 时,根本不存在有更列,故 $D_1=0$.当 $n=3$ 时,则只有一个更列,即为 2,1,故 $D_2=1$.当 $n=2$ 时,更列有:2,3,1;3,1,

2,故 $D_3 = 2$. 当 $n = 4$ 时,更列有:2,1,4,3;2,3,4,1;2,4,1,3;3,1,4,2;3,4,1,2;
3,4,2,1;4,1,2,3;4,3,1,2;4,3,2,1. 故有 $D_4 = 9$.

定理 2   当 $n \geqslant 1$ 时,我们有

$$D_n = \left(1 - \frac{1}{1!} + \frac{1}{2!} - \frac{1}{3!} + \cdots + (-1)^n \frac{1}{n!}\right)(n!) \tag{9}$$

证明   令 S 是 $\{1,2,3,\cdots,n\}$ 的无重复的排列的集合,则集合 S 中的元素个数为 $n!$. 当 $j = 1,2,3,\cdots,n$ 时,我们令 P_j 是一个排列,它使得 j 的位置不变,因而具有性质 P_j 的排列 $i_1, i_2, \cdots, i_n$ 应是集合 $\{1,2,\cdots,n\}$ 的一个无重复的排列,且具有 $i_j = j$. 令 $A_j (j = 1,2,\cdots,n)$ 是 S 中的具有性质 P_j 的排列所组成的子集合. 又 $1,2,\cdots,n$ 的一个更列就是一个排列,并且不具有性质 $P_1, P_2, \cdots, P_n$ 中任一个性质,所以得到 $\{1,2,\cdots,n\}$ 的所有更列组成的集合应该是 $\overline{A_1} \cap \overline{A_2} \cap \overline{A_3} \cap \cdots \cap \overline{A_n}$,从而得到 $D_n = |\overline{A_1} \cap \overline{A_2} \cap \overline{A_3} \cap \cdots \cap \overline{A_n}|$. 现在我们将利用定理 1 来计算 D_n 的数值.

由于集合 A_1 中所有的排列应具有形式 $1, i_2, i_3, \cdots, i_n$,其中 $i_2, i_3, \cdots, i_n$ 是集合 $\{2,3,\cdots,n\}$ 的一个无重复的排列. 因而 $|A_1| = (n-1)!$;同样,对于任何的 j,当 $1 \leqslant j \leqslant n$ 时,我们都有

$$|A_j| = (n-1)!$$

在集合 $A_1 \cap A_2$ 中的排列应具有形式 $1, 2, i_3, i_4, \cdots, i_n$,其中 $i_3, i_4, \cdots, i_n$ 是 $\{3, 4, \cdots, n\}$ 的一个无重复的排列,因而 $|A_1 \cap A_2| = (n-2)!$. 同理,当 $1 \leqslant i < j \leqslant n$ 时,我们都有

$$|A_i \cap A_j| = (n-2)!$$

对于任一个整数 k,当它满足条件 $1 \leqslant k \leqslant n$ 时,在 $A_1 \cap A_2 \cap A_3 \cap \cdots \cap A_k$ 中的排列应具有形式 $1, 2, \cdots, k, i_{k+1}, i_{k+2}, \cdots, i_n$,其中 $i_{k+1}, i_{k+2}, \cdots, i_n$ 是集合 $\{k+1, k+2, \cdots, n\}$ 的一个无重复的排列,因而 $|A_1 \cap A_2 \cap \cdots \cap A_k| = (n-k)!$. 同理,一般来说,对于集合 $\{1,2,3,\cdots,n\}$ 的一个 k-组合 $i_1, i_2, \cdots, i_k$ 应有如下式子

$$|A_{i_1} \cap A_{i_2} \cap \cdots \cap A_{i_k}| = (n-k)!$$

由于集合 $\{1,2,3,\cdots,n\}$ 的 k-组合的组数是 $\binom{n}{k}$,故由定理 1,我们有

$$D_n = n! - \binom{n}{1}(n-1)! + \binom{n}{2}(n-2)! - \binom{n}{3}(n-3)! + \cdots +$$

$$(-1)^n \binom{n}{n} 0! =$$

$$n! - \frac{n!}{1!} + \frac{n!}{2!} - \frac{n!}{3!} + \cdots + (-1)^n \frac{n!}{n!} =$$

$$n! \left(1 - \frac{1}{1!} + \frac{1}{2!} - \frac{1}{3!} + \cdots + (-1)^n \frac{1}{n!}\right)$$

因而本定理得证.

由定理 2,经过计算我们有

$$D_5 = 5! \left(1 - \frac{1}{1!} + \frac{1}{2!} - \frac{1}{3!} + \frac{1}{4!} - \frac{1}{5!}\right) =$$

$$5! \left(\frac{3-1}{3!} + \frac{5-1}{5!}\right) =$$

$$5 \times 4 \times 2 + 4 = 44$$

$$D_6 = 6! \left(1 - \frac{1}{1!} + \frac{1}{2!} - \frac{1}{3!} + \frac{1}{4!} - \frac{1}{5!} + \frac{1}{6!}\right) =$$

$$6! \left(\frac{3-1}{3!} + \frac{5-1}{5!} + \frac{1}{6!}\right) =$$

$$6 \times 5 \times 4 \times 2 + 6 \times 4 + 1 =$$

$$240 + 24 + 1 = 265$$

$$D_7 = 7! \left(1 - \frac{1}{1!} + \frac{1}{2!} - \frac{1}{3!} + \frac{1}{4!} - \frac{1}{5!} + \frac{1}{6!} - \frac{1}{7!}\right) =$$

$$7! \left(\frac{3-1}{3!} + \frac{5-1}{5!} + \frac{7-1}{7!}\right) =$$

$$7 \times 6 \times 5 \times 4 \times 2 + 7 \times 6 \times 4 + 6 =$$

$$1\,680 + 168 + 6 = 1\,854$$

$$D_8 = 8! \left(1 - \frac{1}{1!} + \frac{1}{2!} - \frac{1}{3!} + \frac{1}{4!} - \frac{1}{5!} + \frac{1}{6!} - \frac{1}{7!} + \frac{1}{8!}\right) =$$

$$8! \left(\frac{3-1}{3!} + \frac{5-1}{5!} + \frac{7-1}{7!} + \frac{1}{8!}\right) =$$

$$8 \times 7 \times 6 \times 5 \times 4 \times 2 + 8 \times 7 \times 6 \times 4 + 8 \times 6 + 1 =$$

$$13\,440 + 1\,344 + 48 + 1 = 14\,833$$

我们知道

$$e^{-1} = 1 - \frac{1}{1!} + \frac{1}{2!} - \frac{1}{3!} + \frac{1}{4!} - \cdots$$

由定理 2 我们有

$$\frac{D_n}{n!} = 1 - \frac{1}{1!} + \frac{1}{2!} - \frac{1}{3!} + \frac{1}{4!} - \cdots + (-1)^n \frac{1}{n!} =$$

$$e^{-1} - (-1)^{n+1} \frac{1}{(n+1)!} - (-1)^{n+2} \frac{1}{(n+2)!} - \cdots$$

因而我们得到

$$\left| \frac{D_n}{n!} - e^{-1} \right| \leqslant \frac{1}{(n+1)!}$$

由上面的计算我们知道

$$\left| \frac{D_7}{7!} - e^{-1} \right| \leqslant \frac{1}{8!} = \frac{1}{40\ 320}$$

所以说,当 n 很大时, $\frac{D_n}{n!}$ 很接近 e^{-1}.

§4 更 列

假如有 n 个孩子. 每天这 n 个孩子都要排成一列队出去散步,其中除了排在最前面的那一个孩子以外,其余的孩子一定是一个跟着一个排成一个列队. 孩子们不愿意每天排在自己前面的总是同一个人,他们希望每天都要改变一下排在自己前面的那个人. 有多少种办法能够按照孩子们的愿望来改变排列的位置呢? 我们把这个问题抽象成为一个数学问题,也就是说,给定一个正整数 n,令 Q_n 表示 $\{1,2,\cdots,n\}$ 中的这样一类排列所组成的集合的元素个数,即这一类排列中不允许出现 $12,23,\cdots,(n-1)n$ 的这种情况,也就是:当对任意的 j 满足 $1 \leqslant j \leqslant n-1$ 这个条件的时候,排列中处处都不允许出现有 $j(j+1)$ 的这种情况. 现在我们来计算 Q_n 的数值.

当 $n=1$ 时,我们定义为

$$Q_1 = 1$$

当 $n=2$ 时,只有 21 这样一个排列满足所要求的条件,故我们有

$$Q_2 = 1$$

当 $n=3$ 时,满足所要求条件的排列有:132,213,321,所以我们有

$$Q_3 = 3$$

当 $n=4$ 时,满足所要求条件的排列有:1 324,1 432,2 143,2 413,2 431,3 142,3 214,3 241,4 132,4 213,4 321,所以有

$$Q_4 = 11$$

一般地,我们有下面的定理:

定理 3   当 n 为一个正整数时,则我们有

$$Q_n = n! - \binom{n-1}{1}(n-1)! + \binom{n-1}{2}(n-2)! -$$

$$\binom{n-1}{3}(n-3)! + \cdots + (-1)^{n-1}\binom{n-1}{n-1}1!$$

证明   我们使用 S 来表示由 $\{1,2,\cdots,n\}$ 中的所有 $n!$ 个排列所构成的集合,显然有 $|S|=n!$. 又令 P_j(其中 $j=1,2,\cdots,n-1$)来表示在排列中具有 $j(j+1)$ 的形式这一种性质,因而当且仅当 $\{1,2,\cdots,n\}$ 中的一个排列同时不具

有 $P_1,P_2,\cdots,P_{n-1}$ 这 $n-1$ 个性质中任何一个性质时,这个排列就被当做 1 而算在 Q_n 中,即是说它对 Q_n 的贡献为 1. 否则,它对 Q_n 的贡献就是 0. 若我们再令 A_j(其中 $j=1,2,\cdots,n-1$)为 $\{1,2,\cdots,n\}$ 中具有性质 P_j(也可能同时还具有其他性质)的排列所构成的集合,则我们有

$$Q_n=|\ \overline{A_1}\cap\overline{A_2}\cap\cdots\cap\overline{A_{n-1}}\ | \tag{19}$$

我们首先来计算在 A_1 中排列的个数. 我们知道,当且仅当 S 中的一个排列出现有 12 的形式时,这个排列才属于 A_1,因而 A_1 中的一个排列也可以被看为是 $\{12,3,4,\cdots,n\}$ 这 $n-1$ 个元素所构成的集合中的一个排列,所以我们有

$$|\ A_1\ |=(n-1)!$$

使用同样的方法,当 $j=2,3,\cdots,n-1$ 时,我们都有

$$|\ A_j\ |=(n-1)!$$

现在我们再来计算 $A_1\cap A_2$ 中排列的个数. 当且仅当一个排列中同时出现 12 和 23 这两种情况时,这个排列才能算是 $A_1\cap A_2$ 中的一个元素,因而也可以把 $A_1\cap A_2$ 中的一个排列看为是 $\{123,4,5,\cdots,n\}$ 中的一个排列. 由于 $\{123,4,5,\cdots,n\}$ 是由 $n-2$ 个元素所组成的,所以我们有

$$|\ A_1\cap A_2\ |=(n-2)!$$

再来考虑 $A_1\cap A_3$ 中的排列的个数. 当且仅当一个排列中同时出现 12 和 34 这两种情况时,这个排列才能算是 $A_1\cap A_3$ 中的一个元素,因而 $A_1\cap A_3$ 中的一个排列也可以被看为是 $\{12,34,5,6,\cdots,n\}$ 中的一个排列,由于 $\{12,34,5,6,\cdots,n\}$ 中有 $n-2$ 个元素,所以得到

$$|\ A_1\cap A_3\ |=(n-2)!$$

使用同样办法,可以知道 $A_i\cap A_j$(其中:$i\neq j$,而 $i,j=1,2,\cdots,n-1$)中排列的个数为

$$|\ A_i\cap A_j\ |=(n-2)!$$

更一般地,令 $i_1,i_2,\cdots,i_m$(其中 $1\leqslant m\leqslant n-1$)是 $\{1,2,\cdots,n\}$ 中的 m 个元素所构成的一个组合时,则我们有

$$|\ A_{i_1}\cap A_{i_2}\cap\cdots\cap A_{i_m}\ |=(n-m)!$$

当 $m=1,2,\cdots,n-1$ 时,我们知道,从 $\{1,2,\cdots,n-1\}$ 中取出 m 个元素来进行组合的方法有 $\binom{n-1}{m}$ 种,因而使用容斥原理,我们有

$$Q_n=|\ \overline{A_1}\cap\overline{A_2}\cap\cdots\cap\overline{A_{n-1}}\ |=$$
$$|\ S\ |-\sum|\ A_i\ |+\sum|\ A_i\cap A_j\ |-\sum|\ A_i\cap A_j\cap A_k\ |+\cdots+$$
$$(-1)^m\sum|\ A_{i_1}\cap A_{i_2}\cap\cdots\cap A_{i_m}\ |+\cdots+$$
$$(-1)^{n-1}|\ A_1\cap A_2\cap\cdots\cap A_{n-1}\ |=$$

$$n! - \binom{n-1}{1}(n-1)! + \binom{n-1}{2}(n-2)! -$$

$$\binom{n-1}{3}(n-3)! + \cdots + (-1)^m \binom{n-1}{m}(n-m)! + \cdots +$$

$$(-1)^{n-1}\binom{n-1}{n-1}1!$$

所以本定理得证.

利用定理 3,经过计算,我们有

$$Q_5 = 5! - \binom{4}{1}4! + \binom{4}{2}3! - \binom{4}{3}2! + \binom{4}{4}1! =$$

$$5! - 4 \times 4! + 6 \times 3! - 4 \times 2! + 1 = 53$$

定理 4 当 $n \geqslant 2$ 时,则我们有

$$Q_n = D_n + D_{n-1}$$

证明 当 $1 \leqslant m \leqslant n-1$ 时,由于

$$\binom{n-1}{m}(n-m)! = \frac{(n-1)!}{m!(n-1-m)!}(n-m)! =$$

$$\frac{(n-1)!(n-m)}{m!}$$

故由定理 3,我们有

$$Q_n = n! - \binom{n-1}{1}(n-1)! + \binom{n-1}{2}(n-2)! -$$

$$\binom{n-1}{3}(n-3)! + \cdots + (-1)^m \binom{n-1}{m}(n-m)! + \cdots +$$

$$(-1)^{n-1}\binom{n-1}{n-1}1! =$$

$$n! - \frac{(n-1)!(n-1)}{1!} + \frac{(n-1)!(n-2)}{2!} -$$

$$\frac{(n-1)!(n-3)}{3!} + \cdots + (-1)^m \frac{(n-1)!(n-m)}{m!} + \cdots +$$

$$(-1)^{n-1}\frac{(n-1)!(n-n+1)}{(n-1)!} =$$

$$(n-1)! \left[n - \frac{n-1}{1!} + \frac{n-2}{2!} - \frac{n-3}{3!} + \cdots + (-1)^m \frac{n-m}{m!} + \cdots + \right.$$

$$\left. (-1)^{n-1}\frac{1}{(n-1)!} \right] \tag{11}$$

又由于当 $1 \leqslant m \leqslant n-1$ 时,我们有

$$(-1)^m \frac{n-m}{m!} = (-1)^m \frac{n}{m!} + (-1)^{m-1} \frac{1}{(m-1)!} \tag{12}$$

将式(12)代入(11)中,则我们有

$$Q_n = (n-1)! \left[n - \frac{n}{1!} + \frac{1}{0!} + \frac{n}{2!} - \frac{1}{1!} - \frac{n}{3!} + \frac{1}{2!} + \cdots + \right.$$

$$(-1)^m \frac{n}{m!} + (-1)^{m-1} \frac{1}{(m-1)!} + \cdots +$$

$$\left. (-1)^{n-1} \frac{n}{(n-1)!} + (-1)^{n-2} \frac{1}{(n-2)!} \right] =$$

$$(n-1)! \left[n - \frac{n}{1!} + \frac{n}{2!} - \frac{n}{3!} + \cdots + (-1)^m \frac{n}{m!} + \cdots + \right.$$

$$(-1)^{n-1} \frac{n}{(n-1)!} + (-1)^n \frac{n}{n!} + 1 - \frac{1}{1!} + \frac{1}{2!} - \frac{1}{3!} + \cdots +$$

$$(-1)^{m-1} \frac{1}{(m-1)!} + \cdots + (-1)^{n-2} \frac{1}{(n-2)!} +$$

$$\left. (-1)^{n-1} \frac{1}{(n-1)!} \right] =$$

$$n! \left(1 - \frac{1}{1!} + \frac{1}{2!} - \frac{1}{3!} + \cdots + (-1)^m \frac{1}{m!} + \cdots + \right.$$

$$\left. (-1)^{n-1} \frac{1}{(n-1)!} + (-1)^n \frac{1}{n!} \right) +$$

$$(n-1)! \left(1 - \frac{1}{1!} + \frac{1}{2!} - \frac{1}{3!} + \cdots + (-1)^{m-1} \frac{1}{(m-1)!} + \cdots + \right.$$

$$\left. (-1)^{n-2} \frac{1}{(n-2)!} + (-1)^{n-1} \frac{1}{(n-1)!} \right) =$$

$$D_n + D_{n-1}$$

因而本定理得证.

§5 几个基本概念

在运用抽屉原则和容斥原理时,经常要用到下面几个概念,即完全剩余系、简化剩余系及欧拉函数、麦比乌斯函数等,因而在本节中将对这些概念给予详细的叙述.

设 a,b 是任意两个整数,m 是一个正整数,如果存在一个整数 q,使得 $a-b=mq$ 成立,我们就说 a,b 对模 m 同余,记作 $a \equiv b \pmod{m}$.

定理 5 如果 a,b,c 是任意三个整数,m 是一个正整数,则当

$$a \equiv b \pmod{m}, b \equiv c \pmod{m}$$

成立时,有
$$a \equiv c(\bmod m)$$

证明 由 $a-b=mq_1, b-c=mq_2$,其中 q_1, q_2 是两个整数,得到 $a-b+b-c=mq_1+mq_2$,故有
$$c-c=m(q_1+q_2)$$
其中 q_1+q_2 是一个整数,因而本定理成立.

定理 6 如果 a,b,c 是任意三个整数,m 是一个正整数且 $(m,c)=1$,则当 $ac \equiv bc(\bmod m)$ 时,我们有
$$a \equiv b(\bmod m)$$

证明 由于 $c(a-b)=ac-bc=mq$,其中 q 是一个整数;又因为 $(m,c)=1$,所以我们有 $a-b=mq_1$,而其中 q_1 是一个整数,故本定理成立.

定理 7 如果 a,b 是任意两个整数,而 m,n 是两个正整数,则当 $a \equiv b(\bmod m)$ 时,有
$$a^n \equiv b^n(\bmod m)$$

证明 由 $a-b=mq$,其中 q 是一个整数,我们有
$$a^n=(b+mq)^n=b^n+\cdots+(mq)^n=b^n+mq_1$$
其中 q_1 是一个整数. 故有 $a^n-b^n=mq_1$,即
$$a^n \equiv b^n(\bmod m)$$

我们把 $0,1$ 叫做模 2 的不为负最小完全剩余系. 我们把所有偶整数(即 $2n$ 形状的所有整数,其中 $n=0,\pm1,\pm2,\cdots$)划成一类,把所有奇整数(即 $2n+1$ 形状的所有整数,其中 $n=0,\pm1,\pm2,\cdots$)划成一类. 这样我们就把全体整数分成为两类,即偶整数类和奇整数类. 从偶整数类中任意取出一个整数 a_1,从奇整数类中任意取出一个整数 a_2. 我们把 a_1, a_2 叫做模 2 的一个完全剩余系. 例如 $0,3$ 是模 2 的一个完全剩余系,而 $1,6$ 也是模 2 的一个完全剩余系. 如果 a_3 是一个奇整数而 a_4 是一个偶整数(或 a_3 是一个偶整数而 a_4 是一个奇整数),则 a_3, a_4 是模 2 的一个完全剩余系. 所以说模 2 的完全剩余系的个数有无限多个.

设 m 是一个大于 2 的整数,我们把 $0,1,\cdots,m-1$ 叫做模 m 的不为负最小的完全剩余系. 我们把能被 m 整除的所有整数(即 mn 形状的所有整数,其中 $n=0,\pm1,\pm2,\cdots$)划成一类;把被 m 除后,余数是 1 的所有整数(即 $mn+1$ 形状的所有整数,其中 $n=0,\pm1,\pm2,\cdots$)划成一类;……;把被 m 除后,余数是 $m-1$ 的所有整数(即 $mn+m-1$ 形状的所有整数,其中 $n=0,\pm1,\pm2,\cdots$)划成一类;这样我们就把全体整数分成为 m 类. 如果从每一类当中各取出一个整数,则这 m 个整数就叫做模 m 的一个完全剩余系.

例 4 求证 $-10,-6,-1,2,10,12,14$ 是模 7 的一个完全剩余系.

证明 由于 $-10 \equiv 4(\bmod 7), -6 \equiv 1(\bmod 7), -1 \equiv 6(\bmod 7), 2 \equiv$

$2(\bmod 7),10 \equiv 3(\bmod 7),12 \equiv 5(\bmod 7),14 \equiv 0(\bmod 7)$,而 $4,1,6,2,3,5$，0 和 $0,1,2,3,4,5,6$ 只是在次序上有不同，故 $-10,-6,-1,2,10,12,14$ 是模 7 的一个完全剩余系.

例 5　求证 $6,9,12,15,18,21,24,27$ 是模 8 的一个完全剩余系.

证明　由于 $6 \equiv 6(\bmod 8),9 \equiv 1(\bmod 8),12 \equiv 4(\bmod 8),15 \equiv 7(\bmod 8),18 \equiv 2(\bmod 8),21 \equiv 5(\bmod 8),24 \equiv 0(\bmod 8),27 \equiv 3(\bmod 8)$，而 $6,1,4,7,2,5,0,3$ 和 $0,1,2,3,4,5,6,7$ 只是在次序上有不同，故 $6,9,12,15$，$18,21,24,27$ 是模 8 的一个完全剩余系.

定理 8　设 m 是一个大于 1 的整数，$a_1,a_2,\cdots,a_m$ 是模 m 的一个完全剩余系. 如在 $a_1,a_2,\cdots,a_m$ 中任取出两个整数，则这两个整数对模 m 是不同余的.

证明　以 m 为模，则任何一个整数一定和下列 m 个整数

$$0,1,\cdots,m-1$$

之一同余. 令 r_i（其中 $i=1,2,\cdots,m$）是一个整数，满足条件

$$a_i \equiv r_i(\bmod m) \quad 0 \leqslant r_i \leqslant m-1 \tag{13}$$

则我们有

$$a_1 \equiv r_1(\bmod m),a_2 \equiv r_2(\bmod m),\cdots,a_m \equiv r_m(\bmod m) \tag{14}$$

其中 $0 \leqslant r_1 \leqslant m-1,0 \leqslant r_2 \leqslant m-1,\cdots,0 \leqslant r_m \leqslant m-1$. 由于 $a_1,a_2,\cdots,a_m$ 是模 m 的一个完全剩余系，所以 $r_1,r_2,\cdots,r_m$ 和 $0,1,\cdots,m-1$ 只是在次序上可能有不同. 由于在 $0,1,\cdots,m-1$ 中，任取出两个整数，这两个整数对模 m 是不同余的，所以在 $r_1,r_2,\cdots,r_m$ 中任取出两个整数，这两个整数对模 m 是不同余的. 故由式(14)知道，在 $a_1,a_2,\cdots,a_m$ 中任取出两个整数，则这两个整数对模 m 是不同余的.

定理 9　设 m 是一个大于 1 的整数，而 $a_1,a_2,\cdots,a_m$ 是 m 个整数，又设在 $a_1,a_2,\cdots,a_m$ 中任取出两个整数时，这两个整数对模 m 是不同余的，则 a_1，$a_2,\cdots,a_m$ 是模 m 的一个完全剩余系.

证明　以 m 为模，则任何一个整数一定和下列 m 个整数

$$0,1,\cdots,m-1$$

之一同余. 令 r_i（其中 $i=1,2,\cdots,m$）是一个整数，满足条件

$$a_i \equiv r_i(\bmod m) \quad 0 \leqslant r_i \leqslant m-1$$

则我们有

$$a_1 \equiv r_1(\bmod m),a_2 \equiv r_2(\bmod m),\cdots,a_m \equiv r_m(\bmod m) \tag{15}$$

其中　　　　$0 \leqslant r_1 \leqslant m-1,0 \leqslant r_2 \leqslant m-1,\cdots,0 \leqslant r_m \leqslant m-1$

由于式(15)和假设在 $a_1,a_2,\cdots,a_m$ 中任取出两个整数时，这两个整数对模 m 不同余，所以当我们在 $r_1,r_2,\cdots,r_m$ 中任取出两个整数时，这两个整数对模 m 不同余. 所以 $r_1,r_2,\cdots,r_m$ 和 $0,1,\cdots,m-1$ 只是在次序上可能有不同，即 $a_1,a_2,\cdots$，

a_m 是模 m 的一个完全剩余系.

定理 10 设 m 是一个大于 1 的整数,而 $a_1,a_2,\cdots,a_m$ 是模 m 的一个完全剩余系,则当 b 是一个整数时,$a_1+b,a_2+b,\cdots,a_m+b$ 也是模 m 的一个完全剩余系.

证明 设在 $a_1+b,a_2+b,\cdots,a_m+b$ 中存在两个整数 $a_k+b,a_\lambda+b$(其中 $1\leqslant k\leqslant\lambda\leqslant m$),使得

$$a_k+b\equiv a_\lambda+b(\bmod\ m) \tag{16}$$

成立.我们又有

$$b\equiv b(\bmod\ m) \tag{17}$$

由式(16)减去式(17),得到

$$a_k\equiv a_\lambda(\bmod\ m)$$

由定理 8 和 $a_1,a_2,\cdots,a_m$ 是模 m 的一个完全剩余系,知道式(16)是不可能成立的.所以在 $a_1+b,a_2+b,\cdots,a_m+b$ 中任取出两个整数时,这两个整数对模 m 不同余,而由定理 9 知道 $a_1+b,a_2+b,\cdots,a_m+b$ 是模 m 的一个完全剩余系.

定理 11 设 m 是一个大于 1 的整数,b 是一个整数且满足条件 $(b,m)=1$.如果 $a_1,a_2,\cdots,a_m$ 是模 m 的一个完全剩余系,则 $ba_1,ba_2,\cdots,ba_m$ 也是模 m 的一个完全剩余系.

证明 设在 $ba_1,ba_2,\cdots,ba_m$ 中存在两个整数 ba_k,ba_λ(其中 $1\leqslant k<\lambda\leqslant m$),使得

$$ba_k\equiv ba_\lambda(\bmod\ m) \tag{18}$$

成立,则由 $(b,m)=1$ 和定理 6 我们有

$$a_k\equiv a_\lambda(\bmod\ m)$$

由定理 8 和 $a_1,a_2,\cdots,a_m$ 是模 m 的一个完全剩余系,知道式(18)是不可能成立的.所以在 $ba_1,ba_2,\cdots,ba_m$ 中任取出两个整数时,这两个整数对模 m 不同余,而由定理 9 知道 $ba_1,ba_2,\cdots,ba_m$ 是模 m 的一个完全剩余系.

定理 12 设 m 是一个大于 1 的整数,而 b,c 是两个任意的整数但满足条件 $(b,m)=1$.如果 $a_1,a_2,\cdots,a_m$ 是模 m 的一个完全剩余系,则 $ba_1+c,ba_2+c,\cdots,ba_m+c$ 也是模 m 的一个完全剩余系.

证明 由于 $a_1,a_2,\cdots,a_m$ 是模 m 的一个完全剩余系,从定理 11 和 $(b,m)=1$ 知道 $ba_1,ba_2,\cdots,ba_m$ 也是模 m 的一个完全剩余系.由于 $ba_1,ba_2,\cdots,ba_m$ 是模 m 的一个完全剩余系,从定理 10 和 c 是一个整数知道 $ba_1+c,ba_2+c,\cdots,ba_m+c$ 也是模 m 的一个完全剩余系.

例 6 使用定理 12 来证明例 5 中的结果.

证明 在定理 12 中取 $m=8,b=3,c=6,a_i=i-1$(其中 $1\leqslant i\leqslant 8$).由于 $0,1,2,3,4,5,6,7$ 是模 8 的一个完全剩余系,并且 $ba_1+c=6,ba_2+c=9$,

$ba_3+c=12, ba_4+c=15, ba_5+c=18, ba_6+c=21, ba_7+c=24, ba_8+c=27$,

故由定理 12 知道 6,9,12,15,18,21,24,27 是模 8 的一个完全剩余系.

定理 13　如果 m 是一个大于 1 的整数而 a,b 是任意的两个整数,使得

$$a \equiv b \pmod{m}$$

成立,则有 $(a,m)=(b,m)$.

证明　由 $a \equiv b \pmod{m}$ 得到 $a=b+mt$,其中 t 是一个整数,故有 $(b,m)\mid a$. 又由 $(b,m)\mid m$ 得到 $(b,m)\mid(a,m)$. 由 $b=a-mt$ 有 $(a,m)\mid b$. 又由 $(a,m)\mid m$ 得到 $(a,m)\mid(b,m)$. 故由 $(b,m)\mid(a,m)$ 和 $(a,m)\mid(b,m)$ 得到 $(a,m)=(b,m)$.

定义 1　我们用 $\varphi(m)$ 来表示不大于 m 而和 m 互素的正整数的个数. 我们把 $\varphi(m)$ 叫做欧拉(Euler)函数.

因为无论 n 是什么整数,我们都有 $(n,1)=1$,所以 1 和任何正整数都是互素的. 我们又有 $\varphi(1)=1$.

定理 14　设 l 是一个正整数,p 是一个素数,则我们有

$$\varphi(p^l)=p^{l-1}(p-1)$$

证明　由于 $1,2,\cdots,p-1$ 中的任何一个整数都是和 p 互素的,故有 $\varphi(p)=p-1$. 当 $l=1$ 时有 $p^{l-1}=p^0=1$,因而当 $l=1$ 时本定理成立. 现设 $l>1$,不大于 4 而和 4 互素的正整数是 1,3,共有 2 个,故有 $\varphi(4)=2$. 不大于 8 而和 8 互素的正整数是 1,3,5,7,共有 4 个,故有 $\varphi(8)=4$. 不大于 9 而和 9 互素的正整数是 1,2,4,5,7,8 共有 6 个;故有 $\varphi(9)=6$. 而满足条件 $l>1$ 及 $p^l\leqslant 9$ 的 p^l 只有 4,8,9 这三个数,并且 $\varphi(2^2)=\varphi(4)=2=2^{2-1}(2-1),\varphi(2^3)=\varphi(8)=4=2^{3-1}(2-1),\varphi(3^2)=\varphi(9)=6=3^{2-1}(3-1)$,故当 $l>1$ 而 $p^l=9$ 时本定理成立. 现设 $l>1$ 而 $p^l \geqslant 10$. 在不大于 p^l 的正整数中(共有 p^{l-1} 个正整数,即)

$$p,2p,3p,\cdots,p^{l-1}p$$

是 p 的倍数,而其余的不大于 p^l 的正整数都是和 p 互素的. 又不大于 p^l 的正整数共有 p^l 个,而其中是 p 的倍数的正整数有 p^{l-1} 个,故不大于 p^l 而和 p^l 互素的正整数的个数是 p^l-p^{l-1},即

$$\varphi(p^l)=p^l-p^{l-1}=p^{l-1}(p-1)$$

由定理 14 得到 $\varphi(2)=1,\varphi(3)=2,\varphi(4)=2,\varphi(5)=4,\varphi(7)=6,\varphi(8)=4,\varphi(9)=6,\varphi(11)=10,\varphi(13)=12,\varphi(16)=8,\varphi(17)=16,\varphi(19)=18$.

如果 m 是一个大于 1 的整数,由定义 1 知道不大于 m 而和 m 互素的正整数 $\varphi(m)$ 个. 现设 $1<a_2<\cdots<a_{\varphi(m)}$ 是不大于 m 而和 m 互素的全体正整数. 我们把被 m 除后,余数是 1 的所有整数(即 $mn+1$ 形状的所有整数,其中 $n=0,\pm 1,\pm 2,\cdots$)划成一类;把被 m 除后,余数是 a_2 的所有整数(即 $mn+a_2$ 形状的所有整数,其中 $n=0,\pm 1,\pm 2,\cdots$)划成一类;……;把被 m 除后,余数是 $a_{\varphi(m)}$ 的所

有整数(即 $mn + a_{\varphi(m)}$ 形状的所有整数,其中 $n = 0, \pm 1, \pm 2, \cdots$) 划成一类. 以 m 为模,则任何一个整数一定和下列 m 个整数

$$0, 1, \cdots, m-1$$

之一同余,由定理 13 知道,如果 a 和 b 对于模 m 同余,则由 $(a, m) = 1$ 可得到 $(b, m) = 1$. 因而以 m 为模,任何一个和 m 互素的整数一定和下列 $\varphi(m)$ 个整数

$$1, a_2, \cdots, a_{\varphi(m)}$$

之一同余. 故按照前面分类的方法,我们就把全体和 m 互素的整数分成为 $\varphi(m)$ 类. 从每一类当中各取出一个整数,则这 $\varphi(m)$ 个整数就叫做以 m 为模的一个简化剩余系.

例 7 求证 4,8,16,28,32,44,52,56 是模 15 的一个简化剩余系.

证明 由于小于 15 而和 15 互素的正整数共有 8 个,即

$$1, 2, 4, 7, 8, 11, 13, 14$$

我们有 $4 \equiv 4 \pmod{15}, 8 \equiv 8 \pmod{15}, 16 \equiv 1 \pmod{15}, 28 \equiv 13 \pmod{15}, 32 \equiv 2 \pmod{15}, 44 \equiv 14 \pmod{15}, 52 \equiv 7 \pmod{15}, 56 \equiv 11 \pmod{15}$.

由于 4,8,1,13,2,14,7,11 和 1,2,4,7,8,11,13,14 只是在次序上不同,所以 4,8,16,28,32,44,52,56 是模 15 的一个简化剩余系.

定理 15 设 m 是一个大于 1 的整数,$b_1, b_2, \cdots, b_{\varphi(m)}$ 是模 m 的一个简化剩余系. 如在 $b_1, b_2, \cdots, b_{\varphi(m)}$ 中任取出两个整数,则这两个整数对模 m 是不同余的. 如在 $b_1, b_2, \cdots, b_{\varphi(m)}$ 中任取出一个整数,则这个整数是和 m 互素的.

证明 设 $1 < a_2 < \cdots < a_{\varphi(m)}$ 是不大于 m 而和 m 互素的全体正整数. 令 r_i(其中 $i = 1, 2, \cdots, \varphi(m)$)是一个整数,满足条件

$$b_i \equiv r_i \pmod{m} \quad 0 \leqslant r_i \leqslant m-1$$

则我们有

$$b_1 \equiv r_1 \pmod{m}, b_2 \equiv r_i \pmod{n}, \cdots$$
$$b_{\varphi(m)} \equiv r_{\varphi(m)} \pmod{m} \tag{19}$$

其中,$0 \leqslant r_1 \leqslant m-1, 0 \leqslant r_2 \leqslant m-1, \cdots, 0 \leqslant r_{\varphi(m)} \leqslant m-1$. 由于 $b_1, b_2, \cdots, b_{\varphi(m)}$ 是模 m 的一个简化剩余系,所以 $r_1, r_2, \cdots, r_{\varphi(m)}$ 和 $1, a_2, \cdots, a_{\varphi(m)}$ 只是在次序上可能有不同. 由于在 $1, a_2, \cdots, a_{\varphi(m)}$ 中任取出两个整数时,这两个整数对模 m 是不同余的,所以在 $r_1, r_2, \cdots, r_{\varphi(m)}$ 中任取两个整数时,这两个整数对模 m 是不同余的. 故由式(19)知道,在 $b_1, b_2, \cdots, b_{\varphi(m)}$ 中任取出两个整数,则这两个整数对模 m 是不同余的. 由于在 $1, a_2, \cdots, a_{\varphi(m)}$ 中,任取出一个整数时,这个整数和 m 是互素的. 故由式(19)和定理 13 知道,在 $b_1, b_2, \cdots, b_{\varphi(m)}$ 中任取出一个整数时,则这个整数是和 m 互素的.

定理 16 设 m 是一个大于 1 的整数,$b_1, b_2, \cdots, b_{\varphi(m)}$ 是 $\varphi(m)$ 个和 m 互素的整数. 又设在 $b_1, b_2, \cdots, b_{\varphi(m)}$ 中任取出两个整数时,这两个整数对模 m 是不同

余的，则 $b_1,b_2,\cdots,b_{\varphi(m)}$ 是模 m 的一个简化剩余系.

证明 设 $1<a_2<\cdots<a_{\varphi(m)}$ 是不大于 m 而和 m 互素的全体正整数. 令 r_i(其中 $i=1,2,\cdots,\varphi(m)$)是一个整数,满足条件

$$b_i \equiv r_i(\bmod m) \quad 0 \leqslant r_i \leqslant m-1$$

则我们有

$$b_1 \equiv r_1(\bmod m),b_2 \equiv r_2(\bmod m),\cdots$$

$$b_{\varphi(m)} \equiv r_{\varphi(m)}(\bmod m) \tag{20}$$

其中,$0 \leqslant r_1 \leqslant m-1,0 \leqslant r_2 \leqslant m-1,\cdots,0 \leqslant r_{\varphi(m)} \leqslant m-1$. 由于在 $b_1,b_2,\cdots,b_{\varphi(m)}$ 中,任取出一个整数时,这个整数和 m 是互素的,故由式(20)和定理 13 知道,在 $r_1,r_2,\cdots,r_{\varphi(m)}$ 中任取出一个整数时,这个整数是和 m 互素的. 由于在 $b_1,b_2,\cdots,b_{\varphi(m)}$ 中任取出两个整数时,这两个整数对模 m 是不同余的,故由式(20)知道,在 $r_1,r_2,\cdots,r_{\varphi(m)}$ 中任取出两个整数时,则这两个整数对模 m 是不同余的. 因而 $r_1,r_2,\cdots,r_{\varphi(m)}$ 和 $1,a_2,\cdots,a_{\varphi(m)}$ 只是在次序上可能有不同,即 $b_1,b_2,\cdots,b_{\varphi(m)}$ 是模 m 的一个简化剩余系.

定理 17 设 m 是一个大于 1 的整数,a 是一个整数且满足条件 $(a,m)=1$. 如果 $b_1,b_2,\cdots,b_{\varphi(m)}$ 是模 m 的一个简化剩余系,则

$$ab_1,ab_2,\cdots,ab_{\varphi(m)}$$

也是模 m 的一个简化剩余系.

证明 由于定理 15 和 $b_1,b_2,\cdots,b_{\varphi(m)}$ 是模 m 的一个简化剩余系,我们知道在 $b_1,b_2,\cdots,b_{\varphi(m)}$ 中任取出一个整数时,则这个整数和 m 是互素的. 由于 $(a,m)=1$,我们知道在 $ab_1,ab_2,\cdots,ab_{\varphi(m)}$ 中任取出一个整数时,则这个整数和 m 是互素的. 设在 $ab_1,ab_2,\cdots,ab_{\varphi(m)}$ 中存在两个整数 ab_k,ab_λ(其中 $1 \leqslant k < \lambda < \varphi(m)$)使得

$$ab_k \equiv ab_\lambda(\bmod m) \tag{21}$$

成立. 由 $(a,m)=1$,式(21)和定理 6,我们有

$$b_k \equiv b_\lambda(\bmod m) \tag{22}$$

由于定理 15 和 $b_1,b_2,\cdots,b_{\varphi(m)}$ 是模 m 的一个简化剩余系,故在 $b_1,b_2,\cdots,b_{\varphi(m)}$ 中任取出两个整数时,这两个整数对模 m 是不同余的,故式(22)不成立. 从而式(21)不成立. 因而在 $ab_1,ab_2,\cdots,ab_{\varphi(m)}$ 中任取出两个整数时,则这两个整数对模 m 是不同余的. 由定理 16 及在 $ab_1,ab_2,\cdots,ab_{\varphi(m)}$ 中任取出一个整数时,这个整数和 m 是互素的,得到 $ab_1,ab_2,\cdots,ab_{\varphi(m)}$ 是模 m 的一个简化剩余系.

定义 2 麦比乌斯(Möbius)函数 $\mu(n)$ 是一个数论函数,它的定义是这样的

$$\mu(n)=\begin{cases}1 & \text{当 } n=1 \text{ 时} \\ (-1)^r & \text{当 } n \text{ 是 } r \text{ 个不同的素数乘积时} \\ 0 & \text{当 } n \text{ 能被一个素数的平方除尽时}\end{cases}$$

由定义容易算出

$$\mu(1) = 1, \mu(2) = -1, \mu(3) = -1, \mu(4) = 0$$
$$\mu(5) = -1, \mu(6) = 1, \mu(7) = -1, \mu(8) = 0$$
$$\mu(9) = 0, \mu(10) = 1, \mu(11) = -1, \mu(12) = 0$$
$$\mu(13) = -1, \mu(14) = 1$$

又当 p 是一个素数时,则有 $\mu(p) = -1$.

定理 18   如果 m, n 是两个正整数而 $(mn) = 1$,则我们有

$$\mu(mn) = \mu(m) \cdot \mu(n)$$

证明   如果 m 或 n 能被一个素数的平方除尽,则 mn 也能够被这个素数的平方除尽,故得到

$$\mu(mn) = 0 = \mu(m) \cdot \mu(n)$$

如果任何一个素数的平方都不能除尽 m,也不能除尽 n,则由于 $(m, n) = 1$ 而得到任何一个素数的平方都不能够除尽 mn. 设 m 有 a 个不同的素因数,而 n 有 b 个不同的素因数,则由于 $(m, n) = 1$,知道 mn 有 $a + b$ 个不同的素因数. 故得到

$$\mu(mn) = (-1)^{a+b} = (-1)^a (-1)^b = \mu(m) \cdot \mu(n)$$

定理 19   我们有

$$\sum_{d \mid n} \mu(d) \begin{cases} 1, & \text{当 } n = 1 \text{ 时} \\ 0, & \text{当 } n > 1 \text{ 时} \end{cases}$$

证明   当 $n = 1$ 时,则由于 $\sum_{d \mid n} \mu(d) = \mu(1) = 1$,故本定理成立.

现设 $n \geqslant 2$ 是一个整数. 当 m 是一个正整数而 $m \mid n$ 时,我们使用记号 $\sum_{m \mid d \mid n}$ 来表示一个和式,和式中的 d 经过所有能够被 m 除尽的 n 的因数. 特别当 $m = 1$ 时,则 $\sum_{1 \mid d \mid n}$ 相同于 $\sum_{d \mid n}$. 现设 p 是一个素数,则我们有

$$\sum_{d \mid p} \mu(d) = 1 + \mu(p) = 1 - 1 = 0 \tag{23}$$

现设 $p_1, \cdots, p_l$ 是 l 个不同的素数,我们首先来证明

$$\sum_{d \mid p_1 \cdots p_l} \mu(d) = 0 \tag{24}$$

成立. 当 $l = 1$ 时,由式(23)知道式(24)成立,现在设 $k \geqslant 2$,而当 $l = 1, \cdots, k - 1$ 时式(24)都成立,即

$$\sum_{d \mid p_1 \cdots p_{k-1}} \mu(d) = 0$$

则由 $p_1, \cdots, p_k$ 是 k 个不同的素数和定理 18,我们有

$$\sum_{d \mid p_1 \cdots p_k} \mu(d) = \sum_{d_k \mid d \mid p_1 \cdots p_{k-1}} \mu(d) + \sum_{p_k \mid d \mid p_1 \cdots p_k} \mu(d) =$$

$$(1+\mu(p_k))\sum_{d\mid p_1\cdots p_{k-1}}\mu(d)=0$$

故当 $l=k$ 时式(24)也成立,而由数学归纳法知道式(24)成立.

设 $n=p_1^{\alpha_1}\cdots p_l^{\alpha_l}$,其中,$p_1,\cdots,p_l$ 是 l 个不同的素数,而 $\alpha_1,\cdots,\alpha_l$ 是 l 个正整数.由于当 d 能够被一个素数的平方除尽时有 $\mu(d)=0$.由式(24)我们有

$$\sum_{d\mid n}\mu(d)=\sum_{d\mid p_1\cdots p_l}\mu(d)=0$$

故本定理得证.

定理 20 设 $n=p_1^{\alpha_1}\cdots p_m^{\alpha_m}$,其中,$p_1,\cdots,p_m$ 是 m 个不同的素数,而 $\alpha_1,\cdots,\alpha_m$ 都是正整数,则我们有

$$\sum_{d\mid n}\mid\mu(d)\mid=2^m$$

证明 由于当 d 能够被一个素数的平方除尽时有 $\mu(d)=0$,故得到

$$\sum_{d\mid n}\mid\mu(d)\mid=\sum_{d\mid p_1\cdots p_m}\mid\mu(d)\mid \tag{26}$$

我们将证明当 $m\geqslant 1$ 时有

$$\sum_{d\mid p_1\cdots p_m}\mid\mu(d)\mid=2^m \tag{27}$$

成立.当 $m=1$ 时,由于

$$\sum_{d\mid p}\mid\mu(d)\mid=1+\mid\mu(p)\mid=2$$

现设 $k\geqslant 2$ 而当 $m=1,2,\cdots,k-1$ 时式(27)能够成立,则由于 $p_1,\cdots,p_k$ 是 k 个不同的素数及定理 18 我们有

$$\sum_{d\mid p_1\cdots p_k}\mid\mu(d)\mid=\sum_{d\mid p_1\cdots p_{k-1}}\mid\mu(d)\mid+\sum_{p_k\mid d\mid p_1\cdots p_k}\mid\mu(d)\mid=$$
$$(1+\mid\mu(p_k)\mid)\sum_{d\mid p_1\cdots p_{k-1}}\mid\mu(d)\mid=2^k$$

故当 $m=k$ 时式(27)也成立.而由数学归纳法知道式(27)成立.由式(27)和(26)知道本定理成立.

习 题

1. 请求出 1 到 10 000 之间不能被 13 整除,也不能被 51 整除的整数的个数.

2. 某中学一共有 120 名高中学生参加数学竞赛.其中,一共出了甲、乙、丙三道题目,竞赛的结果是:12 个学生三题都做对了;20 个学生做对了甲题和乙题;16 个学生做对了甲题和丙题;28 个学生做对了乙题和丙题;48 个学生做对了甲题;56 个学生做对了乙题;16 个学生三题都没有做对;请求出做对了丙题

的学生有多少个?

3. 证明 $\varphi(n)$ 等于 1 或者等于偶数.

4. 设 m 和 n 都是正整数,请证明 $m, m+1, \cdots, m+n-1$ 中与 n 互素的整数的个数是 $\varphi(n)$.

5. 当 n 是一个正整数时,请证明 $\varphi(n^2) = n\varphi(n)$. 又若 m 也是一个正整数,则有 $\varphi(n^m) = n^{m-1}\varphi(n)$.

6. 请计算 $\varphi(5\,186), \varphi(5\,187), \varphi(5\,188)$.

7. 设 $n = p_1^{\alpha_1} p_2^{\alpha_2} \cdots p_r^{\alpha_r}$, 其中 r 与 $\alpha_1, \alpha_2, \cdots, \alpha_r$ 都是正整数而 $p_1, p_2, \cdots, p_r$ 是相异的素数. 则我们有从 1 到正整数 N 中与 n 互素的整数个数为

$$N - \sum_{i=1}^{r} \left[\frac{N}{p_i}\right] + \sum_{1 \leqslant i < j \leqslant r} \left[\frac{N}{p_i p_j}\right] + \cdots + (-1)^r \left[\frac{N}{p_1 p_2 \cdots p_r}\right]$$

8. 求正整数 n, 使得 $\varphi(n) = 24$.

9. 求证:当 n 是一个正奇数时,则有

$$\varphi(4n) = 2\varphi(n)$$

10. 求证:当且仅当 $n = 2^k$(其中 k 是正整数)时,则我们有

$$\varphi(n) = \frac{n}{2}$$

递推关系与母函数

§1 几个例子

例 1 设 $a_1 = 1, a_2 = 7$，而当 $n \geqslant 3$ 时，令 $a_n = 7a_{n-1} - 12a_{n-2}$，求 a_{42}.

解法（Ⅰ） 由 $a_1 = 1, a_2 = 7$ 得到

$$a_3 = 7 \times 7 - 12 \times 1 = 37$$

由 $a_2 = 7, a_3 = 37$ 得到

$$a_4 = 7 \times 37 - 12 \times 7 = 175$$

由 $a_3 = 37, a_4 = 175$ 得到

$$a_5 = 7 \times 175 - 12 \times 37 = 781$$

由 $a_4 = 175, a_5 = 781$ 得到

$$a_6 = 7 \times 781 - 12 \times 175 = 3\ 367$$

由 $a_5 = 781, a_6 = 3\ 367$ 得到

$$a_7 = 7 \times 3\ 367 - 12 \times 781 = 14\ 197$$

$$\vdots$$

使用这种计算方法，虽然我们能够求出 a_{42}，但是需要的计算量很大，需要计算的时间较长，并且容易发生错误，下面我们将使用较简单的方法来计算 a_{42}.

解法(Ⅱ) 令

$$f(x) = a_1 x + a_2 x^2 + a_3 x^3 + \cdots + a_n x^n + \cdots =$$
$$x + 7x^2 + 37x^3 + \cdots + a_n x^n + \cdots \qquad (1)$$

则我们有

$$f(x) - 7xf(x) + 12x^2 f(x) =$$
$$x + (7 - 7)x^2 + (37 - 7 \times 7 + 12)x^3 + \cdots +$$
$$(a_n - 7a_{n-1} + 12a_{n-2})x^n + \cdots =$$
$$x + 0 + 0 + \cdots + 0\cdots = x \qquad (2)$$

由式(2)和(1),我们有

$$f(x) = \frac{x}{1 - 7x + 12x^2} = \frac{x}{(1 - 4x)(1 - 3x)} =$$
$$\frac{1}{1 - 4x} - \frac{1}{1 - 3x} = 1 + (4x) + (4x)^2 + (4x)^3 + \cdots +$$
$$(4x)^n + \cdots - 1 - (3x) - (3x)^2 - (3x)^3 - \cdots -$$
$$(3x)^n - \cdots = (4 - 3)x + (4^2 - 3^2)x^2 +$$
$$(4^3 - 3^3)x^3 + \cdots + (4^n - 3^n)x^n + \cdots =$$
$$a_1 x + a_2 x^2 + a_3 x^3 + \cdots + a_n x^n + \cdots$$

故得到当 $n \geqslant 1$ 时,我们有

$$a_n = 4^n - 3^n \qquad (3)$$

由式(3)得到

$$a_{42} = 4^{42} - 3^{42} = (4^{21} + 3^{21})(4^{21} - 3^{21}) =$$
$$[(4^7)^3 + (3^7)^3][(4^7)^3 - (3^7)^3] =$$
$$[(16\ 384)^3 + (2\ 187)^3][(16\ 384)^3 - (2\ 187)^3] =$$
$$(16\ 384 + 2\ 187)[(16\ 384)^2 - (2\ 187)(16\ 384) +$$
$$(2\ 187)^2][16\ 384 - 2\ 187][(16\ 384)^2 +$$
$$(2\ 187)(16\ 384) + (2\ 187)^2] =$$
$$(18\ 571)(237\ 386\ 617)(14\ 197)(309\ 050\ 233) =$$
$$(263\ 652\ 487)(237\ 386\ 617)(309\ 050\ 233)$$

解法(Ⅲ) 当 $n \geqslant 3$ 时,令 $a_n = a^n$,则由 $a_n = 7a_{n-1} - 12a_{n-2}$ 而得到 $a^n = 7a^{n-1} - 12a^{n-2}$,即有

$$a^2 - 7a + 12 = 0 = (a - 3)(a - 4)$$

故得到当 $n \geqslant 2$ 时,a_n 的一般解是

$$a = A \cdot 3^n + B \cdot 4^n \qquad (4)$$

在 $a_n = 7a_{n-1} - 12a_{n-2}$ 中取 $n = 2$,则有

$$a_2 = 7a_1 - 12a_0$$

又由于 $a_1 = 1, a_2 = 7$ 而得到

$$-12a_0 = 7 - 7 = 0$$

再由 $a_0 = 0, a_1 = 1, a_2 = 7$ 而得到

$$A + B = 0, 3A + 4B = 1$$

从而有 $B = 1, A = -1$，故由式（4），我们有

$$a_n = 4^n - 3^n$$

即知道式（3）成立.

例 2 设 $a_0 = 0, a_1 = 1, a_2 = 2$ 和 $a_3 = 3$. 当 $n \geqslant 4$ 时，令 $a_n = -2a_{n-2} - a_{n-4}$，求 a_n 的一般解.

解 以 $a_n = a^n$ 代入 $a_n = -2a_{n-2} - a_{n-4}$ 而得到

$$a^n + 2a^{n-2} + a^{n-4} = 0$$

即有

$$a^4 + 2a^2 + 1 = (a^2 + 1)^2 = 0$$

而 $a = \pm i$ 为二重根，故得到一般解为

$$a_n = A_1 i^n + A_2 n i^n + A_3 (-i)^n + A_4 n (-i)^n \tag{5}$$

由 $a_0 = 0, a_1 = 1, a_2 = 2, a_3 = 3$ 和式（5），我们有

$$0 = a_0 = A_1 i^0 + A_2 \cdot 0 \cdot i^0 + A_3 (-i)^0 + A_4 \cdot 0 \cdot (-i)^0 =$$
$$A_1 + A_3 \tag{6}$$

$$1 = a_1 = A_1 i + A_2 i + A_3 (-i) + A_4 (-i) =$$
$$(A_1 + A_2 - A_3 - A_4) i \tag{7}$$

$$2 = a_2 = A_1 i^2 + A_2 \cdot 2 \cdot i^2 + A_3 (-i)^2 + A_4 \cdot 2 \cdot (-i)^2 =$$
$$-A_1 - 2A_2 - A_3 - 2A_4 \tag{8}$$

$$3 = a_3 = A_1 i^3 + A_2 \cdot 3 \cdot i^3 + A_3 (-i)^3 + A_4 \cdot 3 \cdot (-i)^3 =$$
$$(-A_1 - 3A_2 + A_3 + 2A_4) i \tag{9}$$

由式（6），我们有

$$A_3 = -A_1 \tag{10}$$

由式（6）和（8），我们有 $A_2 + A_4 = -1$，从而得到

$$A_4 = -1 - A_2 \tag{11}$$

由式（7），（10）和（11），我们有

$$2(A_1 + A_2) + 1 = \frac{1}{i} = -1 \tag{12}$$

由式（9），（10）和（11），我们有 $(-2A_1 - 6A_2 - 3)i = 3$，从而得到

$$2A_1 + 6A_2 + 3 = -\frac{3}{i} = 3i \tag{13}$$

由式（12）和（13），我们有 $4A_2 + 2 = 4i$，即 $A_2 = -\frac{1}{2} + i$，代入式（11），则有 $A_4 =$

$-\dfrac{1}{2}-\mathrm{i}$；由式（12），我们有 $2A_1+2\mathrm{i}=-\mathrm{i}$，即得 $A_1=-\dfrac{3}{2}\mathrm{i}$；由式（10）有 $A_3=\dfrac{3}{2}\mathrm{i}$．
故由式（5）我们有

$$a_n=-\frac{3}{2}\mathrm{i}^{n+1}+\left(-\frac{1}{2}+\mathrm{i}\right)n\mathrm{i}^n+\frac{3}{2}\mathrm{i}(-\mathrm{i})^n+$$

$$\left(-\frac{1}{2}-\mathrm{i}\right)n(-\mathrm{i})^n$$

例 3　有人要走上一级楼梯，若每次能向上走一级阶梯或两级阶梯，我们使用 a_n 来表示走到第 n 级阶梯时所有可能不同走法的种数，请给出 a_n 的递归关系式.

解　容易看到 $a_1=1$；又走上第二级阶梯的方法有连续走两次而每次走一阶梯或一次走上两级阶梯，故有 $a_2=2$；又 $a_3=3$；图 1 表示走到第四级阶梯的方法之一，即第一步走一级阶梯，第二步走上两级阶梯而第三步再走上一级阶梯，即 $1,2,1$；另外还有四种不同的走法，即第一步、第二步都走一级阶梯而第三步走上两级阶梯，即 $1,1,2$；又第一步走上两级阶梯而第二步和第三步都走上一级阶梯，即 $2,1,1$；又有第一步和第二步都走上两级阶梯，即 $2,2$；和从第一步到第四步都各走上一级阶梯，即 $1,1,1,1$，故得到 $a_4=5$. 当 $n\geqslant 5$ 时，如果第一步走一级阶梯，则余下来的还应该走 $n-1$ 级阶梯而它的走法有 a_{n-1} 种不同的方法（图 2）；如图第一步走上两级阶梯，则余下来的还应该走 $n-2$ 级阶梯而它的走法有 a_{n-2} 种不同的方法（图 3），故得到

$$a_n=a_{n-1}+a_{n-2}$$

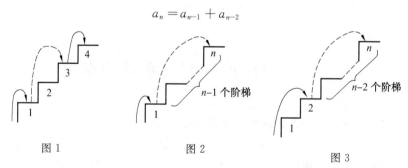

图 1　　　　　　　图 2　　　　　　　图 3

例 4　设 $a_1=1,a_2=2$，当 $n\geqslant 3$ 时，令 $a_n=a_{n-1}+a_{n-2}$，求 a_n 的一般解.

解　以 $a_n=\alpha^n$ 代入 $a_n=a_{n-1}+a_{n-2}$ 而得到 $\alpha^n=\alpha^{n-1}+\alpha^{n-2}$，即有 $\alpha^2-\alpha-1=0$，又有

$$\alpha=\frac{-(-1)\pm\sqrt{(-1)^2-4(-1)}}{2}=\frac{1\pm\sqrt{5}}{2}$$

故得到一般解为

$$a_n=A_1\left(\frac{1}{2}+\frac{\sqrt{5}}{2}\right)^n+A_2\left(\frac{1}{2}-\frac{\sqrt{5}}{2}\right)^n \tag{14}$$

在 $a_n=a_{n-1}+a_{n-2}$ 中取 $n=2$，则得到 $a_0=a_2-a_1=1$，由 $a_n=1,a_1=1$，和式（14）我们有

$$1=a_0=A_1+A_2 \tag{15}$$

$$1=a_1=A_1\left(\frac{1}{2}+\frac{\sqrt{5}}{2}\right)+A_2\left(\frac{1}{2}-\frac{\sqrt{5}}{2}\right) \tag{16}$$

由式（15）有 $A_2=1-A_1$，而由式（16）得到

$$1=\left(\frac{\sqrt{5}}{2}\right)(A_1-A_2)+\frac{1}{2}(A_1+A_2)=\frac{\sqrt{5}}{2}(A_1-A_2)+\frac{1}{2}$$

因而我们有

$$A_1-A_2=\frac{1}{\sqrt{5}} \tag{17}$$

由式（15）和式（17）得到

$$A_1=\frac{1+\frac{1}{\sqrt{5}}}{2}=\frac{1}{\sqrt{5}}\left(\frac{1}{2}+\frac{\sqrt{5}}{2}\right)$$

$$A_2=1-\frac{1}{\sqrt{5}}\left(\frac{1}{2}+\frac{\sqrt{5}}{2}\right)=\frac{1}{2}-\frac{\frac{1}{2}}{\sqrt{5}}=-\frac{1}{\sqrt{5}}\left(\frac{1}{2}-\frac{\sqrt{5}}{2}\right)$$

再使用式（14），我们有

$$a_n=\frac{1}{\sqrt{5}}\left(\frac{1}{2}+\frac{\sqrt{5}}{2}\right)^{n+1}-\frac{1}{\sqrt{5}}\left(\frac{1}{2}-\frac{\sqrt{5}}{2}\right)^{n+1}$$

§2　线性递归关系式的解

在本节中我们将简要叙述关于形为

$$a_n=c_1a_{n-1}+c_2a_{n-2}+\cdots+c_ra_{n-r} \tag{18}$$

的递归关系式的求解的理论，其中的 $c_1,c_2,\cdots,c_r$ 都是常数. 关于式（18）的求解问题有一个简单的方法而这个方法类似于求解具有常数的系数的线性微分方程式，令 $a_n=\alpha^n$ 并将它代入式（18）就得到

$$\alpha^n=c_1\alpha^{n-1}+c_2\alpha^{n-2}+\cdots+c_r\alpha^{n-r} \tag{19}$$

将 α^{n-r} 除以式（19）的两边就得到

$$\alpha^r-c_1\alpha^{r-1}-c_2\alpha^{r-2}-\cdots-c_r=0 \tag{20}$$

我们把方程式（20）叫做递归关系式（18）的特征方程式. 它有 r 个根，其中有的根可能是复根（但是我们先假定它们没有重根）. 设 $\alpha_1,\alpha_2,\cdots,\alpha_r$ 是式（20）的根，则对于任一个 α_i（其中 $1\leqslant i\leqslant r$）而 $a_n=\alpha_i^n$ 就是递归关系式（18）的一个解，容

易看出对于这些解的任意线性组合也是它的一个解,即

$$a_n = A_1\alpha_1^n + A_2\alpha_2^n + \cdots + A_r\alpha_r^n \tag{21}$$

也是式(18)的一个解,其中 $A_i(1 \leqslant i \leqslant r)$ 是任意选取的常数,由于递归关系式(18)中包含有 $a_{n-1}, a_{n-2}, \cdots, a_{n-r}$,所以说应该先给定 r 个(即 $a_0, a_1, \cdots, a_{r-1}$ 的)初始值,设这些初始值是 $a'_0, \cdots, a'_{r-1}$,则对于 a'_k(其中 $0 \leqslant k \leqslant r-1$)我们有

$$a'_k = A_1\alpha_1^k + A_2\alpha_2^k + \cdots + A_r\alpha_r^k \quad 0 \leqslant k \leqslant r-1 \tag{22}$$

可使用式(22)中的 r 个方程式来解出常数 $A_1, A_2, \cdots, A_r$(其中我们把 $\alpha_1, \alpha_2, \cdots, \alpha_r$ 看做是已知数值的数),当 A_i 的数值决定之后,代入到式(21)就知道式(21)是式(18)的一个解,并且它满足初始条件,即 $a_0 = a'_0, a_1 = a'_1, \cdots, a_{r-1} = a'_{r-1}$,当特征方程式(20)有一个根 α_*,而它的重数为 m 次,则在式(21)和(22)中应分别加入 $\alpha_*^n, n\alpha_*^n, \cdots, n^{(m-1)}\alpha_*^n$.

§3 第一类 Stirling 数

令 $f_1(x) = x, f_2(x) = x(x-1)$,而当 $n \geqslant 3$ 时,令

$$f_n(x) = x(x-1)\cdots(x-n+1)$$

则我们有

$$f_1(x) = x, f_2(x) = x^2 - x \tag{23}$$
$$f_3(x) = x(x^2 - 3x + 2) = x^3 - 3x^2 + 2x$$
$$f_4(x) = x(x-1)(x-2)(x-3) =$$
$$x\{x^3 - (1+2+3)x^2 + [(-1)(-2) +$$
$$(-1)(-3) + (-2)(-3)]x +$$
$$(-1)(-2)(-3)\} =$$
$$x(x^3 - 6x^2 + 11x - 6) =$$
$$x^4 - 6x^3 + 11x^2 - 6x \tag{24}$$
$$f_5(x) = x(x-1)(x-2)(x-3)(x-4)(x-5) =$$
$$x\{x^4 + [(-1)+(-2)+(-3)+(-4)]x^3 +$$
$$[(-1)(-2) + (-1)(-3) + (-1)(-4) +$$
$$(-2)(-3) + (-2)(-4) + (-3)(-4)]x^2 +$$
$$[(-1)(-2)(-3) + (-1)(-2)(-4) +$$
$$(-1)(-3)(-4) + (-2)(-3)(-4)]x +$$
$$(-1)(-2)(-3)(-4)\} =$$
$$x^5 - 10x^4 + 35x^3 - 50x^2 + 24x \tag{25}$$
$$f_6(x) = x(x-1)(x-2)(x-3)(x-4)(x-5) =$$

$$x\{x^5+[(-1)+(-2)+(-3)+(-4)+$$
$$(-5)]x^4+[(-1)(-2)+(-1)(-3)+$$
$$(-1)(-4)+(-1)(-5)+(-2)(-3)+$$
$$(-2)(-4)+(-2)(-5)+(-3)(-4)+$$
$$(-3)(-5)+(-4)(-5)]x^3+$$
$$[(-1)(-2)(-3)+(-1)(-2)(-4)+$$
$$(-1)(-2)(-5)+(-1)(-3)(-4)+$$
$$(-1)(-3)(-5)+(-1)(-4)(-5)+$$
$$(-2)(-3)(-4)+(-2)(-3)(-5)+$$
$$(-2)(-4)(-5)+(-3)(-4)(-5)]x^2+$$
$$[(-1)(-2)(-3)(-4)+(-1)(-2)(-3)(-5)+$$
$$(-1)(-2)(-4)(-5)+(-1)(-3)(-4)(-5)+$$
$$(-2)(-3)(-4)(-5)]x+$$
$$(-1)(-2)(-3)(-4)(-5)\}=$$
$$x^6-15x^5+85x^4-225x^3+274x^2-120x \qquad (26)$$

使用上面的计算方法,当 $n\geqslant 7$ 时我们可以计算出

$$f_n(x)=x(x-1)\cdots(x-n+1)$$

的数值,但由于所需要计算的数值大量增加,因而需要较长时间来进行计算,又由于计算量大大增加故容易发生错误,现在我们要来介绍一种较简单的方法,使用这种方法可以计算出 $f_n(x)$ 的数值,由于 $f_n(x)$ 是 n 个因子相乘而成的,又在它们的展开式中每个因子取 x 或者取负整数,如果我们多取一个 x,则相应地应该少取一个负整数,所以说,$f_n(x)$ 的系数的符号应该是正号和负号相互交替的,即有

$$f_n(x)=x^n-\square x^{n-1}+\square x^{n-2}-\square x^{n-3}+\cdots$$

当 $n\geqslant 2$ 时,我们令

$$f_n(x)=\begin{bmatrix}n\\n\end{bmatrix}x^n-\begin{bmatrix}n\\n-1\end{bmatrix}x^{n-1}+\cdots\pm\begin{bmatrix}n\\1\end{bmatrix}x \qquad (27)$$

当 $n\geqslant 2$ 时,由式(27)我们知道,只需计算出当 $1\leqslant r\leqslant n$ 时的 $\begin{bmatrix}n\\r\end{bmatrix}$ 的数值,即可得到 $f_n(x)$ 的表示式. 当 $1\leqslant r\leqslant n$ 时,我们把 $\begin{bmatrix}n\\r\end{bmatrix}$ 这些数称为第一类 Stirling 数.

例 5 求出 $\begin{bmatrix}2\\2\end{bmatrix},\begin{bmatrix}2\\1\end{bmatrix},\begin{bmatrix}3\\3\end{bmatrix},\begin{bmatrix}3\\2\end{bmatrix},\begin{bmatrix}3\\1\end{bmatrix},\begin{bmatrix}4\\4\end{bmatrix},\begin{bmatrix}4\\3\end{bmatrix},\begin{bmatrix}4\\2\end{bmatrix},\begin{bmatrix}4\\1\end{bmatrix}$ 的数值.

解 由式(23)和(27),我们有

$$f_2(x) = x^2 - x = \begin{bmatrix} 2 \\ 2 \end{bmatrix} x^2 - \begin{bmatrix} 2 \\ 1 \end{bmatrix} x$$

$$f_3(x) = x^3 - 3x^2 + 2x = \begin{bmatrix} 3 \\ 3 \end{bmatrix} x^3 - \begin{bmatrix} 3 \\ 2 \end{bmatrix} x^2 + \begin{bmatrix} 3 \\ 1 \end{bmatrix} x$$

由式(24)和(27)，我们有

$$f_4(x) = x^4 - 6x^3 + 11x^2 - 6x = \begin{bmatrix} 4 \\ 4 \end{bmatrix} x^4 - \begin{bmatrix} 4 \\ 3 \end{bmatrix} x^3 + \begin{bmatrix} 4 \\ 2 \end{bmatrix} x^2 - \begin{bmatrix} 4 \\ 1 \end{bmatrix} x$$

故得到

$$\begin{bmatrix} 2 \\ 2 \end{bmatrix} = 1, \begin{bmatrix} 2 \\ 1 \end{bmatrix} = 1, \begin{bmatrix} 3 \\ 3 \end{bmatrix} = 1, \begin{bmatrix} 3 \\ 2 \end{bmatrix} = 3, \begin{bmatrix} 3 \\ 1 \end{bmatrix} = 2$$

$$\begin{bmatrix} 4 \\ 4 \end{bmatrix} = 1, \begin{bmatrix} 4 \\ 3 \end{bmatrix} = 6, \begin{bmatrix} 4 \\ 2 \end{bmatrix} = 11, \begin{bmatrix} 4 \\ 1 \end{bmatrix} = 6$$

例 6 求出 $\begin{bmatrix} 5 \\ 5 \end{bmatrix}, \begin{bmatrix} 5 \\ 4 \end{bmatrix}, \begin{bmatrix} 5 \\ 3 \end{bmatrix}, \begin{bmatrix} 5 \\ 2 \end{bmatrix}, \begin{bmatrix} 5 \\ 1 \end{bmatrix}, \begin{bmatrix} 6 \\ 6 \end{bmatrix}, \begin{bmatrix} 6 \\ 5 \end{bmatrix}, \begin{bmatrix} 6 \\ 4 \end{bmatrix}, \begin{bmatrix} 6 \\ 3 \end{bmatrix}, \begin{bmatrix} 6 \\ 2 \end{bmatrix}, \begin{bmatrix} 6 \\ 1 \end{bmatrix}$ 的数

值.

解 由式(25)和(27)我们有

$$f_5(x) = x^5 - 10x^4 + 35x^3 - 50x^2 + 24x =$$

$$\begin{bmatrix} 5 \\ 5 \end{bmatrix} x^4 - \begin{bmatrix} 5 \\ 4 \end{bmatrix} x^4 + \begin{bmatrix} 5 \\ 3 \end{bmatrix} x^3 - \begin{bmatrix} 5 \\ 2 \end{bmatrix} x^2 + \begin{bmatrix} 5 \\ 1 \end{bmatrix} x$$

由式(26)和(27)我们有

$$f_6(x) = x^6 - 15x^5 + 85x^4 - 225x^3 + 374x^2 - 120x =$$

$$\begin{bmatrix} 6 \\ 6 \end{bmatrix} x^6 - \begin{bmatrix} 6 \\ 5 \end{bmatrix} x^5 + \begin{bmatrix} 6 \\ 4 \end{bmatrix} x^4 - \begin{bmatrix} 6 \\ 3 \end{bmatrix} x^3 + \begin{bmatrix} 6 \\ 2 \end{bmatrix} x^2 - \begin{bmatrix} 6 \\ 1 \end{bmatrix} x$$

故得到

$$\begin{bmatrix} 5 \\ 5 \end{bmatrix} = 1, \begin{bmatrix} 5 \\ 4 \end{bmatrix} = 10, \begin{bmatrix} 5 \\ 3 \end{bmatrix} = 35, \begin{bmatrix} 5 \\ 2 \end{bmatrix} = 50, \begin{bmatrix} 5 \\ 1 \end{bmatrix} = 24$$

及

$$\begin{bmatrix} 6 \\ 6 \end{bmatrix} = 1, \begin{bmatrix} 6 \\ 5 \end{bmatrix} = 15, \begin{bmatrix} 6 \\ 4 \end{bmatrix} = 85, \begin{bmatrix} 6 \\ 3 \end{bmatrix} = 225, \begin{bmatrix} 6 \\ 2 \end{bmatrix} = 274, \begin{bmatrix} 6 \\ 1 \end{bmatrix} = 120 \tag{28}$$

定理 1 当 $n \geqslant 5$ 时，我们有

$$\begin{bmatrix} n \\ n \end{bmatrix} = 1, \begin{bmatrix} n \\ n-1 \end{bmatrix} = \frac{n(n-1)}{2}, \begin{bmatrix} n \\ 1 \end{bmatrix} = (n-1)! \tag{29}$$

而当 $2 \leqslant r \leqslant n-2$ 时，我们有

$$\begin{bmatrix} n \\ r \end{bmatrix} = (n-1)\begin{bmatrix} n-1 \\ r \end{bmatrix} + \begin{bmatrix} n-1 \\ r-1 \end{bmatrix} \tag{30}$$

87

证明 当 $n \geqslant 5$ 时,由于 $f_n(x)$ 中 x^n 的系数是 1,故得到 $\begin{bmatrix} n \\ n \end{bmatrix} = 1$;由于 $(x-1)(x-2)\cdots(x-n+1)$ 中的常数项是 $(-1)(-2)\cdots(-n+1)$,故得到 $\begin{bmatrix} n \\ 1 \end{bmatrix} = (n-1)!$;又由于

$$(-1) + (-2) + \cdots + (-n+1) = -[1 + 2 + \cdots + (n-1)] = -\frac{n(n-1)}{2}$$

故得到

$$\begin{bmatrix} n \\ n-1 \end{bmatrix} = \frac{n(n-1)}{2}$$

当 $2 \leqslant r \leqslant n-2$ 时,我们有

$$\begin{bmatrix} n \\ n \end{bmatrix} x^n - \begin{bmatrix} n \\ n-1 \end{bmatrix} x^{n-1} + \cdots + (-1)^{n-r} \begin{bmatrix} n \\ r \end{bmatrix} x^r + \cdots + (-1)^{n-1} \begin{bmatrix} n \\ 1 \end{bmatrix} x =$$

$$f_n(x) = x(x-1)(x-2)\cdots(x-n+2)(x-n+1) =$$

$$(x-n+1)f_{n-1}(x) =$$

$$(x-n+1)\left\{ \begin{bmatrix} n-1 \\ n-1 \end{bmatrix} x^{n-1} - \begin{bmatrix} n-1 \\ n-2 \end{bmatrix} x^{n-2} + \cdots + \right.$$

$$(-1)^{n-1-r} \begin{bmatrix} n-1 \\ r \end{bmatrix} x^r + (-1)^{n-r} \begin{bmatrix} n-1 \\ r-1 \end{bmatrix} x^{r-1} + \cdots +$$

$$\left. (-1)^n \begin{bmatrix} n-1 \\ 1 \end{bmatrix} x \right\} =$$

$$\begin{bmatrix} n-1 \\ n-1 \end{bmatrix} x^n - \left\{ (n-1) \begin{bmatrix} n-1 \\ n-1 \end{bmatrix} + \begin{bmatrix} n-1 \\ n-2 \end{bmatrix} \right\} x^{n-1} + \cdots +$$

$$(-1)^{n-r} \left\{ (n-1) \begin{bmatrix} n-1 \\ r \end{bmatrix} + \begin{bmatrix} n-1 \\ r-1 \end{bmatrix} \right\} x^r + \cdots +$$

$$(-1)^{n-1}(n-1) \begin{bmatrix} n-1 \\ 1 \end{bmatrix} x \tag{31}$$

比较式(31)两边中 x^r 的系数就知道式(30)成立,因而本定理得证.

例 7 请由定理 1 和例 5 求出 $f_5(x)$ 和 $f_6(x)$ 的表示式.

解 由式(29),我们有

$$\begin{bmatrix} 5 \\ 5 \end{bmatrix} = 1, \quad \begin{bmatrix} 6 \\ 6 \end{bmatrix} = 1, \quad \begin{bmatrix} 5 \\ 4 \end{bmatrix} = \frac{5(5-1)}{2} = 10$$

$$\begin{bmatrix} 6 \\ 5 \end{bmatrix} = \frac{6(6-1)}{2} = 15, \quad \begin{bmatrix} 5 \\ 1 \end{bmatrix} = 4! = 24, \quad \begin{bmatrix} 6 \\ 1 \end{bmatrix} = 5! = 120 \tag{32}$$

由例 5,我们有

$$\begin{bmatrix} 4 \\ 3 \end{bmatrix} = 6 , \quad \begin{bmatrix} 4 \\ 2 \end{bmatrix} = 11 , \quad \begin{bmatrix} 4 \\ 1 \end{bmatrix} = 6 \tag{33}$$

由式(30) 和(33),我们有

$$\begin{bmatrix} 5 \\ 3 \end{bmatrix} = 4 \begin{bmatrix} 4 \\ 3 \end{bmatrix} + \begin{bmatrix} 4 \\ 2 \end{bmatrix} = 4 \times 6 + 11 = 35 \tag{34}$$

$$\begin{bmatrix} 5 \\ 2 \end{bmatrix} = 4 \begin{bmatrix} 4 \\ 2 \end{bmatrix} + \begin{bmatrix} 4 \\ 1 \end{bmatrix} = 4 \times 11 + 6 = 50$$

由式(30),(32) 和(34),我们有

$$\begin{bmatrix} 6 \\ 4 \end{bmatrix} = 5 \begin{bmatrix} 5 \\ 4 \end{bmatrix} + \begin{bmatrix} 5 \\ 3 \end{bmatrix} = 5 \times 10 + 35 = 85$$

$$\begin{bmatrix} 6 \\ 3 \end{bmatrix} = 5 \begin{bmatrix} 5 \\ 3 \end{bmatrix} + \begin{bmatrix} 5 \\ 2 \end{bmatrix} = 5 \times 35 + 50 = 225 \tag{35}$$

$$\begin{bmatrix} 6 \\ 2 \end{bmatrix} = 5 \begin{bmatrix} 5 \\ 2 \end{bmatrix} + \begin{bmatrix} 5 \\ 1 \end{bmatrix} = 5 \times 50 + 24 = 274$$

由式(27),(32),(34) 和(35),我们有

$$f_5(x) = x^5 - 10x^4 + 35x^3 - 50x^2 + 24x$$

$$f_6(x) = x^6 - 15x^5 + 85x^4 - 225x^3 + 274x^2 - 120x$$

例 8 求出 $\begin{bmatrix} 7 \\ 7 \end{bmatrix}$, $\begin{bmatrix} 7 \\ 6 \end{bmatrix}$, $\begin{bmatrix} 7 \\ 5 \end{bmatrix}$, $\begin{bmatrix} 7 \\ 4 \end{bmatrix}$, $\begin{bmatrix} 7 \\ 3 \end{bmatrix}$, $\begin{bmatrix} 7 \\ 2 \end{bmatrix}$, $\begin{bmatrix} 7 \\ 1 \end{bmatrix}$, $\begin{bmatrix} 8 \\ 8 \end{bmatrix}$, $\begin{bmatrix} 8 \\ 7 \end{bmatrix}$, $\begin{bmatrix} 8 \\ 6 \end{bmatrix}$, $\begin{bmatrix} 8 \\ 5 \end{bmatrix}$,

$\begin{bmatrix} 8 \\ 4 \end{bmatrix}$, $\begin{bmatrix} 8 \\ 3 \end{bmatrix}$, $\begin{bmatrix} 8 \\ 2 \end{bmatrix}$, $\begin{bmatrix} 8 \\ 1 \end{bmatrix}$ 的数值,并写出 $f_7(x)$ 和 $f_8(x)$ 的表示式.

解 由式(29),我们有

$$\begin{bmatrix} 7 \\ 7 \end{bmatrix} = 1 , \quad \begin{bmatrix} 8 \\ 8 \end{bmatrix} = 1 , \quad \begin{bmatrix} 7 \\ 6 \end{bmatrix} = \frac{7(7-1)}{2} = 21 , \quad \begin{bmatrix} 8 \\ 7 \end{bmatrix} = \frac{8(8-1)}{2} = 28$$

$$\begin{bmatrix} 7 \\ 1 \end{bmatrix} = 6! = 720 , \quad \begin{bmatrix} 8 \\ 1 \end{bmatrix} = 7! = 5\ 040 \tag{36}$$

由式(30) 和(32),我们有

$$\begin{bmatrix} 7 \\ 5 \end{bmatrix} = 6 \begin{bmatrix} 6 \\ 5 \end{bmatrix} + \begin{bmatrix} 6 \\ 4 \end{bmatrix} = 6 \times 15 + 85 = 175$$

$$\begin{bmatrix} 7 \\ 4 \end{bmatrix} = 6 \begin{bmatrix} 6 \\ 4 \end{bmatrix} + \begin{bmatrix} 6 \\ 3 \end{bmatrix} = 6 \times 85 + 225 = 735$$

$$\begin{bmatrix} 7 \\ 3 \end{bmatrix} = 6 \begin{bmatrix} 6 \\ 3 \end{bmatrix} + \begin{bmatrix} 6 \\ 2 \end{bmatrix} = 6 \times 225 + 274 = 1\ 624 \tag{37}$$

$$\begin{bmatrix} 7 \\ 2 \end{bmatrix} = 6 \begin{bmatrix} 6 \\ 2 \end{bmatrix} + \begin{bmatrix} 6 \\ 1 \end{bmatrix} = 6 \times 274 + 120 = 1\,764$$

由式(27),(36)和(37),我们有

$$f_7(x) = x^7 - 21x^6 + 175x^5 - 735x^4 + 1\,624x^3 - 1\,764x^2 + 720x$$

由式(30),(36)和(37),我们有

$$\begin{bmatrix} 8 \\ 6 \end{bmatrix} = 7 \begin{bmatrix} 7 \\ 6 \end{bmatrix} + \begin{bmatrix} 7 \\ 5 \end{bmatrix} = 7 \times 21 + 175 = 322$$

$$\begin{bmatrix} 8 \\ 5 \end{bmatrix} = 7 \begin{bmatrix} 7 \\ 5 \end{bmatrix} + \begin{bmatrix} 7 \\ 4 \end{bmatrix} = 7 \times 175 + 735 = 1\,960$$

$$\begin{bmatrix} 8 \\ 4 \end{bmatrix} = 7 \begin{bmatrix} 7 \\ 4 \end{bmatrix} + \begin{bmatrix} 7 \\ 3 \end{bmatrix} = 7 \times 735 + 1\,624 = 6\,769 \tag{38}$$

$$\begin{bmatrix} 8 \\ 3 \end{bmatrix} = 7 \begin{bmatrix} 7 \\ 3 \end{bmatrix} + \begin{bmatrix} 7 \\ 2 \end{bmatrix} = 7 \times 1\,624 + 1\,764 = 13\,132$$

$$\begin{bmatrix} 8 \\ 2 \end{bmatrix} = 7 \begin{bmatrix} 7 \\ 2 \end{bmatrix} + \begin{bmatrix} 7 \\ 1 \end{bmatrix} = 7 \times 1764 + 720 = 13\,068$$

由式(27),(36)和(38),我们有

$$f_8 x = x^8 - 28x^7 + 322x^6 - 1\,960x^5 + 6\,769x^4 -$$
$$13\,132x^3 + 13\,068x^2 - 5\,040x$$

例9 求出 $\begin{bmatrix} 9 \\ 9 \end{bmatrix}$, $\begin{bmatrix} 9 \\ 8 \end{bmatrix}$, $\begin{bmatrix} 9 \\ 7 \end{bmatrix}$, $\begin{bmatrix} 9 \\ 6 \end{bmatrix}$, $\begin{bmatrix} 9 \\ 5 \end{bmatrix}$, $\begin{bmatrix} 9 \\ 4 \end{bmatrix}$, $\begin{bmatrix} 9 \\ 3 \end{bmatrix}$, $\begin{bmatrix} 9 \\ 2 \end{bmatrix}$, $\begin{bmatrix} 9 \\ 1 \end{bmatrix}$, $\begin{bmatrix} 10 \\ 10 \end{bmatrix}$, $\begin{bmatrix} 10 \\ 9 \end{bmatrix}$, $\begin{bmatrix} 10 \\ 8 \end{bmatrix}$, $\begin{bmatrix} 10 \\ 7 \end{bmatrix}$, $\begin{bmatrix} 10 \\ 6 \end{bmatrix}$, $\begin{bmatrix} 10 \\ 5 \end{bmatrix}$, $\begin{bmatrix} 10 \\ 4 \end{bmatrix}$, $\begin{bmatrix} 10 \\ 3 \end{bmatrix}$, $\begin{bmatrix} 10 \\ 2 \end{bmatrix}$, $\begin{bmatrix} 10 \\ 1 \end{bmatrix}$ 的数值,并写出 $f_9(x)$ 和 $f_{10}(x)$ 的表达式.

解 由式(29)我们有

$$\begin{bmatrix} 9 \\ 9 \end{bmatrix} = 1, \quad \begin{bmatrix} 10 \\ 10 \end{bmatrix} = 1, \quad \begin{bmatrix} 9 \\ 8 \end{bmatrix} = \frac{9(9-1)}{2} = 36$$

$$\begin{bmatrix} 10 \\ 9 \end{bmatrix} = \frac{10(10-1)}{2} = 45, \quad \begin{bmatrix} 9 \\ 1 \end{bmatrix} = 8! = 40\,320$$

$$\begin{bmatrix} 10 \\ 1 \end{bmatrix} = 9! = 362\,880 \tag{39}$$

由式(30),(36)和(38),我们有

$$\begin{bmatrix} 9 \\ 7 \end{bmatrix} = 8 \begin{bmatrix} 8 \\ 7 \end{bmatrix} + \begin{bmatrix} 8 \\ 6 \end{bmatrix} = 8 \times 28 + 322 = 546$$

$$\begin{bmatrix} 9 \\ 6 \end{bmatrix} = 8 \begin{bmatrix} 8 \\ 6 \end{bmatrix} + \begin{bmatrix} 8 \\ 5 \end{bmatrix} = 8 \times 322 + 1\,960 = 4\,536$$

$$\begin{bmatrix} 9 \\ 5 \end{bmatrix} = 8 \begin{bmatrix} 8 \\ 5 \end{bmatrix} + \begin{bmatrix} 8 \\ 4 \end{bmatrix} = 8 \times 1\,960 + 6\,769 = 22\,449$$

$$\begin{bmatrix} 9 \\ 4 \end{bmatrix} = 8 \begin{bmatrix} 8 \\ 4 \end{bmatrix} + \begin{bmatrix} 8 \\ 3 \end{bmatrix} = 8 \times 6\,769 + 13\,132 = 67\,284 \qquad (40)$$

$$\begin{bmatrix} 9 \\ 3 \end{bmatrix} = 8 \begin{bmatrix} 8 \\ 3 \end{bmatrix} + \begin{bmatrix} 8 \\ 2 \end{bmatrix} = 8 \times 13\,132 + 13\,068 = 118\,124$$

$$\begin{bmatrix} 9 \\ 2 \end{bmatrix} = 8 \begin{bmatrix} 8 \\ 2 \end{bmatrix} + \begin{bmatrix} 8 \\ 1 \end{bmatrix} = 8 \times 13\,068 + 5\,040 = 109\,584$$

由式(27),(39) 和(40) 我们有

$$f_9(x) = x^9 - 36x^8 + 546x^7 - 4\,536x^6 + 22\,449x^5 -$$
$$67\,284x^4 + 118\,124x^3 - 109\,584x^2 + 40\,320x$$

由式(30),(39) 和(40),我们有

$$\begin{bmatrix} 10 \\ 8 \end{bmatrix} = 9 \begin{bmatrix} 9 \\ 8 \end{bmatrix} + \begin{bmatrix} 9 \\ 7 \end{bmatrix} = 9 \times 36 + 546 = 870$$

$$\begin{bmatrix} 10 \\ 7 \end{bmatrix} = 9 \begin{bmatrix} 9 \\ 7 \end{bmatrix} + \begin{bmatrix} 9 \\ 6 \end{bmatrix} = 9 \times 546 + 4\,536 = 9\,450$$

$$\begin{bmatrix} 10 \\ 6 \end{bmatrix} = 9 \begin{bmatrix} 9 \\ 6 \end{bmatrix} + \begin{bmatrix} 9 \\ 5 \end{bmatrix} = 9 \times 4\,536 \times 22\,449 = 63\,273$$

$$\begin{bmatrix} 10 \\ 5 \end{bmatrix} = 9 \begin{bmatrix} 9 \\ 5 \end{bmatrix} + \begin{bmatrix} 9 \\ 4 \end{bmatrix} = 9 \times 22\,449 + 67\,284 = 269\,325 \qquad (41)$$

$$\begin{bmatrix} 10 \\ 4 \end{bmatrix} = 9 \begin{bmatrix} 9 \\ 4 \end{bmatrix} + \begin{bmatrix} 9 \\ 3 \end{bmatrix} = 9 \times 67\,284 + 118\,124 = 723\,680$$

$$\begin{bmatrix} 10 \\ 3 \end{bmatrix} = 9 \begin{bmatrix} 9 \\ 3 \end{bmatrix} + \begin{bmatrix} 9 \\ 2 \end{bmatrix} = 9 \times 118\,124 + 109\,584 = 1\,172\,700$$

$$\begin{bmatrix} 10 \\ 2 \end{bmatrix} = 9 \begin{bmatrix} 9 \\ 2 \end{bmatrix} + \begin{bmatrix} 9 \\ 1 \end{bmatrix} = 9 \times 109\,584 + 40\,320 = 1\,026\,576$$

由式(27),(39) 和(41) 我们有

$$f_{10}(x) = x^{10} - 45x^9 + 870x^8 - 9\,450x^7 + 63\,273^6 -$$
$$269\,325x^5 + 723\,680x^4 - 1\,172\,700x^3 +$$
$$1\,026\,576x^2 - 362\,880x$$

§4 母函数

定义 1 设 $u_0, u_1, u_2, \cdots, u_n, \cdots$ 是一个无限数列,则称形式幂级数 $u(x) = \sum_{k \geqslant 0} u_k x^k$ 是数列 $u_0, u_1, u_2, \cdots, u_n, \cdots$ 的母函数,当形式幂级数

$$u(x) = \sum_{k \geqslant 0} u_k x^k$$

和形式幂级数

$$V(x) = \sum_{k \geqslant 0} V_k x^k$$

相等时,则应有 $u_k = V_k$(其中 $k \geqslant 0$).

定义 2 一个数 a 对于形式幂级数 $u(x)$ 的乘积定义为

$$au(x) = \sum_{k \geqslant 0} au_k x^k$$

形式幂级数 $u(x)$ 和 $V(x)$ 的相加定义为

$$u(x) + V(x) = \sum_{k \geqslant 0} (u_k + V_k) x^k \tag{42}$$

形式幂级数 $u(x)$ 和 $V(x)$ 相乘定义为

$$u(x)V(x) = \sum_{k \geqslant 0} \left(\sum_{i+j=k} u_i V_j \right) x^k \tag{43}$$

例 10 设数列 $u_0, u_1, u_2, \cdots, u_n, \cdots$ 确定为

$$u_k = \begin{cases} 1 & \text{当 } 0 \leqslant k \leqslant n \\ 0 & \text{当 } k > n \end{cases}$$

则其母函数为多项式

$$u(x) = 1 + x + x^2 + \cdots + x^n = \frac{1 - x^{n+1}}{1 - x}$$

即 $u(x)$ 可以表示为两个形式幂级数之商.

例 11 如果母函数

$$u(x) = \sum_{k \geqslant 0} u_k x^k$$

和

$$V(x) = \sum_{k \geqslant 0} V_k x^k$$

满足条件,$u(x) = (1-x)V(x)$,则我们有

$$\begin{cases} u_0 = V_0 \\ u_k = V_k - V_{k-1} \end{cases} \tag{44}$$

$$V_k = \sum_{i=0}^{k} u_i \tag{45}$$

证明   由于

$$\sum_{k\geqslant 0} u_k x^k = u(x) = (1-x)\sum_{k\geqslant 0} V_k x^k = V_0 + \sum_{k\geqslant 1}(V_k - V_{k-1})x^k \qquad (46)$$

比较式(46)两边中 x^k 的系数就知道式(44)成立,由于

$$\sum_{k\geqslant 0} V_k x^k = V(x) = \frac{u(x)}{1-x} =$$

$$\left(\sum_{k\geqslant 0} u_k x^k\right)(1 + x + x^2 + \cdots) =$$

$$\sum_{k\geqslant 0}\left(\sum_{i=0}^{k} u_i\right)x^k$$

故式(45)成立,因而本例题得证.

定义 3   形式幂级数

$$u(x) = \sum_{k\geqslant 0} u_k x^k$$

的形式微商(记为 $D_x u(x)$)定义为形式幂级数 $\sum_{k\geqslant 1} k u_k x^{k-1}$,而 D_x 称为形式微分算符,形式幂级数 $u(x) = \sum_{k\geqslant 0} u_k x^k$ 的 n 次(其中 $n\geqslant 0$)形式微商归纳定义为 $D_x(D_x^{n-1} u(x))$. 如果存在有一个形式幂级数 $V(x)$ 使得 $u(x) = D_x V(x)$,则称 $V(x)$ 为 $u(x)$ 的形式原函数.

容易验证,以下的微商法则成立

$$D_x(u(x) + V(x)) = D_x u(x) + D_x V(x)$$

$$D_x[Cu(x)] = CD_x[u(x)]$$

$$D_x[u(x)V(x)] = u(x)D_x V(x) + V(x)D_x u(x)$$

$$D_x(u(x))^n = n(u(x))^{n-1}D_x u(x)$$

如果形式幂级数 $u(x) = \sum_{k\geqslant 0} u_k x^k$ 在圆 $|x| < R$(其中 $R > 0$)内收敛,这时 $u(x) = \sum_{k\geqslant 0} u_k x^k$ 有其在函数论中的定义,由函数论中的结果可知,它有唯一的一个和函数 $f(x)$ 并使得在 $|x| < R$ 内有

$$f(x) = \sum_{k\geqslant 0} u_k x^k \qquad (47)$$

上式是在圆 $|x| < R$ 内一致收敛,故可以逐项求微商,逐项求原函数,有时 $f(x)$ 还可能是由初等函数经过有限次的代数运算的结果.

如果级数 $\sum_{k\geqslant 0} V_k x^k$ 在圆 $|x| < R_1$ 内收敛,其和函数为 $g(x)$,令 $R_2 = \min(R, R_1)$,而由函数论中的结果可知,级数

$$\sum_{k\geqslant 0}\sum_{i+j=k} u_i V_j x^k \qquad |x| < R_2$$

收敛,其和函数为 $f(x)g(x)$.

当我们在进行形式幂级数的形式运算时,如果遇到其中某些幂级数是收敛的,则可以使用它的和函数代替它参与运算,这时函数论的知识可以用来处理组合论的问题.当然,最后的运算结果可能由于有不收敛的形式幂级数的参与运算而不收敛.故它不具有函数论上的意义,但是它仍然具有组合论上的意义.

下面将举些例子来进行说明.

例 12   在例 10 中的结果现在可以写成为

$$u(x) = 1 + x + x^2 + \cdots + x^n = \frac{1 - x^{n+1}}{1 - x} \qquad |x| < 1$$

求一次微商就有

$$D_x(u(x)) = 1 + 2x + \cdots + nx^{n-1} = \frac{1 - (n+1)x^n + nx^{n+1}}{(1-x)^2}$$

作二次微商就有

$$D_x^2(u(x)) = 2 + 6x + 12x^2 + \cdots + n(n-1)x^{n-2} =$$

$$\frac{2 - n(n+1)x^{n-1} + 2(n^2-1)x^n - n(n-1)x^{n+1}}{(1-x)^3}$$

例 13   我们有

$$\sum_{k=0}^{\infty} \binom{n}{k} x^k = (1+x)^n \quad (\text{其中 } n \geqslant 1) \tag{48}$$

$$\sum_{k=0}^{\infty} x^k = \frac{1}{1-x} \qquad |x| < 1 \tag{49}$$

$$\sum_{k=0}^{\infty} kx^k = \frac{x}{(1-x)^2} \qquad |x| < 1 \tag{50}$$

$$\sum_{k=0}^{\infty} k^2 x^k = \frac{x(x+1)}{(1-x)^3} \qquad |x| < 1 \tag{51}$$

$$\sum_{k=0}^{\infty} k(k-1)x^k = \frac{2x^2}{(1-x)^3} \qquad |x| < 1 \tag{52}$$

证明   由二项式定理显见式(48)成立,由例 12 知道式(49)成立,对式(49)两边求微商就得到

$$\sum_{k=0}^{\infty} kx^{k-1} = \frac{1}{(1-x)^2}$$

故式(50)成立,对式(50)两边求微商就得到式(51),对于

$$\sum_{k=0}^{\infty} kx^{k-1} = \frac{1}{(1-x)^2} \qquad |x| < 1$$

中的两边求微商就得到式(12).

总括式(48)到(52),我们可以把一些常见到的数列 $(u_i)(i \geqslant 0)$ 的母函数列表如下:

数列 (u_k)	母函数
$\dbinom{n}{k}$	$(1+x)^n$（其中 $n \geqslant 1$）
1	$\dfrac{1}{1-x}$
k	$\dfrac{x}{(1-x)^2}$
k^2	$\dfrac{x(x+1)}{(1-x)^3}$
$k(k-1)$	$\dfrac{2x^2}{(1-x)^3}$

§5　第二类 Stirling 数

把含有 n 个元素的一个集合分成为恰好有 r 个非空子集合的分拆数目就叫做第二类 Stirling 数，并记为 $\begin{Bmatrix} n \\ r \end{Bmatrix}$. 又我们定义 $\begin{Bmatrix} 0 \\ 0 \end{Bmatrix} = 1$，而当 $n < r$ 时，由于 n 个元素不可能分拆为 r 个非空子集合，因而当 $n < r$ 时有 $\begin{Bmatrix} n \\ r \end{Bmatrix} = 0$.

例 14　请求出 $\begin{Bmatrix} 4 \\ 2 \end{Bmatrix}$？

解　设集合 A 中含有 4 个元素，即为 a,b,c,d. 把集合 A 分拆为两个非空子集合的方法共有

$$a \mid bcd, b \mid acd, c \mid abd, d \mid abc, ab \mid cd, ac \mid bd, ad \mid bc$$

故得到 $\begin{Bmatrix} 4 \\ 2 \end{Bmatrix} = 7$.

定理 2　当 $n \geqslant 1$ 时，我们有

$$\begin{Bmatrix} n \\ 0 \end{Bmatrix} = 0, \begin{Bmatrix} n \\ 1 \end{Bmatrix} = 1, \begin{Bmatrix} n \\ 2 \end{Bmatrix} = 2^{n-1} - 1, \cdots, \begin{Bmatrix} n \\ n-1 \end{Bmatrix} = \binom{n}{2}, \begin{Bmatrix} n \\ n \end{Bmatrix} = 1$$

证明　我们不可能把含有 n 个元素的集合分拆为 0 个非空集合的并，故得到

$$\begin{Bmatrix} n \\ 0 \end{Bmatrix} = 0$$

我们要把含有 n 个元素的集合分拆为 1 个非空子集合，当然只能分拆为它

自己,故得到

$$\begin{Bmatrix} n \\ 1 \end{Bmatrix} = 1$$

当 $n=1$ 时,由于 $\begin{Bmatrix} 1 \\ 2 \end{Bmatrix} = 0 = 1 - 1 = 2^{1-1} - 1$,故当 $n=1$ 时,我们有 $\begin{Bmatrix} n \\ 2 \end{Bmatrix} = 2^{n-1} - 1$. 现在我们来讨论当 $n \geqslant 2$ 时的情况,假设 n 个元素是 $a_1, \cdots, a_n$,我们把含有 a_1 的一类子集合中的任一个子集合记为 A_1,把 $A - A_1$ 记为 A_2,则 A_1 固定后,A_2 也就确定了. A_1 的选法共有 2^{n-1} 种,但由于 A_2 非空,故当 A_1 含有 $a_1, \cdots, a_n$ 这 n 个元素的这种取法不满足分拆的定义,因而 A_1 的取法有 $2^{n-1} - 1$ 种,即有

$$\begin{Bmatrix} n \\ 2 \end{Bmatrix} = 2^{n-1} - 1$$

由于 $\begin{Bmatrix} 1 \\ 1-1 \end{Bmatrix} = \begin{Bmatrix} 1 \\ 0 \end{Bmatrix} = 0 = \begin{pmatrix} 1 \\ 2 \end{pmatrix}$,故当 $n=1$ 时,我们有 $\begin{Bmatrix} n \\ n-1 \end{Bmatrix} = \begin{pmatrix} n \\ 2 \end{pmatrix}$. 现在设 $n \geqslant 2$,要把含有 n 个元素的集合分拆为 $n-1$ 个非空子集合,则一定有且只有一个子集合包含有 2 个元素,而其余的 $n-2$ 个非空子集合都必须有且只有 1 个元素,因而当含有两个元素的子集合固定以后,则其余的 $n-2$ 个子集合也都确定了. 由于从 n 个元素中无序取出 2 个元素的方法有 $\begin{pmatrix} n \\ 2 \end{pmatrix}$ 种,故得到

$$\begin{Bmatrix} n \\ n-1 \end{Bmatrix} = \begin{pmatrix} n \\ 2 \end{pmatrix}$$

又显然 $\begin{Bmatrix} n \\ n \end{Bmatrix} = 1$,即分拆的 n 个非空子集合都有且只有 1 个元素.

综上所述,本定理得证.

定理 3 当 $1 \leqslant r \leqslant n$ 时,则我们有

$$\begin{Bmatrix} n \\ r \end{Bmatrix} = r \begin{Bmatrix} n-1 \\ r \end{Bmatrix} + \begin{Bmatrix} n-1 \\ r-1 \end{Bmatrix}$$

证明 当 $n=1$ 时,则 $r=1$,由于 $\begin{Bmatrix} 1 \\ 1 \end{Bmatrix} = 1$ 和 $\begin{Bmatrix} 0 \\ 1 \end{Bmatrix} = 0$,$\begin{Bmatrix} 0 \\ 0 \end{Bmatrix} = 1$,我们有

$$\begin{Bmatrix} 1 \\ 1 \end{Bmatrix} = 1 = 0 + 1 = 1 \cdot \begin{Bmatrix} 0 \\ 1 \end{Bmatrix} + \begin{Bmatrix} 0 \\ 0 \end{Bmatrix} = 1 \cdot \begin{Bmatrix} 1-1 \\ 1 \end{Bmatrix} + \begin{Bmatrix} 1-1 \\ 1-1 \end{Bmatrix}$$

即当 $n=1$ 时,本定理结论成立.

现在我们设 $n \geqslant 2$,假定这 n 个元素是 $a_1, \cdots, a_n$,要分拆为 r 个非空子集合,则其中或者存在有一个子集合,它只包含有 a_n 这一个元素,或者不存在有一个子集合而它只包含有 a_n 这一个元素. 当存在有一个子集合,它只包含有 a_n 这一

个元素时,则剩下来的 $n-1$ 个元素应分别包含在 $r-1$ 个子集合中. 故在 这种情况下,分拆的方法有 $\left\{ {n-1 \atop r-1} \right\}$ 种. 若不存在有一个子集合而它只包含有 a_n 这一个元素,即含有 a_n 的这个子集合一定还含有别的元素,我们把 a_n 这个元素删去后,只剩下 $a_1,\cdots,a_{n-1}$ 这 $n-1$ 个元素,把它们分拆为 r 个非空子集合的方法有 $\left\{ {n-1 \atop r} \right\}$ 种,又由于 a_n 可以在这 r 个子集合中的任意一个子集合中,故在这种情况下的分拆数为 $r\left\{ {n-1 \atop r} \right\}$. 因而由加法原则,我们得到

$$\left\{ {n \atop r} \right\} = r\left\{ {n-1 \atop r} \right\} + \left\{ {n-1 \atop r-1} \right\}$$

所以本定理得证.

§6 Bernourlli 数

若实数 $|x| < 2\pi$,则我们定义

$$-\frac{x}{e^x-1} = \sum_{n=0}^{\infty} \frac{B_n}{n!} x^n \tag{53}$$

其中 B_n 就称为 Bernourlli 数. 若 y 是一个实数,则我们定义

$$\frac{x e^{xy}}{e^x-1} = \sum_{n=0}^{\infty} \frac{B_n(y)}{n!} x^n \tag{54}$$

其中 $B_n(y)$ 是与 y 有关的函数.

定理 4　当 y 是一个实数而 n 是一个非负整数时,则我们有

$$B_n(y) = \sum_{k=0}^{n} \binom{n}{k} y^{n-k} \tag{55}$$

证明　由于 $e^{xy} = \sum_{n=0}^{\infty} \frac{(xy)^n}{n!}$,式(53) 和(54) 而得到

$$\sum_{n=0}^{\infty} \frac{B_n(y)}{n!} x^n = \frac{x e^{xy}}{e^x-1} = \frac{x}{e^x-1} \sum_{n=0}^{\infty} \frac{(xy)^n}{n!} =$$

$$\left(\sum_{m=0}^{\infty} \frac{B_m}{m!} x^m \right) \left(\sum_{n=0}^{\infty} \frac{(xy)^n}{n!} \right)$$

比较上式两边中的 x^n 系数,则我们有

$$\frac{B_n(y)}{n!} = \sum_{k=0}^{n} \frac{B_k}{k!} \cdot \frac{y^{n-k}}{(n-k)!}$$

即是

97

$$B_n(y) = \sum_{k=0}^{n} \binom{n}{k} B_k y^{n-k}$$

故本定理得证.

定理 5　当 $n \geqslant 1$ 时,则我们有

$$B_n(y+1) - B_n(y) = ny^{n-1} \tag{56}$$

特别当 $n \geqslant 2$ 时,则我们有

$$B_n(0) = B_n(1) \tag{57}$$

证明　我们有下面的恒等式

$$x \frac{e^{(y+1)x}}{e^x - 1} - x \frac{e^{yx}}{e^x - 1} = xe^{yx} = x \sum_{n=0}^{\infty} \frac{(yx)^n}{n!} = \sum_{n=0}^{\infty} \frac{y^n}{n!} x^{n+1}$$

由上式和式(54)我们有

$$\sum_{n=0}^{\infty} \frac{B_n(y+1) - B_n(y)}{n!} x^n = \sum_{n=0}^{\infty} \frac{y^n}{n!} x^{n+1}$$

比较上式两边中 x^n(其中 $n \geqslant 1$)的系数,则我们有

$$\frac{B_n(y+1) - B_n(y)}{n!} = \frac{y^{n-1}}{(n-1)!}$$

于是　　　　　　　$B_n(y+1) - B_n(y) = ny^{n-1}$

故式(56)成立. 当 $n \geqslant 2$ 时,在式(56)中令 $y = 0$,立即可得 $B_n(0) = B_n(1)$. 故本定理得证.

定理 6　当 $n \geqslant 2$ 时,则我们有

$$B_{n-1} = -\frac{1}{n} \sum_{k=0}^{n-2} \binom{n}{k} B_k \tag{58}$$

证明　在式(55)中取 $y = 1$,即可得到

$$B_n(1) = \sum_{k=0}^{n} \binom{n}{k} B_k$$

又由式(53)和(54),我们有

$$\sum_{n=0}^{\infty} \frac{B_n(0)}{n!} x^n = \frac{xe^{x \cdot 0}}{e^x - 1} = \frac{x}{e^x - 1} = \sum_{n=0}^{\infty} \frac{B_n}{n!} x^n$$

比较上式两边中 x^n 的系数,则有

$$B_n(0) = B_n$$

由于式(57)和上式,我们得到

$$B_n = B_n(0) = B_n(1) = \sum_{k=0}^{n} \binom{n}{k} B_k$$

于是　　　　　　　$$B_{n-1} = -\frac{1}{n} \sum_{k=0}^{n-2} \binom{n}{k} B_k$$

因而本定理得证.

定理 7   当 m 和 n 都是正整数时, 令 $S_n(m) = \sum\limits_{k=1}^{m} k^n$, 则我们有

$$S_n(m) = \frac{1}{n+1}(B_{n+1}(m+1) - B_{n+1}) \tag{59}$$

证明   当 $n \geqslant 1$ 时, 则由式(56) 我们有

$$(n+1)k^n = B_{n+1}(k+1) - B_{n+1}(k) \quad (k=1,2,\cdots,m)$$

将上面 m 个式子的两边相加, 则有

$$(n+1)\sum_{k=1}^{m} k^n = B_{n+1}(m+1) - B_{n+1}(0) = B_{n+1}(m+1) - B_{n+1}$$

故式(59) 成立. 因而本定理得证.

定理 8   当 k 是一个正整数时, 令 $\zeta(k) = \sum\limits_{n=1}^{\infty} n^{-k}$, 则我们有

$$\zeta(2k) = (-1)^{k+1} \frac{(2\pi)^{2k} B_{2k}}{2(2k)!}$$

证明   因证明较长, 这里就不给予证明了, 若读者感兴趣的话, 可以参考 Tom M. Aposto, Springer-Verlag. New York Iteidelberg Berlin 1976[①].

习　题

1. 令 $F_1 = F_2 = 1$, 而当 $n \geqslant 3$ 时, 令 $F_n = F_{n-1} + F_{n-2}$, 则我们有:

(i) $F_n = \dfrac{a^n - b^n}{\sqrt{5}}$, 其中, $a = \dfrac{1+\sqrt{5}}{2}, b = \dfrac{1-\sqrt{5}}{2}$.

(ii) $F_n = \left[\dfrac{\left(\dfrac{1+\sqrt{5}}{2}\right)^n}{\sqrt{5}}\right] + C_n$, 其中, 当 $d \geqslant 0$ 时, 使用 $[d]$ 来表示 d 的整数部

分; 而当 n 是偶数时, 令 $C_n = 0$; 当 n 是奇数时, 令 $C_n = 1$.

2. 令 $L_1 = 1, L_2 = 3$, 而当 $n \geqslant 3$ 时, 令 $L_n = L_{n-1} + L_{n-2}$, 则我们有:

(i) $L_n = a^n + b^n$;

(ii) $L_n = [a^n] + (-1)^n + C_n$;

其中, a, b, C_n 的定义与习题 1 一样.

3. 求证: 当 $n \geqslant 1$ 时, 则我们有:

(i) 若 F_n 是奇数时, 则 L_n 也是奇数并有

$$(F_n, L_n) = 1$$

---

① 　其中译本《解析数论引论》由哈尔滨工业大学出版社于 2011 年 3 月出版发行.

（ⅱ）若 F_n 是偶数时，则 L_n 也是偶数并有
$$(F_n, L_n) = 2$$

4.求证：当 $n \geqslant 1$ 时，则我们有
$$(F_n, F_{n+1}) = (L_n, L_{n+1}) = 1$$

5.请证明：对于任意的正整数 n 和 m，我们都有
$$F_m \mid F_{nm}$$

6.当 k 是一个正整数时，则我们有
$$(F_{4k}, F_{4k+2}) = 1$$

7.设 n 是一个正整数，则使得 $2 \mid F_n$ 成立的充分和必要条件是：n 是 3 的倍数；使得 $3 \mid F_n$ 成立的充分和必要条件是：n 是 4 的倍数.

8.假设我们有 n 元钱，其中 n 是一个正整数. 又设每天我们都要到商店去购买下列三种商品之一：第一种商品是蔬菜，要用 1 元钱；第二种商品是猪肉，要用 2 元钱；第三种商品是鸡蛋，要用 2 元钱. 我们使用记号 B_n 来表示把这 n 元钱用完的所有可能之用法的总数. 请表示出 B_n 的数学式子.

9.已知 $B_1 = 1, B_2 = 3, B_3 = 5, B_4 = 11$，请由递推关系式 $B_n = B_{n-1} + 2B_{n-2}$ 求出 B_n 的一般表达式.

10.请证明：当 n 是一个正整数时，则有 $3 \mid 2^{n+1} + (-1)^n$.

11.请求出当 $0 \leqslant n \leqslant 10$ 时的 B_n 的数值.

12.请求出当 $1 \leqslant k \leqslant 5$ 时的 $\sum\limits_{n=1}^{\infty} n^{-2k}$?

13.求证：当 $n \geqslant 1$ 时，则我们有
$$B_{2n+1} = 0$$

14.求证：当 $n \geqslant 4$ 时，则我们有
$$\left\{ {n \atop n-2} \right\} = \binom{n}{3} + 3\binom{n}{4} = \frac{1}{4}\binom{n}{3}(3n-5)$$

15.求证：当 $n \geqslant 6$ 时，则我们有
$$\left\{ {n \atop n-3} \right\} = \binom{n}{4} + 10\binom{n}{5} + 15\binom{n}{6}$$

关于杨辉-高斯级数

第六章

§1 引 言

设 n 和 m 是正整数,我们把 n^m 叫做 n 的 m 次方,即 $n^m = \overbrace{n \times n \times \cdots \times n}^{m\text{个}}$,例如 $2^3 = 2 \times 2 \times 2 = 8$.

从 $1 + 2 + 3 + \cdots + n = \dfrac{n(n+1)}{2}$ 很容易联想到的一个问题:是否 $1^2 + 2^2 + 3^2 + \cdots + n^2$ 以及 $1^3 + 2^3 + 3^3 + \cdots + n^3$ 也能找简单的公式来算它们的和?公元前二百多年古希腊著名科学家阿基米德就已经知道这两个和是

$$1^2 + 2^2 + 3^2 + \cdots + n^2 = \frac{1}{6}n(n+1)(2n+1)$$

$$1^3 + 2^3 + 3^3 + \cdots + n^3 = (1 + 2 + 3 + \cdots + n)^2$$

但是他的证明比较复杂,我们将用比较简单的方法来证明上面二式成立.

而在阿基米德那个时代要想知道 $1^4 + 2^4 + 3^4 + \cdots + n^4$ 的公式,却是无能为力,这个和的公式要在一千多年后,也就是在 11 世纪由阿拉伯数学家来告诉我们.

101

§2 杨辉-高斯级数的推广

本节的目的是要证明下面的定理:

定理 1   令 n 和 m 都是正整数,又令 $N=n(n+1)$,$M=2n+1$,则我们有

$$\sum_{i=1}^{n} i^m = F(n,m)$$

其中

$$F(n,1)=\frac{1}{2}N,\ F(n,2)=\frac{1}{6}MN$$

$$F(n,3)=\frac{1}{4}N^2,\ F(n,4)=\frac{1}{30}MN(3N-1)$$

$$F(n,5)=\frac{1}{12}N^2(2N-1)$$

$$F(n,6)=\frac{1}{42}MN(3N^2-3N+1)$$

$$F(n,7)=\frac{1}{24}N^2(3N^2-4N+2)$$

$$F(n,8)=\frac{1}{90}MN(5N^3-10N^2+9N-3)$$

$$F(n,9)=\frac{1}{20}N^2(2N^3-5N^2+6N-3)$$

$$F(n,10)=\frac{1}{66}MN(3N^4-10N^3+17N^2-15N+5)$$

为了证明这个定理,我们先证明下面两个引理.

引理 1   当 n 和 m 都是正整数时,则我们有

$$(m+1)\sum_{i=1}^{n} i^m = n(n+1)^m - \sum_{j=2}^{m} \binom{m}{j} \sum_{i=1}^{n} i^{m-j+1}$$

其中当 $m \geqslant 2, 1 \leqslant j \leqslant m-1$ 时,我们用记号

$$\binom{m}{j} = \frac{m \cdot (m-1) \cdot \cdots \cdot (m-j+1)}{j!} =$$

$$\frac{m \cdot (m-1) \cdot \cdots \cdot (m-j+1) \cdot (m-j) \cdot \cdots \cdot 2 \cdot 1}{(j!\ ) \cdot (m-j) \cdot \cdots \cdot 2 \cdot 1} =$$

$$\frac{m!}{(j!\ )(m-j)!}$$

又用记号 $\binom{m}{0} = \binom{m}{m} = 1$，而当 $j > m$ 时，则使用记号 $\binom{m}{j} = 0$.

证明　我们有

$$n(n+1)^m = (n+1)^{m+1} - (n+1)^m =$$

$$\sum_{i=1}^{n+1} i^{m+1} - \sum_{i=1}^{n} i^{m+1} - \sum_{i=1}^{n+1} i^m + \sum_{i=1}^{n} i^m =$$

$$1 + \sum_{i=2}^{n+1} i^{m+1} - \sum_{i=1}^{n} i^{m+1} - 1 - \sum_{i=2}^{n+1} i^m + \sum_{i=1}^{n} i^m =$$

$$\sum_{i=1}^{n} (i+1)^{m+1} - \sum_{i=1}^{n} (i+1)^m - \sum_{i=1}^{n} i^{m+1} + \sum_{i=1}^{n} i^m =$$

$$\sum_{i=1}^{n} \left[(i+1)^{m+1} - (i+1)^m - i^{m+1} + i^m \right] =$$

$$\sum_{i=1}^{n} \left[i(i+1)^m - i^{m+1} + i^m \right] \tag{1}$$

由二项式定理，我们有

$$(i+1)^m = \sum_{j=0}^{m} \binom{m}{j} i^{m-j} \tag{2}$$

由式(1) 和(2)，我们有

$$n(n+1)^m = \sum_{i=1}^{n} \left[i \sum_{j=0}^{m} \binom{m}{j} i^{m-j} - i^{m+1} + i^m \right] =$$

$$\sum_{i=1}^{n} \left[\binom{m}{0} i^{m+1} + \binom{m}{1} i^m + \sum_{j=2}^{m} \binom{m}{j} i^{m-j+1} - i^{m+1} + i^m \right] =$$

$$(m+1) \sum_{i=1}^{n} i^m + \sum_{j=2}^{m} \binom{m}{j} \sum_{i=1}^{n} i^{m-j+1}$$

所以我们得到

$$(m+1) \sum_{i=1}^{n} i^m = n(n+1)^m - \sum_{j=2}^{m} \binom{m}{j} \sum_{i=1}^{n} i^{m-j+1}$$

因而本引理得证.

引理 2　当 n 和 m 都是正整数时，我们令 $N = n(n+1)$，$M = 2n+1$，则有

$$2(n+1)^m = f(n,m)$$

其中

$$f(n,1) = M + 1 \quad f(n,2) = 2N + M + 1 \tag{3}$$

$$f(n,3) = MN + 3N + M + 1 \tag{4}$$

$$f(n,4) = 2N^2 + 2MN + 4N + M + 1 \tag{5}$$

$$f(n,5) = MN^2 + 5N^2 + 3MN + 5N + M + 1 \tag{6}$$

$$f(n,6) = 2N^3 + 3MN^2 + 9N^2 + 4MN + 6N + M + 1 \tag{7}$$

$$f(n,7) = MN^3 + 7N^3 + 6MN^2 + 14N^2 + 5MN +$$
$$7N + M + 1 \tag{8}$$
$$f(n,8) = 2N^4 + 4MN^3 + 16N^3 + 10MN^2 + 20N^2 +$$
$$6MN + 8N + M + 1 \tag{9}$$
$$f(n,9) = MN^4 + 9N^4 + 10MN^3 + 30N^3 + 15MN^2 +$$
$$27N^2 + 7MN + 9N + M + 1 \tag{10}$$

证明 我们有

$$f(n,1) = 2(n+1) = (2n+1) + 1 = M + 1$$
$$f(n,2) = 2(n+1)^2 = 2n^2 + 4n + 2 =$$
$$2n(n+1) + (2n+1) + 1 = 2N + M + 1$$

故式(3)成立. 我们有

$$f(n,3) = 2(n+1)^3 = 2(n+1)^2(n+1) =$$
$$(2n^2 + 4n + 2)(n+1) = (2n^2 + n + 3n + 2)(n+1) =$$
$$(2n+1)n(n+1) + 3n(n+1) + (2n+1) + 1 =$$
$$MN + 3N + M + 1$$

故式(4)成立. 我们有

$$f(n,4) = 2(n+1)^4 = 2(n+1)^2(n+1)^2 =$$
$$2(n^2 + 2n + 1)(n+1)^2 =$$
$$2n^2(n+1)^2 + 2(2n+1)(n+1)(n+1) =$$
$$2N^2 + 2[(2n+1)n + 2n + 1](n+1) =$$
$$2N^2 + 2(2n+1)n(n+1) + 4n(n+1) + (2n+1) + 1 =$$
$$2N^2 + 2MN + 4N + M + 1$$

故式(5)成立. 我们有

$$f(n,5) = 2(n+1)^5 = 2(n+1)^2(n+1)^2 =$$
$$2(n^3 + 3n^2 + 3n + 1)(n+1)^2 =$$
$$[(2n^3 + n^2) + 5n^2 + 6n + 2](n+1)^2 =$$
$$(2n+1)n^2(n+1)^2 + 5n^2(n+1)^2 + (6n+2)(n+1)(n+1) =$$
$$MN^2 + 5N^2 + (6n^2 + 8n + 2)(n+1) =$$
$$MN^2 + 5N^2 + [(6n^2 + 3n) + 5n + 2](n+1) =$$
$$MN^2 + 5N^2 + 3(2n+1)n(n+1) + 5n(n+1) + (2n+1) + 1 =$$
$$MN^2 + 5N^2 + 3MN + 5N + M + 1$$

故式(6)成立. 我们有

$$f(n,6) = 2(n+1)^6 = 2(n+1)^3(n+1)^3 =$$
$$2(n^3 + 3n^2 + 3n + 1)(n+1)^3 =$$
$$2n^3(n+1)^3 + 2(3n^2 + 3n + 1)(n+1)(n+1)^2 =$$

$$2N^3 + 2(3n^3 + 6n^2 + 4n + 1)(n + 1)^2 =$$

$$2N^3 + [(6n^3 + 3n^2) + 9n^2 + 8n + 2](n + 1)^2 =$$

$$2N^3 + 3(2n + 1)n^2(n + 1)^2 + 9n^2(n + 1)^2 +$$

$$(8n + 2)(n + 1)(n + 1) =$$

$$2N^3 + 3MN^2 + 9N^2 + (8n^2 + 10n + 2)(n + 1) =$$

$$2N^3 + 3MN^2 + 9N^2 + [(8n^2 + 4n) + 6n + 2](n + 1) =$$

$$2N^3 + 3MN^2 + 9N^2 + 4(2n + 1)n(n + 1) +$$

$$6n(n + 1) + (2n + 1) + 1 =$$

$$2N^3 + 3MN^2 + 9N^2 + 4MN + 6N + M + 1$$

故式(7) 成立. 我们有

$$f(n,7) = 2(n + 1)^7 = 2(n + 1)^4(n + 1)^3 =$$

$$2(n^4 + 4n^3 + 6n^2 + 4n + 1)(n + 1)^3 =$$

$$[(2n^4 + n^3) + 7n^3 + 12n^2 + 8n + 2](n + 1)^3 =$$

$$(2n + 1)n^3(n + 1)^3 + 7n^3(n + 1)^3 +$$

$$(12n^2 + 8n + 2)(n + 1)(n + 1)^2 =$$

$$MN^3 + 7N^3 + (12n^3 + 20n^2 + 10n + 2)(n + 1)^2 =$$

$$MN^3 + 7N^3 + [(12n^3 + 6n^2) + 14n^2 +$$

$$10n + 2](n + 1)^2 =$$

$$MN^3 + 7N^3 + 6(2n + 1)n^2(n + 1)^2 + 14n^2(n + 1)^2 +$$

$$(10n + 2)(n + 1)(n + 1) =$$

$$MN^3 + 7N^3 + 6MN^2 + 14N^2 +$$

$$(10n^2 + 12n + 2)(n + 1) =$$

$$MN^3 + 7N^3 + 6MN^2 + 14N^2 +$$

$$[(10n^2 + 5n) + 7n + 2](n + 1) =$$

$$MN^3 + 7N^3 + 6MN^2 + 14N^2 + 5(2n + 1)n(n + 1) +$$

$$7n(n + 1) + (2n + 1) + 1 =$$

$$MN^3 + 7N^3 + 6MN^2 + 14N^2 + 5MN + 7N + M + 1$$

故式(8) 成立. 我们有

$$f(n,8) = 2(n + 1)^8 = 2(n + 1)^4(n + 1)^4 =$$

$$2(n^4 + 4n^3 + 6n^2 + 4n + 1)(n + 1)^4 =$$

$$2n^4(n + 1)^4 + 2(4n^3 + 6n^2 + 4n + 1)(n + 1)(n + 1)^3 =$$

$$2N^4 + 2(4n^4 + 10n^3 + 10n^2 + 5n + 1)(n + 1)^3 =$$

$$2N^4 + 2[(4n^4 + 2n^3) + 8n^3 + 10n^2 + 5n + 1](n + 1)^3 =$$

$$2N^4 + 4(2n + 1)n^3(n + 1)^3 + 16n^3(n + 1)^3 +$$

$$2(10n^2 + 5n + 1)(n + 1)(n + 1)^2 =$$

$$2N^4 + 4MN^3 + 16N^3 + 2(10n^3 + 15n^2 + 6n + 1)(n+1)^2 =$$
$$2N^4 + 4MN^3 + 16N^3 + 2[(10n^3 + 5n^2) +$$
$$10n^2 + 6n + 1](n+1)^2 =$$
$$2N^4 + 4MN^3 + 16N^3 + 10(2n+1)n^2(n+1)^2 +$$
$$20n^2(n+1)^2 + 2(6n+1)(n+1)(n+1) =$$
$$2N^4 + 4MN^3 + 16N^3 + 10MN^2 + 20N^2 +$$
$$2(6n^2 + 7n + 1)(n+1) =$$
$$2N^4 + 4MN^3 + 16N^3 + 10MN^2 + 20N^2 +$$
$$2[(6n^2 + 3n) + 4n + 1](n+1) =$$
$$2N^4 + 4MN^3 + 16N^3 + 10MN^2 + 20N^2 +$$
$$6(2n+1)n(n+1) + 8n(n+1) + (2n+1) + 1 =$$
$$2N^4 + 4MN^3 + 16N^3 + 10MN^2 + 20N^2 +$$
$$6MN + 8N + M + 1$$

故式(9) 成立. 我们有

$$f(n,9) = 2(n+1)^9 = 2(n+1)^5(n+1)^4 =$$
$$2(n^5 + 5n^4 + 10n^3 + 10n^2 + 5n + 1)(n+1)^4 =$$
$$[(2n^5 + n^4) + 9n^4 + 20n^3 + 20n^2 + 10n + 2](n+1)^4 =$$
$$(2n+1)n^4(n+1)^4 + 9n^4(n+1)^4 +$$
$$(20n^3 + 20n^2 + 10n + 2)(n+1)(n+1)^3 =$$
$$MN^4 + 9N^4 + (20n^4 + 40n^3 + 30n^2 + 12n + 2)(n+1)^2 =$$
$$MN^4 + 9N^4 + [(20n^4 + 10n^3) + 30n^3 + 30n^2 + 12n + 2](n+1)^3 =$$
$$MN^4 + 9N^4 + 10(2n+1)n^3(n+1)^3 + 30n^3(n+1)^3 +$$
$$(30n^2 + 12n + 2)(n+1)(n+1)^2 =$$
$$MN^4 + 9N^4 + 10MN^3 + 30N^3 + (30n^3 + 42n^2 + 14n + 2)(n+1)^2 =$$
$$MN^4 + 9N^4 + 10MN^3 + 30N^3 + [(30n^3 + 15n^2) +$$
$$27n^2 + 14n + 2](n+1)^2 =$$
$$MN^4 + 9N^4 + 10MN^3 + 30N^3 + 15(2n+1)n^2(n+1)^2 +$$
$$27n^2(n+1)^2 + (14n + 2)(n+1)(n+1) =$$
$$MN^4 + 9N^4 + 10MN^3 + 30N^3 + 15MN^2 + 27N^2 +$$
$$(14n^2 + 16n + 2)(n+1) =$$
$$MN^4 + 9N^4 + 10MN^3 + 30N^3 + 15MN^2 + 27N^2 +$$
$$[(14n^2 + 7n) + 9n + 2](n+1) =$$
$$MN^4 + 9N^4 + 10MN^3 + 30N^3 + 15MN^2 + 27N^2 +$$
$$7(2n+1)n(n+1) + 9n(n+1) + (2n+1) + 1 =$$
$$MN^4 + 9N^4 + 10MN^3 + 30N^3 + 15MN^2 + 27N^2 +$$

$$7MN + 9N + M + 1$$

故式(10) 成立. 因而本引理得证.

定理 1 的证明　在引理 1 中取 $m = 1$,我们有

$$(1+1)\sum_{i=1}^{n} i = n(n+1) = N$$

所以得到

$$\sum_{i=1}^{n} i = \frac{N}{2} \tag{11}$$

在引理 1 中取 $m = 2$,且由(3) 及式(11),我们有

$$(2+1)\sum_{i=1}^{n} i^2 = n(n+1)^2 - \sum_{i=1}^{n} i =$$

$$N(n+1) - \frac{1}{2}N =$$

$$N \cdot \frac{M+1}{2} - \frac{1}{2}N = \frac{1}{2}MN$$

所以得到

$$\sum_{i=1}^{n} i^2 = \frac{1}{6}MN \tag{12}$$

在引理 1 中取 $m = 3$,且由式(3) 及(11),(12),我们有

$$(3+1)\sum_{i=1}^{n} i^3 = n(n+1)^3 - \binom{3}{2}\sum_{i=1}^{n} i^2 - \sum_{i=1}^{n} i =$$

$$N(n+1)^2 - \frac{3}{6}MN - \frac{1}{2}N =$$

$$N\left[\frac{1}{2}(2N+M+1) - \frac{1}{2}M - \frac{1}{2}\right] = N^2$$

所以得到

$$\sum_{i=1}^{n} i^3 = \frac{1}{4}N^2 \tag{13}$$

在引理 1 中取 $m = 4$,且由式(4) 及(11) 到式(13) 我们有

$$(4+1)\sum_{i=1}^{n} i^4 = n(n+1)^4 - \binom{4}{2}\sum_{i=1}^{n} i^3 - \binom{4}{3}\sum_{i=1}^{n} i^2 - \sum_{i=1}^{n} i =$$

$$N(n+1)^3 - \frac{6}{4}N^2 - \frac{4}{6}MN - \frac{1}{2}N =$$

$$N\left[\frac{1}{2}(MN+3N+M+1) - \frac{3}{2}N - \frac{2}{3}M - \frac{1}{2}\right] =$$

$$N\left(\frac{1}{2}MN - \frac{1}{6}M\right) =$$

107

$$\frac{1}{6}MN(3N-1)$$

所以得到

$$\sum_{i=1}^{n} i^4 = \frac{1}{30}MN(3N-1) \tag{14}$$

在引理 1 中取 $m=5$，且由式(5)及(11)到(14)，我们有

$$(5+1)\sum_{i=1}^{n} i^5 = n(n+1)^5 - \binom{5}{2}\sum_{i=1}^{n} i^4 - \binom{5}{3}\sum_{i=1}^{n} i^3 -$$

$$\binom{5}{4}\sum_{i=1}^{n} i^2 - \sum_{i=1}^{n} i =$$

$$N(n+1)^4 - \frac{10}{30}MN(3N-1) -$$

$$\frac{10}{4}N^2 - \frac{5}{6}MN - \frac{1}{2}N =$$

$$N\left[\frac{1}{2}(2N^2 + 2MN + 4N + M + 1) -\right.$$

$$\left.\frac{1}{3}M(3N-1) - \frac{5}{2}N - \frac{5}{6}M - \frac{1}{2}\right] =$$

$$N\left(N^2 + MN + 2N + \frac{1}{2}M + \frac{1}{2} - MN - \frac{5}{2}N - \frac{1}{2}M - \frac{1}{2}\right) =$$

$$N\left(N^2 - \frac{1}{2}N\right) =$$

$$\frac{1}{2}N^2(2N-1)$$

所以得到

$$\sum_{i=1}^{n} i^5 = \frac{1}{12}N^2(2N-1) \tag{15}$$

在引理 1 中取 $m=6$，且由式(6)及(11)到(15)，我们有

$$(6+1)\sum_{i=1}^{n} i^6 = n(n+1)^6 - \binom{6}{2}\sum_{i=1}^{n} i^5 - \binom{6}{3}\sum_{i=1}^{n} i^4 -$$

$$\binom{6}{4}\sum_{i=1}^{n} i^3 - \binom{6}{5}\sum_{i=1}^{n} i^2 - \sum_{i=1}^{n} i -$$

$$N(n+1)^5 - \frac{15}{12}N^2(2N-1) -$$

$$\frac{20}{30}MN(3N-1) - \frac{15}{4}N^2 - \frac{6}{6}MN - \frac{1}{2}N =$$

$$N\left[\frac{1}{2}(MN^2 + 5N^2 + 3MN + 5N + M + 1) -\right.$$

$$\frac{5}{2}N^2 - \frac{5}{2}N - \frac{1}{2} - 2MN - \frac{1}{3}M\Big] =$$

$$N\Big(\frac{1}{2}MN^2 - \frac{1}{2}MN + \frac{1}{6}M\Big) =$$

$$\frac{1}{6}MN(3N^2 - 3N + 1)$$

所以得到

$$\sum_{i=1}^{n} i^6 = \frac{1}{42}MN(3N^2 - 3N + 1) \qquad (16)$$

在引理 1 中取 $m = 7$，且由式(7) 及(11) 到(16)，我们有

$$(7+1)\sum_{i=1}^{n} i^7 = n(n+1)^7 - \binom{7}{2}\sum_{i=1}^{n} i^6 - \binom{7}{3}\sum_{i=1}^{n} i^5 -$$

$$\binom{7}{4}\sum_{i=1}^{n} i^4 - \binom{7}{5}\sum_{i=1}^{n} i^3 - \binom{7}{6}\sum_{i=1}^{n} i^2 - \sum_{i=1}^{n} i =$$

$$N(n+1)^6 - \frac{21}{42}MN(3N^2 - 3N + 1) - \frac{35}{12}N^2(2N - 1) -$$

$$\frac{35}{30}MN(3N - 1) - \frac{21}{4}N^2 - \frac{7}{6}MN - \frac{1}{2}N =$$

$$N\Big[\frac{1}{2}(2N^3 + 3MN^2 + 9N^2 + 4MN + 6N + M + 1) -$$

$$\frac{3}{2}MN^2 - 2MN - \frac{1}{2}M - \frac{35}{6}N^2 - \frac{7}{3}N - \frac{1}{2}\Big] =$$

$$N\Big(N^3 - \frac{4}{3}N^2 + \frac{2}{3}N\Big) =$$

$$\frac{1}{3}N^2(3N^2 - 4N + 2)$$

所以得到

$$\sum_{i=1}^{n} i^7 = \frac{1}{24}N^2(3N^2 - 4N + 2) \qquad (17)$$

在引理 1 中取 $m = 8$，且由式(8) 及(11) 到(17)，我们有

$$(8+1)\sum_{i=1}^{n} i^8 = n(n+1)^8 - \binom{8}{2}\sum_{i=1}^{n} i^7 - \binom{8}{3}\sum_{i=1}^{n} i^6 -$$

$$\binom{8}{4}\sum_{i=1}^{n} i^5 - \binom{8}{5}\sum_{i=1}^{n} i^4 - \binom{8}{6}\sum_{i=1}^{n} i^3 -$$

$$\binom{8}{7}\sum_{i=1}^{n} i^2 - \sum_{i=1}^{n} i =$$

$$N(n+1)^7 - \frac{28}{24}N^2(3N^2 - 4N + 2) -$$

$$\frac{56}{42}MN(3N^2-3N+1)-\frac{70}{12}N^2(2N-1)-$$

$$\frac{56}{30}MN(3N-1)-\frac{28}{4}N^2-\frac{8}{6}MN-\frac{1}{2}N=$$

$$N\Big[\frac{1}{2}(MN^3+7N^3+6MN^2+14N^2+5MN+$$

$$7N+M+1)-\frac{7}{2}N^3-7N^2-\frac{7}{2}N-\frac{1}{2}-$$

$$4MN^2-\frac{8}{5}MN-\frac{4}{5}M\Big]=$$

$$N\Big(\frac{1}{2}MN^3-MN^2+\frac{9}{10}MN-\frac{3}{10}M\Big)=$$

$$\frac{1}{10}MN(5N^3-10N^2+9N-3)$$

所以得到

$$\sum_{i=1}^{n}i^8=\frac{1}{90}MN(5N^3-10N^2+9N-3) \tag{18}$$

在引理 1 中取 $m=9$，且由式（9）及（11）到（18），我们有

$$(9+1)\sum_{i=1}^{n}i^9=n(n+1)^9-\binom{9}{2}\sum_{i=1}^{n}i^8-\binom{9}{3}\sum_{i=1}^{n}i^7-$$

$$\binom{9}{4}\sum_{i=1}^{n}i^6-\binom{9}{5}\sum_{i=1}^{n}i^5-\binom{9}{6}\sum_{i=1}^{n}i^4-$$

$$\binom{9}{7}\sum_{i=1}^{n}i^3-\binom{9}{8}\sum_{i=1}^{n}i^2-\sum_{i=1}^{n}i=$$

$$N(n+1)^8-\frac{36}{90}MN(5N^3-10N^2+9N-3)-$$

$$\frac{84}{24}N^2(3N^2-4N+2)-$$

$$\frac{126}{42}MN(3N^2-3N+1)-\frac{126}{12}N^2(2N-1)-$$

$$\frac{84}{30}MN(3N-1)-\frac{36}{4}N^2-\frac{9}{6}MN-\frac{1}{2}N=$$

$$N\Big[\frac{1}{2}(2N^4+4MN^3+16N^3+10MN^2+$$

$$20N^2+6MN+8N+M+1)-2MN^3-$$

$$5MN^2-3MN-\frac{1}{2}M-\frac{21}{2}N^3-7N^2-\frac{11}{2}N-\frac{1}{2}\Big]=$$

$$N\Big(N^4-\frac{5}{2}N^3+3N^2-\frac{3}{2}N\Big)=$$

$$\frac{1}{2}N^2(2N^3-5N^2+6N-3)$$

所以得到

$$\sum_{i=1}^{n}i^9=\frac{1}{20}N^2(2N^3-5N^2+6N-3) \tag{19}$$

在引理 1 中取 $m=10$,且由式(10) 到(19),我们有

$$(10+1)\sum_{i=1}^{n}i^{10}=n(n+1)^{10}-\binom{10}{2}\sum_{i=1}^{n}i^9-\binom{10}{3}\sum_{i=1}^{n}i^8-\binom{10}{4}\sum_{i=1}^{n}i^7-$$

$$\binom{10}{5}\sum_{i=1}^{n}i^6-\binom{10}{6}\sum_{i=1}^{n}i^5-\binom{10}{7}\sum_{i=1}^{n}i^4-\binom{10}{8}\sum_{i=1}^{n}i^3-\binom{10}{9}\sum_{i=1}^{n}i^2-\sum_{i=1}^{n}i=$$

$$N(n+1)^9-\frac{45}{20}N^2(2N^3-5N^2+6N-3)-$$

$$\frac{120}{90}MN(5N^3-10N^2+9N-3)-\frac{210}{24}N^2(3N^2-4N+2)-$$

$$\frac{252}{42}MN(3N^2-3N+1)-\frac{210}{12}N^2(2N-1)-$$

$$\frac{120}{30}MN(3N-1)-\frac{45}{4}N^2-\frac{10}{6}MN-\frac{1}{2}N=$$

$$N\Big[\frac{1}{2}(MN^4+9N^4+10MN^3+30N^3+15MN^2+$$

$$27N^2+7MN+9N+M+1)-\frac{9}{2}N^4-15N^3-$$

$$\frac{27}{2}N^2-\frac{9}{2}N-\frac{1}{2}-\frac{20}{3}MN^3-\frac{14}{3}MN^2-6MN+\frac{1}{3}M\Big]=$$

$$N\Big(\frac{1}{2}MN^4-\frac{5}{3}MN^3+\frac{17}{6}MN^2-\frac{5}{2}MN+\frac{5}{6}M\Big)=$$

$$\frac{1}{6}MN(3N^4-10N^3+17N^2-15N+5)$$

所以得到

$$\sum_{i=1}^{n}i^{10}=\frac{1}{66}MN(3N^4-10N^3+17N^2-15N+5) \tag{20}$$

由式(11) 到(20)知道定理 1 成立.

§3　差　分　表

考虑一个对于所有实数 x 都有定义的函数 $f(x)$,我们把

$$f(0)\quad f(1)\quad f(2)\quad f(3)\quad f(4)\quad f(5)\quad f(6)\quad\cdots$$

叫做第一行.我们令在下一行中的数是由第一行中相邻两个数之差所组成的.
即,$f(1)-f(0),f(2)-f(1),f(3)-f(2),f(4)-f(3),f(5)-f(4),f(6)-f(5),\cdots$,并叫它为第二行.我们令 $\Delta f(x)=f(x+1)-f(x)$,则第二行中的数即为 $\Delta f(x)$ 在 $x=0,1,2,\cdots$ 时所取的数值,我们叫它做 $f(x)$ 的第一次差分.我们令在第三行中的数是由第二行中相邻两个数之差所组成的,并叫它做第三行.我们令

$$\Delta^2 f(x)=\Delta(\Delta f(x))=\Delta f(x+1)-\Delta f(x)$$

由于

$$\Delta f(x+1)=f(x+2)-f(x+1)$$
$$\Delta f(x)=f(x+1)-f(x)$$

而有

$$\Delta^2 f(x)=f(x+2)-2f(x+1)+f(x)$$

故第三行中的数即为 $\Delta^2 f(x)$ 在 $x=0,1,2,\cdots$ 时所取的数值.我们叫它做 $f(x)$ 的第二次差分.当 $k\geqslant 3$ 时,我们令在 $k+1$ 行中的数是由第 k 行中相邻两个数的差所组成的.当 $k\geqslant 3$ 时,我们使用归纳法来定义 $\Delta^k f(x)$ 即为 $\Delta^k f(x)=\Delta^{k-1}f(x+1)-\Delta^{k-1}f(x)$,我们得 $\Delta^k f(x)$ 在 $x=0,1,2,\cdots$ 时所取的数值叫它做 $f(x)$ 的第 k 次差分.我们定义 $\Delta^0 f(x)=f(x)$ 并把 $f(x)$ 在 $x=0,1,2,\cdots$ 时所取的数值叫做 $f(x)$ 的第 0 次差分.我们在书写一个函数的差分表时,当我们写到某一行时,如果这时出现某一行所有的数都是 0,则差分表就只需写到那行为止,这是由于从那行以后所有的行中的数一定都是 0.

例1 函数 $f(x)=2x^2+3x+1$ 的差分表中的第一行是

$$1\quad 6\quad 15\quad 28\quad 45\quad 66\quad 91\quad \cdots$$

这也是 $f(x)$ 的第 0 次差分.又 $f(x)$ 的差分表中的第二行是

$$5\quad 9\quad 13\quad 17\quad 21\quad 25\quad \cdots$$

这也是 $f(x)$ 的第一次差分.又 $f(x)$ 的差分表中的第三行是

$$4\quad 4\quad 4\quad 4\quad 4\quad 4\quad \cdots$$

这也是 $f(x)$ 的第二次差分.又 $f(x)$ 的差分表中的第四行是

$$0\quad 0\quad 0\quad 0\quad 0\quad 0\quad \cdots$$

这也是 $f(x)$ 的第三次差分.又当 $k\geqslant 4$ 时,则 $f(x)$ 的差分表中的第 k 行都是 $0,0,0,\cdots$,即 $2x^2+3x+1$ 的差分表是

$$1\quad 6\quad 15\quad 28\quad 45\quad 66\quad 91\quad \cdots$$
$$5\quad 9\quad 13\quad 17\quad 21\quad 25\quad \cdots$$
$$4\quad 4\quad 4\quad 4\quad 4\quad 4\quad \cdots$$
$$0\quad 0\quad 0\quad 0\quad \cdots$$

在学习差分理论时,我们常要用到下面关于多项式的两个引理,而这两个

引理在高等数学书中都已给过证明了.

引理3 如果 $f(x)$ 是一个多项式并存在有无限多个 x 能使 $f(x)=0$ 成立，则 $f(x)$ 一定是恒等于 0.

引理4 设 $f(x)$ 和 $g(x)$ 是两个多项式而它们的次数都不大于 n，如果存在有 $n+1$ 个不同的数 x 使得 $f(x)=g(x)$，则对于所有的数 x 都有 $f(x)=g(x)$.

推论1 如果两个多项式具有相同的差分表，则这两个多项式应该对于所有的数 x 都相等.

引理5 设 $f(x)=\sum_{k=0}^{n}a_k x^k$ 是一个 n 次的多项式，则 $f(x)$ 的差分表中第 $n+1$ 行应该全部为 0.

证明 我们对 n 使用归纳法来证明本引理. 当 $n=0$ 时则有 $f(x)=a_0$，由于 a_0 是一个常数，故 $f(x)$ 的一次差分全是 0. 现设对于所有次数小于 n 的多项式本引理都能够成立. 即设，对于所有次数为 k（其中 $0 \leqslant k < n$）的多项式，则它的差分表中的 $k+1$ 行全是 0，当我们删去 $f(x)$ 的差分表中的第一行后，则 $f(x)$ 的差分表中余下来的部分也就是 $\Delta f(x)$ 的差分表，于是 $f(x)$ 的差分表中的第 $n+1$ 行相同于 $\Delta f(x)$ 的差分表中的第 n 行. 我们有

$$\Delta f(x)=f(x+1)-f(x)=\sum_{k=0}^{n}a_k(x+1)^k-\sum_{k=0}^{n}a_k x^k=$$
$$\sum_{k=0}^{n}a_k[(x+1)^k-x^k] \tag{21}$$

由二项式定理，我们有

$$(x+1)^k-x^k=\sum_{i=0}^{n}\binom{k}{i}x^i-x^k=\sum_{i=0}^{k-1}\binom{k}{i}x^i \tag{22}$$

由式(21)和(22)，我们知道 $\Delta f(x)$ 是一个次数 $\leqslant n-1$ 的多项式，而由归纳法假设我们知道 $\Delta f(x)$ 的差分表中的第 n 行全是 0，于是 $f(x)$ 的差分表中的第 $n+1$ 行全为 0，故由数学归纳法知道本引理成立.

现在我们来考虑两个函数 $P(x)$ 和 $Q(x)$，令

$$f(x)=P(x)+Q(x)$$

由于

$$f(x+1)-f(x)=[P(x+1)+Q(x+1)]-[P(x)+Q(x)]=$$
$$[P(x+1)-P(x)]+[Q(x+1)-Q(x)]$$

于是我们知道 $f(x)$ 的差分表中的数是由 $P(x)$ 和 $Q(x)$ 的差分表中相应的数相加而得到的. 我们也可以说 $f(x)$ 的差分表是 $P(x)$ 和 $Q(x)$ 的差分表的和. 又如果 c 和 d 是常数而 $g(x)=cP(x)+dQ(x)$，则 $g(x)$ 的差分表是由 $P(x)$ 的差分表中所有的数都乘以 c，而 $Q(x)$ 的差分表中所有的数都乘以 d 然后再把相

应的数相加而得到的.

例如,$P(x) = x^2 + x + 1$ 的差分表是

$$1 \quad 3 \quad 7 \quad 13 \quad 21 \quad 31 \quad 43 \quad \cdots$$
$$2 \quad 4 \quad 6 \quad 8 \quad 10 \quad 12 \quad \cdots$$
$$2 \quad 2 \quad 2 \quad 2 \quad 2 \quad \cdots$$
$$0 \quad 0 \quad 0 \quad 0 \quad \cdots$$

而 $Q(x) = x^2 - x - 2$ 的差分表是

$$-2 \; -2 \quad 0 \quad 4 \quad 10 \quad 18 \quad 28 \quad \cdots$$
$$0 \quad 2 \quad 4 \quad 6 \quad 8 \quad 10 \quad \cdots$$
$$2 \quad 2 \quad 2 \quad 2 \quad 2 \quad \cdots$$
$$0 \quad 0 \quad 0 \quad 0 \quad \cdots$$

令 $g(x) = 5x^2 - x - 4$,则由于 $g(x) = 2P(x) + 3Q(x)$ 而得到 $g(x)$ 的差分表是由 $P(x)$ 的差分表中所有的数都乘以 2 和 $Q(x)$ 的差分表中所有的数都乘以 3 然后再把相应的数加起来而得到的,即有

$$-4 \quad 0 \quad 14 \quad 38 \quad 72 \quad 116 \quad 170 \quad \cdots$$
$$4 \quad 14 \quad 24 \quad 34 \quad 44 \quad 54 \quad \cdots$$
$$10 \quad 10 \quad 10 \quad 10 \quad 10 \quad \cdots$$
$$0 \quad 0 \quad 0 \quad 0 \quad \cdots$$

一般地,我们来考虑 k(其中 $k \geqslant 2$)个函数 $f_1(x), f_2(x), \cdots, f_k(x)$ 和 k 个常数 $c_1, c_2, \cdots, c_k$,令 $f(x) = \sum_{i=1}^{n} c_i f_i(x)$,那么 $f(x)$ 的差分表可由 $f_1(x),$ $f_2(x), \cdots, f_k(x)$ 的差分表使用相似方法而得到的.

我们还应该注意到"一个函数的差分表是由它的左边沿着边缘的那些数所决定的",也就是说 $f(x)$ 的差分表是由 $f(0), \Delta f(0), \Delta^2 f(0), \cdots$ 所决定的.

例 2 请求出下面差分表中的 $a, r, u, w, b, s, v, c, t, d$ 的数值.

$$2 \quad a \quad b \quad c \quad d \quad \cdots$$
$$-1 \quad r \quad s \quad t \quad \cdots$$
$$3 \quad u \quad v \quad \cdots$$
$$0 \quad w \quad \cdots$$
$$0 \quad \cdots$$

解 由于 $a - 2 = -1, r - (-1) = 3, u - 3 = 0, w - 0 = 0$,我们有 $a = 1,$ $r = 2, u = 2, w = 0$;

由于 $b - 1 = b - a = r = 2, s - 2 = s - r = u = 3, v - 3 = v - u = w = 0$,我们有 $b = 3, s = 5, v = 3$;

由于 $c-3=c-b=s=5,t-5=t-s=v=3$ 而得到 $c=8,t=8$；
由于 $d-8=d-c=t=8$ 而得到 $d=16$；于是我们的差分表是

$$
\begin{array}{ccccccc}
2 & 1 & 3 & 8 & 16 & \cdots \\
-1 & 2 & 5 & 8 & \cdots \\
3 & 3 & 3 & \cdots \\
0 & 0 & \cdots \\
0 & \cdots
\end{array}
$$

现在我们来考虑一个 n 次的多项式 $f(x)$，并设它的差分表中的左边边缘是 $c_0,c_1,c_2,\cdots,c_n,0,0,\cdots$. 当 $k=0,1,2,\cdots$ 时，我们令 $f_k(x)$ 是一个多项式而它的差分表中左边边缘是 $0,0,0,\cdots,0,1,0,0,0,\cdots$，而在这个数列中只含有一个 1，其余的数都是 0，又其中 1 是在差分表中的第 $k+1$ 行，则 $\sum_{k=0}^{n} c_k f_k(x)$ 的差分表中的左边边缘应是 $c_0,c_1,c_2,\cdots,c_n,0,0,\cdots$，因而 $f(x)$ 的差分表中的左边边缘完全相同于 $\sum_{k=0}^{n} c_k f_k(x)$ 的差分表中的左边边缘. 由于差分表中左边边缘完全决定了整个差分表. 因而 $f(x)$ 和 $\sum_{k=0}^{n} c_k f_k(x)$ 具有相同的差分表. 于是对于所有的数 x 我们都有

$$
f(x)=\sum_{k=0}^{n} c_k f_k(x) \tag{23}
$$

上式供给我们一种表示式，即使用 $f_0(x),f_1(x),\cdots,f_k(x)$ 来描写 $f(x)$.

定理 2 设 $f(x)$ 是一个 n 次的多项式而它的差分表中左边边缘是 $c_0,c_1,c_2,\cdots,c_n,0,0,\cdots$，则我们有

$$
f(x)=\sum_{k=0}^{n} c_k \binom{x}{k}
$$

证明 我们知道当 $k \geqslant 0$ 时，则 $f_k(x)$ 的差分表中的左边边缘是 $0,0,\cdots,0,1,0,0,\cdots$，在这个数列中只含有一个 1 而其余的数都是 0，又其中 1 是在差分表中的第 $k+1$ 行；由于

$$
\binom{x}{k}=\frac{x(x-1)\cdots(x-k+1)}{k!}
$$

故当 $0 \leqslant n \leqslant k-1$ 时有 $\binom{n}{k}=0$. 又由于 $\binom{x}{k}$ 是一个 k 次的多项式和 $\binom{k}{k}=1$，而得到 $\binom{x}{k}$ 的差分表中左边边缘是 $0,0,\cdots,0,1,0,0,\cdots$，在这个数列中只有第 $k+1$ 项是 1 而其余的数都是 0，因而 $\binom{x}{k}$ 的差分表中的左边边缘完全相同于 $f_k(x)$

的差分表中的左边边缘. 由于差分表中左边边缘完全决定了整个差分表, 因而 $f_k(x)$ 和 $\binom{x}{k}$ 具有相同的差分差, 于是对于所有的数 x 我们都有 $f_k(x) = \binom{x}{k}$, 故当 $k \geqslant 0$ 时, 我们有

$$f_k(x) = \binom{x}{k} \tag{24}$$

由式(23)和(24)我们知道本定理成立.

例 3　请证明

$$x^3 + 2x^2 - 3x + 2 = 6\binom{x}{3} + 10\binom{x}{2} + 2\binom{x}{0}$$

证明　令 $f(x) = x^3 + 2x^2 - 3x + 2$, 则我们有
$$f(0) = 2, f(1) = 2, f(2) = 12, f(3) = 38, f(4) = 86, f(5) = 162$$
于是 $f(x)$ 的差分表是

$$
\begin{array}{ccccccc}
2 & 2 & 12 & 38 & 86 & 162 & \cdots \\
& 0 & 10 & 26 & 48 & 76 & \cdots \\
& & 10 & 16 & 22 & 28 & \cdots \\
& & & 6 & 6 & 6 & \cdots \\
& & & & 0 & 0 & \cdots
\end{array}
$$

由于 $f(x)$ 的次数是 3, 故 $f(x)$ 的差分表中左边边缘是 $2, 0, 10, 6, 0, 0, \cdots$, 故由定理 2, 我们有

$$f(x) = 6\binom{x}{3} + 10\binom{x}{2} + 2\binom{x}{0}$$

因而本例题得证.

引理 6　设 $f(x)$ 是一个 n 次的多项式, 则存在有唯一的常数数列 $a_0, a_1, a_2, \cdots, a_n$ 使得

$$f(x) = \sum_{k=0}^{n} a_k \binom{x}{k} \tag{25}$$

成立.

证明　由定理 2 知道存在有一个常数数列 $a_0, a_1, \cdots, a_n$ 使得式(25)成立. 现设还存在有另外一个常数数列 $b_0, b_1, b_2, \cdots, b_n$ 使得式(25)也成立, 则我们有

$$\sum_{i=0}^{n} (a_k - b_k) \binom{x}{k} = 0 \tag{26}$$

在式(26)中取 $x = 0$ 得到 $a_0 = b_0$, 现在由数学归纳法假设当 $0 \leqslant k \leqslant m$ (其中 $0 \leqslant m < n$) 时, 我们都有 $a_k = b_k$, 式(26)我们得到

$$\sum_{k=m+1}^{n} (a_k - b_k) \binom{x}{k} = 0 \tag{27}$$

在式(27)中取 $x = m+1$，则得到 $a_{m+1} = b_{m+1}$，故由数学归纳法知道当 $0 \leqslant k \leqslant n$ 时，我们都有 $a_k = b_k$，因而本引理得证.

引理 7   对于非负整数 m 和 n，我们都有

$$\sum_{k=0}^{n} \binom{k}{m} = \binom{n+1}{m+1}$$

证明   当 $m = 0$ 时，由于 $\binom{0}{0} = 1 = \binom{1}{1}$ 而有 $\binom{0}{m} = \binom{1}{m}$；当 $m \geqslant 1$ 时则有 $\binom{0}{m} = 0$，$\binom{1}{m+1} = 0$，故当 $m \geqslant 0$ 时，我们有

$$\binom{0}{m} = \binom{1}{m+1} \tag{28}$$

固定一个 m，我们对 n 进行归纳法来证明本引理成立. 当 $n = 0$ 时，则由式(28)知道本引理成立.

现在我们假设当 $0 \leqslant n \leqslant N$ 时本引理都能够成立，则我们有

$$\sum_{k=0}^{N+1} \binom{k}{m} = \sum_{k=0}^{N} \binom{k}{m} + \binom{N+1}{m} =$$

$$\binom{N+1}{m+1} + \binom{N+1}{m} =$$

$$\binom{N+2}{m+1}$$

故本引理对于 $N+1$ 也成立. 因而由数学归纳法知道本引理成立.

定理 3   设 $f(x)$ 是一个 n 次的多项式而它的差分表中左边边缘是 $c_0, c_1, c_2, \cdots, c_n, 0, 0, \cdots$，则对于任一个正整数 M，我们都有

$$\sum_{m=0}^{M} f(m) = \sum_{k=0}^{n} c_k \binom{M+1}{k+1}$$

证明   由定理 2 和引理 7 我们有

$$\sum_{m=0}^{M} f(m) = \sum_{m=0}^{M} \sum_{k=0}^{n} c_k \binom{m}{k} =$$

$$\sum_{k=0}^{n} c_k \sum_{m=0}^{M} \binom{m}{k} =$$

$$\sum_{k=0}^{n} c_k \binom{M+1}{k+1}$$

故本定理成立.

例 4　设 m 是一个正整数,请证明

$$\sum_{k=0}^{m} k^4 = \binom{m+1}{2} + 14\binom{m+1}{3} + 36\binom{m+1}{4} + 24\binom{m+1}{5}$$

证明　设 $f(x) = x^4$,则由于 $f(0) = 0, f(1) = 1, f(2) = 16, f(3) = 81$, $f(4) = 256, f(5) = 625, f(6) = 1\,296$. 从而得 x^4 的差分表

$$
\begin{array}{ccccccc}
0 & 1 & 16 & 81 & 256 & 625 & 1\,296 \quad \cdots \\
& 1 & 15 & 65 & 175 & 369 & 671 \quad \cdots \\
& & 14 & 50 & 110 & 194 & 302 \quad \cdots \\
& & & 36 & 60 & 84 & 108 \quad \cdots \\
& & & & 24 & 24 & 24 \quad \cdots \\
& & & & & 0 & 0 \quad \cdots
\end{array}
$$

由定理 3,我们有

$$\sum_{k=0}^{m} k^4 = \binom{m+1}{2} + 14\binom{m+1}{3} + 36\binom{m+1}{4} + 24\binom{m+1}{5}$$

故本例题得证.

例 5　设 m 是一个正整数,请证明

$$\sum_{k=0}^{m} k^5 = \binom{m+1}{2} + 30\binom{m+1}{3} + 150\binom{m+1}{4} + 240\binom{m+1}{5} + 120\binom{m+1}{6}$$

证明　设 $f(x) = x^5$,则由 $f(0) = 0, f(1) = 1, f(2) = 32, f(3) = 243$, $f(4) = 1\,024, f(5) = 3\,125, f(6) = 7\,776, f(7) = 16\,807, \cdots$ 而得到 x^5 的差分表

$$
\begin{array}{cccccccc}
0 & 1 & 32 & 243 & 1\,024 & 3\,125 & 7\,776 & 16\,087 \quad \cdots \\
& 1 & 31 & 211 & 781 & 2\,101 & 4\,651 & 9\,031 \quad \cdots \\
& & 30 & 180 & 570 & 1\,320 & 2\,550 & 4\,380 \quad \cdots \\
& & & 150 & 390 & 750 & 1\,230 & 1\,830 \quad \cdots \\
& & & & 240 & 360 & 480 & 600 \quad \cdots \\
& & & & & 120 & 120 & 120 \quad \cdots \\
& & & & & & 0 & 0 \quad \cdots
\end{array}
$$

由定理 3,我们有

$$\sum_{k=0}^{m} k^5 = \binom{m+1}{2} + 30\binom{m+1}{3} + 150\binom{m+1}{4} + 240\binom{m+1}{5} + 120\binom{m+1}{6}$$

故本例题得证.

例 6　设 m 是一个正整数,请证明

$$\sum_{k=0}^{m} k^6 = \binom{m+1}{2} + 62\binom{m+1}{3} + 540\binom{m+1}{4} + 1\,560\binom{m+1}{5} +$$

$$1\ 800\binom{m+1}{6}+120\binom{m+1}{7}$$

证明　设 $f(x)=x^6$，则由 $f(0)=0,f(1)=1,f(2)=64,f(3)=729$，$f(4)=4\ 096,f(5)=15\ 625,f(6)=46\ 656,f(7)=117\ 649,f(8)=262\ 144,\cdots$，而得到 x^6 的差分表是

0	1	64	729	4 096	15 625	46 656	117 649	262 144	$\cdots$
	1	63	665	3 367	11 529	31 031	70 993	144 495	$\cdots$
		62	602	2 702	8 162	19 502	39 962	73 502	$\cdots$
			540	2 100	5 460	11 340	20 460	33 540	$\cdots$
				1 560	3 360	5 880	9 120	13 080	$\cdots$
					1 800	2 520	3 240	3 960	$\cdots$
						720	720	720	$\cdots$
							0	0	$\cdots$

由定理 3，我们有

$$\sum_{k=0}^{m}k^6=\binom{m+1}{2}+62\binom{m+1}{3}+540\binom{m+1}{4}+1\ 560\binom{m+1}{5}+$$
$$1\ 800\binom{m+1}{6}+720\binom{m+1}{7}$$

故本例题得证.

例 7　设 m 是一个正整数，试证明

$$\sum_{k=0}^{m}k^7=\binom{m+1}{2}+126\binom{m+1}{3}+1\ 806\binom{m+1}{4}+$$
$$8\ 400\binom{m+1}{5}+16\ 800\binom{m+1}{6}+15\ 120\binom{m+1}{7}+$$
$$5\ 040\binom{m+1}{8}$$

证明　设 $f(x)=x^7,f(0)=0,f(1)=1,f(2)=128,f(3)=2\ 187$，$f(4)=16\ 384,f(5)=78\ 125,f(6)=279\ 936,f(7)=823\ 543,f(8)=2\ 097\ 152,\cdots$ 而得 x^7 的差分表是

0	1	128	2 187	16 384	78 125	279 936	823 543	2 097 152	$\cdots$
	1	127	2 059	14 197	617 41	201 811	543 607	1 273 609	$\cdots$
		126	1 932	12 138	47 544	140 070	341 796	730 002	$\cdots$
			1 806	10 206	35 406	92 526	201 726	388 206	$\cdots$
				8 400	25 200	57 120	109 200	186 480	$\cdots$
					16 800	31 920	52 080	77 280	$\cdots$

119

$$15\ 120 \quad 20\ 160 \quad 25\ 200 \quad \cdots$$
$$5\ 040 \quad 5\ 040 \quad \cdots$$
$$0 \quad \cdots$$

由定理 3,我们有

$$\sum_{k=0}^{m} k^7 = \binom{m+1}{2} + 126\binom{m+1}{3} + 1\ 806\binom{m+1}{4} + 8\ 400\binom{m+1}{5} +$$

$$16\ 800\binom{m+1}{6} + 15\ 120\binom{m+1}{7} + 5\ 040\binom{m+1}{8}$$

故本例题得证.

例 8　设 m 是一个正整数,试证明

$$\sum_{k=0}^{m} k^8 = \binom{m+1}{2} + 254\binom{m+1}{3} + 5\ 796\binom{m+1}{4} +$$

$$40\ 824\binom{m+1}{5} + 126\ 000\binom{m+1}{6} + 191\ 520\binom{m+1}{7} +$$

$$141\ 120\binom{m+1}{8} + 40\ 320\binom{m+1}{9}$$

证明　设 $f(x) = x^8$,由 $f(0) = 0, f(1) = 1, f(2) = 256, f(3) = 6\ 561$, $f(4) = 65\ 536, f(5) = 390\ 625, f(6) = 1\ 679\ 616, f(7) = 5\ 764\ 801, f(8) = 16\ 777\ 216, f(9) = 43\ 046\ 721, \cdots$ 而得 x^8 的差分表是

$$0 \quad 1 \quad 256 \quad 6\ 561 \quad 65\ 536 \quad 390\ 625 \quad 1\ 679\ 616 \quad 5\ 764\ 801 \quad 16\ 777\ 216 \quad 43\ 046\ 721 \quad \cdots$$
$$1 \quad 255 \quad 6\ 305 \quad 58\ 975 \quad 325\ 089 \quad 1\ 288\ 991 \quad 4\ 085\ 185 \quad 11\ 012\ 415 \quad 26\ 269\ 505 \quad \cdots$$
$$254 \quad 6\ 050 \quad 52\ 670 \quad 266\ 114 \quad 963\ 902 \quad 2\ 796\ 194 \quad 6\ 927\ 230 \quad 15\ 257\ 090 \quad \cdots$$
$$5\ 796 \quad 46\ 620 \quad 213\ 444 \quad 697\ 788 \quad 1\ 832\ 292 \quad 4\ 131\ 036 \quad 8\ 329\ 860 \quad \cdots$$
$$40\ 824 \quad 166\ 824 \quad 434\ 344 \quad 1\ 134\ 504 \quad 2\ 298\ 744 \quad 4\ 198\ 824 \quad \cdots$$
$$126\ 000 \quad 317\ 520 \quad 650\ 160 \quad 1\ 164\ 240 \quad 1\ 900\ 080 \quad \cdots$$
$$191\ 520 \quad 332\ 640 \quad 514\ 080 \quad 735\ 840 \quad \cdots$$
$$141\ 120 \quad 181\ 440 \quad 221\ 760 \quad \cdots$$
$$40\ 320 \quad 40\ 320 \quad \cdots$$
$$0 \quad \cdots$$

由定理 3,我们有

$$\sum_{k=0}^{m} k^8 = \binom{m+1}{2} + 254\binom{m+1}{3} + 5\ 796\binom{m+1}{4} +$$

$$40\ 824\binom{m+1}{5} + 126\ 000\binom{m+1}{6} + 191\ 520\binom{m+1}{7} +$$

$$141\ 120\binom{m+1}{8} + 40\ 320\binom{m+1}{9}$$

故本例题得证.

例 9   设 m 是一个正整数,请求出 $\sum\limits_{k=0}^{m} k^9$ 和 $\sum\limits_{k=0}^{m} k^{10}$ 各等于多少?

解   设 $f(x)=x^9$,可以用同样的方法来进行计算,但计算量很大,需要较长时间来进行计算. 现在我们把结果写出来. $f(x)$ 的差分表中左边边缘的各数为 $c_0=0$, $c_1=1$, $c_2=510$, $c_3=18\,150$, $c_4=186\,480$, $c_5=834\,120$, $c_6=1\,905\,120$, $c_7=2\,328\,480$, $c_8=1\,451\,520$, $c_9=362\,880$,故由定理 3,我们有

$$\sum_{k=0}^{m} k^9 = \binom{m+1}{2} + 510\binom{m+1}{3} + 18\,150\binom{m+1}{4} +$$

$$186\,480\binom{m+1}{5} + 834\,120\binom{m+1}{6} + 1\,905\,120\binom{m+1}{7} +$$

$$2\,328\,480\binom{m+1}{8} + 1\,451\,520\binom{m+1}{9} + 362\,880\binom{m+1}{10}$$

设 $g(x)=x^{10}$,也可以用同样的方法来进行计算,但计算量更大,需要更长的时间来进行计算. 我们也把计算的结果写出来. $g(x)$ 的差分表中左边边缘的各数为 $c_0=0$, $c_1=1$, $c_2=1\,022$, $c_3=55\,980$, $c_4=818\,520$, $c_5=5\,103\,000$, $c_6=16\,435\,440$, $c_7=29\,635\,200$, $c_8=30\,240\,000$, $c_9=16\,329\,600$, $c_{10}=3\,628\,800$,故由定理 3,我们有

$$\sum_{k=0}^{m} k^{10} = \binom{m+1}{2} + 1\,022\binom{m+1}{3} + 55\,980\binom{m+1}{4} +$$

$$818\,520\binom{m+1}{5} + 5\,103\,000\binom{m+1}{6} +$$

$$16\,435\,440\binom{m+1}{7} + 29\,635\,200\binom{m+1}{8} +$$

$$30\,240\,000\binom{m+1}{9} + 16\,329\,600\binom{m+1}{10} +$$

$$3\,628\,800\binom{m+1}{11}$$

故本例题得解.

§4   我们的新计算方法

定理 4   设 n 和 x 都是正整数,又设

$$x^n = \sum_{l=0}^{n} c(n,l) \binom{x}{l} \tag{29}$$

其中 $c(n,l)$ 是一个与 n 和 l 都有关的常数,则我们有

$$c(n,0)=0, c(n,1)=1, c(n,n)=n! \qquad (30)$$

又当 $1 \leqslant l \leqslant n-1$ 时,则我们有

$$c(n,l)=l[c(n-1,l)+c(n-1,l-1)] \qquad (31)$$

证明 由于 $\binom{0}{0}=1$,式(29) 和当 $l \geqslant 1$ 时有 $\binom{0}{l}=0$ 而得到

$$0=0^n=\sum_{l=0}^n c(n,l)\binom{0}{l}=c(n,0)$$

故我们有

$$c(n,0)=0 \qquad (32)$$

由于 $\binom{1}{0}=1$, $\binom{1}{1}=1$,式(29) 和当 $l \geqslant 2$ 时,有 $\binom{1}{l}=0$ 而得到 $1=1^n=$

$\sum_{l=0}^n c(n,l)\binom{1}{l}=c(n,0)+c(n,1)$,故由式(32) 我们有

$$c(n,1)=1 \qquad (33)$$

当 $1 \leqslant l \leqslant n-1$ 时,由式(29) 和(32),我们有

$$\sum_{l=1}^n c(n,l)\binom{x}{l}=\sum_{l=0}^n c(n,l)\binom{x}{l}=x^n=x \cdot x^{n-1}=$$

$$x\sum_{l=0}^{n-1} c(n-1,l)\binom{x}{l}=\sum_{l=0}^{n-1} c(n-1,l)x\binom{x}{l}=$$

$$\sum_{l=0}^{n-1} c(n-1,l)(l+x-l)\binom{x}{l}=$$

$$\sum_{l=0}^{n-1} lc(n-1,l)\binom{x}{l}+\sum_{l=0}^{n-1} c(n-1,l)(x-l)\binom{x}{l}=$$

$$0+\sum_{l=1}^{n-1} lc(n-1,l)\binom{x}{l}+$$

$$\sum_{l=0}^{n-1} (l+1)c(n-1,l)\frac{x-l}{l+1}\binom{x}{l}=$$

$$\sum_{l=1}^{n-1} lc(n-1,l)\binom{x}{l}+\sum_{l=0}^{n-1} (l+1)c(n-1,l)\binom{x}{l+1}=$$

$$\sum_{l=1}^{n-1} lc(n-1,l)\binom{x}{l}+\sum_{l=1}^n lc(n-1,l-1)\binom{x}{l}=$$

$$\sum_{l=1}^{n-1} lc(n-1,l)\binom{x}{l}+\sum_{l=1}^{n-1} lc(n-1,l-1)\binom{x}{l}+$$

$$nc(n-1,n-1)\binom{x}{n}=$$

$$\sum_{l=1}^{n-1} l[c(n-1,l)+c(n-1,l-1)]\binom{x}{l}+$$

$$nc(n-1,n-1)\binom{x}{n} \tag{34}$$

比较式(34)两边就得到

$$c(n,n)=nc(n-1,n-1) \tag{35}$$

当 $1 \leqslant l \leqslant n-1$ 时,比较式(34)的两边我们有

$$c(n,l)=l[c(n-1,l)+c(n-1,l-1)] \tag{36}$$

由式(33)和反复用式(35)我们有

$$c(n,n)=n(n-1)c(n-2,n-2)=\cdots=$$

$$n(n-1)\cdots 2c(1,1)=n! \tag{37}$$

故由式(32),(33),(37)我们知道式(30)成立,由式(36)知道式(31)成立,所以本定理得证.

定理 5　设 m 和 n 都是正整数,则有

$$\sum_{k=1}^{m} k^n = \sum_{l=1}^{n} c(n,l)\binom{m+1}{l+1} \tag{38}$$

证明　由式(29),(30)和引理 7,我们有

$$\sum_{k=1}^{m} k^n = \sum_{k=1}^{m}\sum_{l=0}^{n} c(n,l)\binom{k}{l}=$$

$$\sum_{k=1}^{m}\sum_{l=1}^{n} c(n,l)\binom{k}{l}=$$

$$\sum_{l=1}^{n} c(n,l)\sum_{k=1}^{m}\binom{k}{l}=$$

$$\sum_{l=1}^{n} c(n,l)\binom{m+1}{l+1}$$

因而本定理得证.

现在我们利用上面的结果来求 $1 \leqslant n \leqslant 10$ 时,$\sum_{k=1}^{m} k^n$ 的公式.

在式(38)中取 $n=1$,并由式(30),我们有

$$\sum_{k=1}^{m} k = c(1,1)\binom{m+1}{2}=\binom{m+1}{2} \tag{39}$$

在式(38)中取 $n=2$,并由式(30),我们有

$$\sum_{k=1}^{m} k^2 = c(2,1)\binom{m+1}{2}+c(2,2)\binom{m+1}{3}=$$

$$\binom{m+1}{2}+2\binom{m+1}{3} \tag{40}$$

在式(38)中取 $n=3$,并由式(30) 和(31),我们有

$$\sum_{k=1}^{m} k^3 = c(3,1)\binom{m+1}{2} + c(3,2)\binom{m+1}{3} + c(3,3)\binom{m+1}{4} =$$

$$\binom{m+1}{2} + 2[c(2,1) + c(2,2)]\binom{m+1}{3} + 6\binom{m+1}{4} =$$

$$\binom{m+1}{2} + 2(1+2)\binom{m+1}{3} + 6\binom{m+1}{4} =$$

$$\binom{m+1}{2} + 6\binom{m+1}{3} + 6\binom{m+1}{4} \tag{41}$$

在式(38) 中取 $n=4$,并由式(30),(31),(41) 我们有

$$\sum_{k=1}^{m} k^4 = c(4,1)\binom{m+1}{2} + c(4,2)\binom{m+1}{3} + c(4,3)\binom{m+1}{4} + c(4,4)\binom{m+1}{5} =$$

$$\binom{m+1}{2} + 2[c(3,1) + c(3,2)]\binom{m+1}{3} +$$

$$3[c(3,2) + c(3,3)]\binom{m+1}{4} + 4!\binom{m+1}{5} =$$

$$\binom{m+1}{2} + 2(1+6)\binom{m+1}{3} + 3(6+6)\binom{m+1}{4} + 24\binom{m+1}{5} =$$

$$\binom{m+1}{2} + 14\binom{m+1}{3} + 36\binom{m+1}{4} + 24\binom{m+1}{5} \tag{42}$$

在式(38) 中取 $n=5$,并由式(30),(31),(42) 我们有

$$\sum_{k=1}^{m} k^5 = c(5,1)\binom{m+1}{2} + c(5,2)\binom{m+1}{3} + c(5,3)\binom{m+1}{4} +$$

$$c(5,4)\binom{m+1}{5} + c(5,5)\binom{m+1}{6} =$$

$$\binom{m+1}{2} + 2[c(4,1) + c(4,2)]\binom{m+1}{3} +$$

$$3[c(4,2) + c(4,3)]\binom{m+1}{4} +$$

$$4[c(4,3) + c(4,4)]\binom{m+1}{5} + 5!\binom{m+1}{6} =$$

$$\binom{m+1}{2} + 2(1+14)\binom{m+1}{3} + 3(14+36)\binom{m+1}{4} +$$

$$4(36+24)\binom{m+1}{5} + 5 \times 24\binom{m+1}{6} =$$

$$\binom{m+1}{2}+30\binom{m+1}{3}+150\binom{m+1}{4}+240\binom{m+1}{5}+120\binom{m+1}{6}$$

$$(43)$$

在式(38)中取 $n=6$,并由式(30),(31),(43),我们有

$$\sum_{k=1}^{m}k^6=c(6,1)\binom{m+1}{2}+c(6,2)\binom{m+1}{3}+c(6,3)\binom{m+1}{4}+$$

$$c(6,4)\binom{m+1}{5}+c(6,5)\binom{m+1}{6}+c(6,6)\binom{m+1}{7}=$$

$$\binom{m+1}{2}+2[c(5,1)+c(5,2)]\binom{m+1}{3}+$$

$$3[c(5,2)+c(5,3)]\binom{m+1}{4}+4[c(5,3)+c(5,4)]\binom{m+1}{5}+$$

$$5[c(5,4)+c(5,5)]\binom{m+1}{6}+6!\binom{m+1}{7}=$$

$$\binom{m+1}{2}+2(1+30)\binom{m+1}{3}+3(30+150)\binom{m+1}{4}+$$

$$4(150+240)\binom{m+1}{5}+5(240+120)\binom{m+1}{6}+$$

$$6\times120\binom{m+1}{7}=$$

$$\binom{m+1}{2}+62\binom{m+1}{3}+540\binom{m+1}{4}+1\,560\binom{m+1}{5}+$$

$$1\,800\binom{m+1}{6}+720\binom{m+1}{7}$$

在式(38)中取 $n=7$,并由式(30),(31),(44),我们有

$$\sum_{k=1}^{m}k^7=c(7,1)\binom{m+1}{2}+c(7,2)\binom{m+1}{3}+c(7,3)\binom{m+1}{4}+$$

$$c(7,4)\binom{m+1}{5}+c(7,5)\binom{m+1}{6}+$$

$$c(7,6)\binom{m+1}{7}+c(7,7)\binom{m+1}{8}=$$

$$\binom{m+1}{2}+2[c(6,1)+c(6,2)]\binom{m+1}{3}+$$

$$3[c(6,2)+c(6,3)]\binom{m+1}{4}+$$

$$4[c(6,3)+c(6,4)]\binom{m+1}{5}+$$

$$5[c(6,4)+c(6,5)]\binom{m+1}{6}+$$

$$6[c(6,5)+c(6,6)]\binom{m+1}{7}+7!\binom{m+1}{8}=$$

$$\binom{m+1}{2}+2(1+62)\binom{m+1}{3}+3(62+540)\binom{m+1}{4}+$$

$$4(540+1\ 560)\binom{m+1}{5}+5(1\ 560+1\ 800)\binom{m+1}{6}+$$

$$6(1\ 800+720)\binom{m+1}{7}+7\times720\binom{m+1}{8}=$$

$$\binom{m+1}{2}+126\binom{m+1}{3}+1\ 806\binom{m+1}{4}+8\ 400\binom{m+1}{5}+$$

$$16\ 800\binom{m+1}{6}+15\ 120\binom{m+1}{7}+5\ 040\binom{m+1}{8} \tag{45}$$

在式(38)中取 $n=8$,并由式(30),(31),(45),我们有

$$\sum_{k=1}^{m}k^8=c(8,1)\binom{m+1}{2}+c(8,2)\binom{m+1}{3}+c(8,3)\binom{m+1}{4}+$$

$$c(8,4)\binom{m+1}{5}+c(8,5)\binom{m+1}{6}+c(8,6)\binom{m+1}{7}+$$

$$c(8,7)\binom{m+1}{8}+c(8,8)\binom{m+1}{9}=$$

$$\binom{m+1}{2}+2[c(7,1)+c(7,2)]\binom{m+1}{3}+$$

$$3[c(7,2)+c(7,3)]\binom{m+1}{4}+$$

$$4[c(7,3)+c(7,4)]\binom{m+1}{5}+$$

$$5[c(7,4)+c(7,5)]\binom{m+1}{6}+$$

$$6[c(7,5)+c(7,6)]\binom{m+1}{7}+$$

$$7[c(7,6)+c(7,7)]\binom{m+1}{8}+8!\binom{m+1}{9}=$$

$$\binom{m+1}{2}+2(1+126)\binom{m+1}{3}+3(126+1\ 806)\binom{m+1}{4}+$$

$$4(1\ 806+8\ 400)\binom{m+1}{5}+5(8\ 400+16\ 800)\binom{m+1}{6}+$$

$$6(16\ 800+15\ 120)\binom{m+1}{7}+7(15\ 120+5\ 040)\binom{m+1}{8}+$$

$$8\times5\ 040\binom{m+1}{9}=$$

$$\binom{m+1}{2}+254\binom{m+1}{3}+5\ 796\binom{m+1}{4}+40\ 824\binom{m+1}{5}+$$

$$126\ 000\binom{m+1}{6}+191\ 520\binom{m+1}{7}+141\ 120\binom{m+1}{8}+$$

$$40\ 320\binom{m+1}{9} \tag{46}$$

在式(38) 中取 $n=9$,并由式(30),(31),(46) 我们有

$$\sum_{k=1}^{m}k^9=c(9,1)\binom{m+1}{2}+c(9,2)\binom{m+1}{3}+c(9,3)\binom{m+1}{4}+$$

$$c(9,4)\binom{m+1}{5}+c(9,5)\binom{m+1}{6}+c(9,6)\binom{m+1}{7}+$$

$$c(9,7)\binom{m+1}{8}+c(9,8)\binom{m+1}{9}+c(9,9)\binom{m+1}{10}=$$

$$\binom{m+1}{2}+2[c(8,1)+c(8,2)]\binom{m+1}{3}+$$

$$3[c(8,2)+c(8,3)]\binom{m+1}{4}+$$

$$4[c(8,3)+c(8,4)]\binom{m+1}{5}+$$

$$5[c(8,4)+c(8,5)]\binom{m+1}{6}+$$

$$6[c(8,5)+c(8,6)]\binom{m+1}{7}+$$

$$7[c(8,6)+c(8,7)]\binom{m+1}{8}+$$

$$8[c(8,7)+c(8,8)]\binom{m+1}{9}+9!\binom{m+1}{10}=$$

$$\binom{m+1}{2} + 2(1+254)\binom{m+1}{3} + 3(254+5\ 796)\binom{m+1}{4} +$$

$$4(5\ 796+40\ 824)\binom{m+1}{5} +$$

$$5(40\ 824+126\ 000)\binom{m+1}{6} +$$

$$6(126\ 000+191\ 520)\binom{m+1}{7} +$$

$$7(191\ 520+141\ 120)\binom{m+1}{8} +$$

$$8(141\ 120+40\ 320)\binom{m+1}{9} +$$

$$9 \times 40\ 320\binom{m+1}{10} =$$

$$\binom{m+1}{2} + 510\binom{m+1}{3} + 18\ 150\binom{m+1}{4} +$$

$$186\ 480\binom{m+1}{5} + 834\ 120\binom{m+1}{6} +$$

$$1\ 905\ 120\binom{m+1}{7} + 2\ 328\ 480\binom{m+1}{8} +$$

$$1\ 451\ 520\binom{m+1}{9} + 362\ 880\binom{m+1}{10} \tag{47}$$

在式(38)中取 $n=10$,并由式(30),(31),(47),我们有

$$\sum_{k=1}^{m}k^{10} = c(10,1)\binom{m+1}{2} + c(10,2)\binom{m+1}{3} +$$

$$c(10,3)\binom{m+1}{4} + c(10,4)\binom{m+1}{5} +$$

$$c(10,5)\binom{m+1}{6} + c(10,6)\binom{m+1}{7} +$$

$$c(10,7)\binom{m+1}{8} + c(10,8)\binom{m+1}{9} +$$

$$c(10,9)\binom{m+1}{10} + c(10,10)\binom{m+1}{11} =$$

$$\binom{m+1}{2} + 2[c(9,1)+c(9,2)]\binom{m+1}{3} +$$

$$3[c(9,2)+c(9,3)]\binom{m+1}{4}+$$

$$4[c(9,3)+c(9,4)]\binom{m+1}{5}+$$

$$5[c(9,4)+c(9,5)]\binom{m+1}{6}+$$

$$6[c(9,5)+c(9,6)]\binom{m+1}{7}+$$

$$7[c(9,6)+c(9,7)]\binom{m+1}{8}+$$

$$8[c(9,7)+c(9,8)]\binom{m+1}{9}+$$

$$9[c(9,8)+c(9,9)]\binom{m+1}{10}+10!\ \binom{m+1}{11}=$$

$$\binom{m+1}{2}+2(1+510)\binom{m+1}{3}+$$

$$3(510+18\ 150)\binom{m+1}{4}+$$

$$4(18\ 150+186\ 480)\binom{m+1}{5}+$$

$$5(186\ 480+834\ 120)\binom{m+1}{6}+$$

$$6(834\ 120+1\ 905\ 120)\binom{m+1}{7}+$$

$$7(1\ 905\ 120+2\ 328\ 480)\binom{m+1}{8}+$$

$$8(2\ 328\ 480+1\ 451\ 520)\binom{m+1}{9}+$$

$$9(1\ 451\ 520+362\ 880)\binom{m+1}{10}+$$

$$10\times362\ 880\binom{m+1}{11}=$$

$$\binom{m+1}{2}+1\ 022\binom{m+1}{3}+55\ 980\binom{m+1}{4}+$$

$$818\ 520\binom{m+1}{5}+5\ 103\ 000\binom{m+1}{6}+$$

$$16\ 435\ 440\binom{m+1}{7}+29\ 635\ 200\binom{m+1}{8}+$$

$$30\ 240\ 000\binom{m+1}{9}+16\ 329\ 600\binom{m+1}{10}+$$

$$3\ 628\ 800\binom{m+1}{11} \tag{48}$$

习　　题

1. 当 $n\geqslant 1$ 和 $m\geqslant 1$ 时,令 $\bar{n}=n(n+1)$ 而 $S_m(n)=\sum_{k=1}^{n}k^m$,又令

$$f_3(x)=1,f_5(x)=\frac{2x-1}{3},f_7(x)=\frac{3x^2-4x+2}{6}$$

$$f_9(x)=\frac{2x^3-5x^2+6x-3}{5}$$

$$f_{11}(x)=\frac{2x^4-8x^3+17x^2-20x+10}{6} \tag{49}$$

则当 $1\leqslant l\leqslant 5$ 时我们有

$$S_{2l+1}(n)=\frac{\bar{n}^2 f_{2l+1}(\bar{n})}{4}$$

2. 当 $n\geqslant 1$ 和 $m\geqslant 1$ 时,令 $\bar{n}=n(n+1)$ 而 $S_m(n)=\sum_{k=1}^{n}k^m$,又令

$$f_2(x)=1,f_4(x)=\frac{3x-1}{5},f_6(x)=\frac{3x^2-3x+1}{7}$$

$$f_8(x)=\frac{5x^3-10x^2+9x-3}{15} \tag{50}$$

$$f_{10}(x)=\frac{3x^4-10x^3+17x^2-15x+5}{11}$$

则当 $1\leqslant l\leqslant 5$ 时我们有

$$S_{2l}(n)=\frac{(2n+1)\bar{n}f_{2l}(\bar{n})}{6}$$

3. 当 $n\geqslant 1$ 时,令 $\bar{n}=n(n+1)$ 而 $S_m(n)=\sum_{k=1}^{n}k^m$,又令

$$f_{13}(x)=\frac{30x^5-175x^4+574x^3-1\ 180x^2+1\ 382x-691}{105}$$

$$f_{15}(x)=\frac{3x^6-24x^5+112x^4-352x^3+718x^2-840x+420}{12} \tag{51}$$

则当 $6 \leqslant l \leqslant 7$ 时我们有

$$S_{2l+1}(n) = \frac{\overline{n}^2 f_{2l+1}(\overline{n})}{4}$$

4. 当 $n \geqslant 1$ 时，令 $\overline{n} = n(n+1)$，而 $S_m(n) = \sum_{k=1}^{n} k^m$ 又令

$$f_{12}(x) = \frac{105x^5 - 525x^4 + 1\ 435x^3 - 2\ 360x^2 + 2\ 073x - 691}{455} \quad (52)$$

$$f_{14}(x) = \frac{3x^6 - 21x^5 + 84x^4 - 220x^3 + 359x^2 - 315x + 105}{15}$$

则当 $6 \leqslant l \leqslant 7$ 时我们有

$$S_{2l}(n) = \frac{(2n+1)\overline{n}^1 f_{2l}(\overline{n})}{6}$$

5. 当 $n \geqslant 1$ 时，令 $\overline{n} = n(n+1)$，而 $S_m(n) = \sum_{k=1}^{n} k^m$ 又令

$$f_{16}(x) = \frac{1}{85}(15x^7 - 140x^6 + 770x^5 - 2\ 930x^4 + 7\ 595x^3 -$$

$$12\ 370x^2 + 10\ 851x - 3\ 617) \quad (53)$$

则当 $m = 16$ 时我们有

$$S_{16}(n) = \frac{(2n+1)\overline{n} f_{16}(\overline{n})}{6}$$

6. 当 $n \geqslant 1$ 时，令 $\overline{n} = n(n+1)$ 而 $S_m(n) = \sum_{k=1}^{n} k^m$ 又令

$$f_{17}(x) = \frac{1}{45}(10x^7 - 105x^6 + 660x^5 - 2\ 930x^4 + 9\ 114x^3 -$$

$$18\ 555x^2 + 21\ 702x - 10\ 851) \quad (54)$$

则当 $m = 17$ 时我们有

$$S_{17}(n) = \frac{\overline{n}^2 f_{17}(\overline{n})}{4}$$

131

第一章

$1.$ 证明:我们将使用反证法来证明本习题.

假设存在有二阶魔术方阵,设其如下

a_1	a_2
a_3	a_4

则由二阶魔术方阵的定义,a_1,a_2,a_3,a_4 应该满足下面的条件:$1 \leqslant a_i \leqslant 4$(其中 $i=1,2,3,4$),且当 $i \neq j$ 时 $a_i \neq a_j$(其中 $i,j=1,2,3,4$),又应有

$$a_1 + a_2 = a_3 + a_4 \tag{1}$$

$$a_1 + a_3 = a_2 + a_4 \tag{2}$$

将式(1)的两边分别减去式(2)的两边,我们有

$$a_2 - a_3 = a_3 - a_2$$

即是

$$a_2 = a_3$$

这与 $a_2 \neq a_3$ 发生矛盾,故不存在有二阶魔术方阵.因而本习题得证.

2.证明:由三阶魔术方阵的定义,这九个数是 $1,2,3,\cdots,9$.其和为 $1+2+$

$3+\cdots+9=\dfrac{9(9+1)}{2}=45$.将 $1,2,3,\cdots,9$ 这九个数排成三行,每行三个数,但

每行中的三个数的和一定都是相等的,所以每行中的三个数的和为 $\dfrac{45}{3}=15$.

我们首先看一下 1 和 9 能不能放在方阵的中间.若把 1 居中,剩下来的八个数都在 1 的周围,则 2 一定与 1 处于同一行(或同一列或同一条对角线)里,但 $1+2=3$,因而与它们处于同一行(或同一列或同一条对角线)的另一个数应为 $15-3=12$,而三阶魔术方阵中没有 12 这个数,所以 1 不能居中.又若把 9 居中,则剩下来的八个数应置于它的周围,则 8 一定要与 9 处于同一行(或同一列或同一条对角线)里,但 $8+9=17$,这已经超过 15,因而 9 也不能居中.

现在我们设 a 居中(其中 $2\leqslant a\leqslant 8$),则剩下来的八个数都应在它的周围,因为 $a\neq 9$,所以我们可以取出 9 来,9 一定与 a 排在同一行(或同一列或同一条对角线),我们又设与 9 和 a 在同一行(或同一列或同一条对角线)的另一个数为 b(其中 $1\leqslant b\leqslant 8$),则应有

$$15=9+a+b\geqslant 9+a+1=10+a$$

即是

$$a\leqslant 5 \tag{3}$$

另一方面,当 a 居中时,因为 $a\neq 1$,所以我们又可以取出 1 来,它一定与 a 处于同一行(或同一列或同一条对角线),我们设与 1 和 a 处于同一行(或同一列或同一条对角线)的另一个数为 c(其中 $2\leqslant c\leqslant 9$),则应有

$$15=1+a+c\leqslant 1+a+9=10+a$$

即是

$$a\geqslant 5 \tag{4}$$

由式(3)和(4),我们立即得到 $a=5$.故本习题得证.

3.解:我们设四阶魔术方阵为

a_{11}	a_{12}	a_{13}	a_{14}
a_{21}	a_{22}	a_{23}	a_{24}
a_{31}	a_{32}	a_{33}	a_{34}
a_{41}	a_{42}	a_{43}	a_{44}

由四阶魔术方阵的定义,应该有 $1\leqslant a_{ij}\leqslant 16$(其中 $i,j=1,2,3,4$),并且每一行(或每一列或每一条对角线)上的四个数的和为

$$\frac{1+2+3+\cdots+16}{4}=\frac{\dfrac{16(16+1)}{2}}{4}=\frac{16\times 17}{8}=34$$

现在我们假设存在有本习题所给出的形式的四阶魔术方阵，即若有 $a_{11} = 2, a_{12} = 3, a_{21} = 4$，则我们有

$$2 + 3 + a_{13} + a_{14} = 34$$

和

$$2 + 4 + a_{31} + a_{41} = 34$$

即是

$$a_{13} + a_{14} = 29 \tag{5}$$

$$a_{31} + a_{41} = 28 \tag{6}$$

在 1 到 16 这十六个数中，两数（其中这两数是不同的）之和等于 29 的有

(i) $13 + 16$ 或 $14 + 15$

在 1 到 16 这十六个数中，两数（其中这两数是不同的）之和等于 28 的有

(ii) $12 + 16$ 或 $13 + 15$

但 $a_{13}, a_{14}, a_{31}, a_{41}$ 这四个数两两都不相等，因而在式(i)中出现了的数不能在式(ii)中也出现，否则例如 a_{13}, a_{14} 取 13 和 16，而 a_{31} 和 a_{41} 取 12 和 16，则出现 $a_{14} = 16 = a_{41}$，这与 $a_{14} \neq a_{41}$ 矛盾。因此 $a_{13}, a_{14}, a_{31}, a_{41}$ 取数的可能只有 a_{13} 和 a_{14} 取 14 和 15（或 15 和 14），a_{31} 和 a_{41} 取 12 和 16（或 16 和 12）。

由于 2,3,4,14,15,12,16 都被取为 a_{11}, a_{12}, a_{21} 和 $a_{13}, a_{14}, a_{31}, a_{41}$，因而从 1 到 16 这十六个数中只剩下 1,5,6,7,8,9,10,11,13 这九个数了，其中最大的两个数之和为 $11 + 13 = 24$。

现在我们来证明 a_{23} 和 a_{32} 都不能够取为 1。否则，若 a_{23} 取为 1，则有

$$a_{21} + a_{22} + a_{23} + a_{24} = 4 + a_{22} + 1 + a_{24} = 5 + a_{22} + a_{24} = 34$$

即

$$a_{22} + a_{24} = 34 - 5 = 29$$

这与剩下的数中最大的两个数之和为 24 矛盾，所以 a_{23} 不能取 1。又若 a_{32} 取为 1，则有

$$a_{12} + a_{22} + a_{32} + a_{42} = 3 + a_{22} + 1 + a_{42} = 4 + a_{22} + a_{42} = 34$$

即

$$a_{22} + a_{42} = 34 - 4 = 30$$

这也与剩下的数中最大两个数的和为 24 矛盾，所以 a_{32} 也不能取为 1。因而 a_{23} 和 a_{32} 只能取 5,6,7,8,9,10,11,13 这八个数中的两个数，故有

$$a_{23} + a_{32} \geqslant 5 + 6 = 11$$

又由于 $a_{41} \geqslant 14, a_{14} \geqslant 12, a_{23} + a_{32} \geqslant 11$，所以我们有

$$a_{41} + a_{32} + a_{23} + a_{14} \geqslant 14 + 11 + 12 = 37$$

这与四阶魔术方阵的对角线上的四个数之和应为 34 发生矛盾，所以不存在有本习题中给出的形式的四阶魔术方阵。本习题解完。

4. 解：我们在四十九个小方格的上面写上从 1 开始到 49，然后我们根据杨辉的"九子斜排"改成"四十九子斜排"，就得到图 1。在图 1 中居上的有 1,8,2,15,9,3，居下的有 47,41,35,48,42,49。然后再根据杨辉的"上下对易"，把 1 调

到 33 的上面,把 8 调到 40 的上面,把 2 调到 34 的上面,把 15 调到 47 的上面,把 9 调到 41 的上面,把 3 调到 35 的上面,就得到图 2.

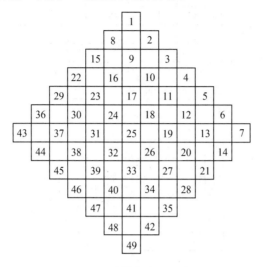

图 1

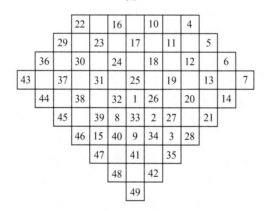

图 2

然后再把图 2 中居下的调到上面去,把 47 调到 23 的上面,把 41 调到 17 的上面,把 35 调到 11 的上面,把 48 调到 24 的上面,把 42 调到 18 的上面,把 49 调到 25 的上面,这样就得到图 3.

最后我们来进行"左右相更",居左的有 29,36,43,37,44,45,居右的有 5, 6,7,13,14,21. 现在我们把居左的 29 调到 11 的右边去,把 36 调到 18 的右边去,把 43 调到 25 的右边去,把 37 调到 19 的右边,把 44 调到 26 的右边,把 45 调到 27 的右边,这样就得到图 4.

然后再把图 4 中居右的调到左边去,把 5 调到 23 的左边. 把 6 调到 24 的左边,把 7 调到 25 的左边,把 13 调到 31 的左边去,把 14 调到 32 的左边去,把 21

图 3

图 4

调到 39 的左边去,这样就得到图 5.

在图 5 中,由于

$$22+47+16+41+10+35+4=175$$
$$5+23+48+17+42+11+29=175$$
$$30+6+24+49+18+36+12=175$$
$$13+31+7+25+43+19+37=175$$
$$38+14+32+1+26+44+20=175$$
$$21+39+8+33+2+27+45=175$$
$$46+15+40+9+34+3+28=175$$
$$22+5+30+13+38+21+46=175$$
$$47+23+6+31+14+39+15=175$$
$$16+48+24+7+32+8+40=175$$
$$41+17+49+25+1+33+9=175$$
$$10+42+18+43+26+2+34=175$$
$$35+11+36+19+44+27+3=175$$
$$4+29+12+37+20+45+28=175$$
$$22+23+24+25+26+27+28=175$$
$$4+11+18+25+32+39+46=175$$

所以图 5 就是一个七阶的魔术方阵.

22	47	16	41	10	35	4
5	23	48	17	42	11	29
30	6	24	49	18	36	12
13	31	7	25	43	19	37
38	14	32	1	26	44	20
21	39	8	33	2	27	45
46	15	40	9	34	3	28

图 5

5. 证明:由于

$$64+2+3+61+60+6+7+57=260$$
$$9+55+54+12+13+51+50+16=260$$
$$17+47+46+20+21+43+42+24=260$$
$$40+26+27+37+36+30+31+33=260$$
$$32+34+35+29+28+38+39+25=260$$
$$41+23+22+44+45+19+18+48=260$$
$$49+15+14+52+53+11+10+56=260$$
$$8+58+59+5+4+62+63+1=260$$
$$64+9+17+40+32+41+49+8=260$$
$$2+55+47+26+34+23+15+58=260$$
$$3+54+46+27+35+22+14+59=260$$
$$61+12+20+37+29+44+52+5=260$$
$$60+13+21+36+28+45+53+4=260$$
$$6+51+43+30+38+19+11+62=260$$
$$7+50+42+31+39+18+10+63=260$$
$$57+16+24+33+25+48+56+1=260$$
$$64+55+46+37+28+19+10+1=260$$
$$57+50+43+36+29+22+15+8=260$$

所以本习题中给出的图是一个八阶魔术方阵.

6. 证明:由于

$$47+58+69+80+1+12+23+34+45=369$$
$$57+68+79+9+11+22+33+44+46=369$$
$$67+78+8+10+21+32+43+54+56=369$$
$$77+7+18+20+31+42+53+55+66=369$$
$$6+17+19+30+41+52+63+65+76=369$$
$$16+27+29+40+51+62+64+75+5=369$$
$$26+28+39+50+61+72+74+4+15=369$$

$$36+38+49+60+71+73+3+14+25=369$$
$$37+48+59+70+81+2+13+24+35=369$$
$$47+57+67+77+6+16+26+36+37=369$$
$$58+68+78+7+17+27+28+38+48=369$$
$$69+79+8+18+19+29+39+49+59=369$$
$$80+9+10+20+30+40+50+60+70=369$$
$$1+11+21+31+41+51+61+71+81=369$$
$$12+22+32+42+52+62+72+73+2=369$$
$$23+33+43+53+63+64+74+3+13=369$$
$$34+44+54+55+65+75+4+14+24=369$$
$$45+46+56+66+76+5+15+25+35=369$$
$$47+68+8+20+41+62+74+14+35=369$$
$$45+44+43+42+41+40+39+38+37=369$$

所以本习题给出的图是一个九阶魔术方阵.

7. 验证方法与第 6 题一样.

8. 验证方法与第 6 题一样.

9. 证明:由于 $F_1=F_2=1$ 和 $F_4=3$,我们有
$$F_1+F_2=1+1=F_4-1=F_{2+2}-1$$
故当 $n=2$ 时式(i)成立.现在我们假设当 $n=k$(其中 $k\geqslant 2$)时,式(i)成立,即有
$$F_1+F_2+\cdots+F_k=F_{k+2}-1$$
而来证明当 $n=k+1$ 时式(i)也成立.由本章书中的式(3),我们有
$$F_1+F_2+\cdots+F_k+F_{k+1}=F_{k+2}-1+F_{k+1}=$$
$$F_{k+1}+F_{k+2}-1=F_{k+3}-1=F_{k+1+2}-1$$
故当 $n=k+1$ 时式(i)也成立,而由数学归纳法知道式(i)成立.

由于 $F_1=1,F_3=2$ 和 $F_4=3$,我们有
$$F_1+F_3=1+2=3=F_4$$
故当 $n=2$ 时,式(ii)成立.

现在我们假设当 $n=k$(其中 $k\geqslant 2$)时式(ii)成立,即有
$$F_1+F_3+\cdots+F_{2k-1}=F_{2k}$$
而来证明当 $n=k+1$ 时,式(ii)也成立.

由本章书中的式(3),我们有
$$F_1+F_3+\cdots+F_{2k-1}+F_{2(k+1)-1}=$$
$$F_1+F_3+\cdots+F_{2k-1}+F_{2k+1}=F_{2k}+F_{2k+1}=$$
$$F_{2k+2}=F_{2(k+1)}$$

故当 $n=k-1$ 时式(ii)也成立,而由数学归纳法知道式(ii)成立. 故本习题得证.

10. 证明:当 $n \geqslant 2$ 时,由本章习题9的式(i)我们有
$$F_1+F_2+\cdots+F_{2n}=F_{2n+2}-1 \tag{7}$$
将式(7)的两边分别减去本章习题9式(ii)的两边后,再使用本章书中的式(3)就得到
$$F_2+F_4+\cdots+F_{2n}=F_{2n+2}-F_{2n}-1=F_{2n+1}-1$$
故式(i)得证.

将本章习题9式(ii)的两边分别减去本题中的式(i)的两边后再使用本章书中的式(3)就得到
$$F_1-F_2+F_3-F_4+\cdots+F_{2n-1}-F_{2n}=$$
$$F_{2n}-F_{2n+1}+1=-F_{2n-1}+1 \tag{8}$$
在式(8)的两边都加上 F_{2n+1} 后再使用本章书中的式(3)就得到
$$F_1-F_2+F_3-F_4+\cdots+F_{2n-1}-F_{2n}+F_{2n+1}=$$
$$F_{2n+1}-F_{2n-1}+1=F_{2n}+1 \tag{9}$$
当 $m \geqslant 4$ 及 m 是偶数时则在式(8)中取 $n=\dfrac{m}{2}$ 就能够知道式(ii)成立,而当 $m \geqslant 4$ 及 m 是奇数时,则在式(9)中取 $n=\dfrac{m-1}{2}$ 就能够知道式(ii)也成立. 因而本习题得证.

11. 证明:由于 $F_1=F_2=1$ 和 $F_3=2$,我们有
$$F_1^2+F_2^2=1+1=2=F_2F_3$$
故当 $n=2$ 时,本习题成立.

现设当 $n=k$(其中 $k \geqslant 2$) 时,本习题成立. 即有
$$F_1^2+F_2^2+\cdots+F_k^2=F_kF_{k+1}$$
而来证明当 $n=k+1$ 时本习题也成立.

由本章书中的式(3),我们有
$$F_1^2+F_2^2+\cdots+F_k^2+F_{k+1}^2=F_kF_{k+1}+F_{k+1}^2=$$
$$(F_{k+1})(F_k+F_{k+1})=F_{k+1}F_{k+2}$$
故当 $n=k+1$ 时,本习题也成立. 因而由数学归纳法知道本习题得证.

12. 证明:我们将对 m 使用数学归纳法来证明本习题成立. 由于 $F_1=F_2=1$ 和本章书中的式(3),我们有
$$F_{n-1}F_1+F_nF_2=F_{n-1}+F_n=F_{n+1}$$
故当 $m=1$ 时本习题成立. 由于 $F_2=1,F_3=2$ 和本章书中的式(3),我们有
$$F_{n-1}F_2+F_nF_3=F_{n-1}+2F_n=F_n+F_{n-1}+F_n=$$
$$F_{n+1}+F_n=F_{n+2}$$

故当 $m=2$ 时本习题也成立.

现在我们假设当 $m=k-1$ 和 $m=k$(其中 $k\geqslant 2$)时本习题都成立,即有

$$F_{n+k-1}=F_{n-1}F_{k-1}+F_nF_k$$

和

$$F_{n+k}=F_{n-1}F_k+F_nF_{k+1}$$

由本章书中的式(3)及将上面的两个式子的两边分别加起来,我们就可以得到

$$F_{n+k+1}=F_{n+k-1}+F_{n+k}=$$
$$F_{n-1}F_{k-1}+F_nF_k+F_{n-1}F_k+F_nF_{k+1}=$$
$$(F_{n-1})(F_{k-1}+F_k)+(F_n)(F_k+F_{k+1})=$$
$$F_{n-1}F_{k+1}+F_nF_{k+2}$$

故当 $m=k+1$ 时,本习题也成立.因而本习题得证.

13.证明:在本章习题 12 中取 $m=n-1$ 则我们有

$$F_{2n-1}=F_{n+(n-1)}=F_{n-1}^2+F_n^2$$

故式(i)成立.在本章习题 12 中取 $m=n$,再使用本章书中的式(3),则我们有

$$F_{2n}=F_{n-1}F_n+F_nF_{n+1}=$$
$$(F_n)(F_{n+1}+F_{n-1})=$$
$$(F_{n+1}-F_{n-1})(F_{n+1}+F_{n-1})=$$
$$F_{n+1}^2-F_{n-1}^2$$

故式(ii)成立.由式(i)和本章习题 11,我们有

$$F_{2n-1}=F_{n-1}^2+F_n^2=$$
$$F_1^2+F_2^2+\cdots+F_n^2-F_1^2-F_2^2-\cdots-F_{n-2}^2=$$
$$F_nF_{n+1}-F_{n-2}F_{n-1}$$

故式(iii)成立.在本章习题 12 中取 $m=2n$ 得到

$$F_{3n}=F_{n-1}F_{2n}+F_nF_{2n+1}=F_{n-1}F_{2n}+F_nF_{2(n+1)}-1$$

故由(i),(ii)和本章书中的式(3),我们有

$$F_{3n}=(F_{n-1})(F_{n+1}^2-F_{n-1}^2)+(F_n)(F_n^2+F_{n+1}^2)=$$
$$F_n^3-F_{n-1}^3+(F_{n+1}^2)(F_n+F_{n-1})=$$
$$F_{n+1}^3+F_n^3-F_{n-1}^3$$

故式(iv)也成立.因而本习题得证.

14.证明:我们将使用数学归纳法来证明式(i)成立.

由于 $\qquad F_{1+1}^2-F_1F_{1+2}=F_2^2-F_1F_3=1-2=(-1)^1$

故当 $n=1$ 时式(i)成立.

现在我们假设当 $n=k$(其中 $k\geqslant 1$)时,式(i)成立,即有

$$F_{k+1}^2-F_kF_{k+2}=(-1)^k$$

由本章书中的式(3)和上式我们有

$$F_{k+2}^2 - F_{k+1}F_{k+3} =$$
$$(F_{k+2})(F_k + F_{k+1}) - (F_{k+1})(F_{k+1} + F_{k+2}) =$$
$$-F_{k+1}^2 + F_k F_{k+2} =$$
$$(-1)^{k+1}$$

故式(i) 当 $n=k+1$ 时也成立,而由数学归纳法知道式(i) 成立.

由于 $F_1 = F_2 = 1, F_3 = 2, F_4 = 3$ 知道当 $n=1$ 和 $n=2$ 时式(ii) 都成立.

现在我们假设当 $n=k$(其中 $k \geqslant 2$) 时,式(ii) 成立,即有

$$F_1 F_2 + F_2 F_3 + F_3 F_4 + \cdots + F_{2k-1}F_{2k} = F_{2k}^2$$

由上式和本章书中的式(3),我们有

$$F_1 F_2 + F_2 F_3 + F_3 F_4 + \cdots + F_{2k-1}F_{2k} + F_{2k}F_{2k+1} + F_{2k+1}F_{2k+2} =$$
$$F_{2k}^2 + F_{2k}F_{2k+1} + F_{2k+1}F_{2k+2} =$$
$$F_{2k}(F_{2k} + F_{2k+1}) + F_{2k+1}F_{2k+2} =$$
$$F_{2k}F_{2k+2} + F_{2k+1}F_{2k+2} =$$
$$(F_{2k} + F_{2k+1})(F_{2k+2}) =$$
$$F_{2(k+1)}^2$$

故当 $n=k+1$ 时式(ii) 也成立,因而由数学归纳法知道式(ii) 成立.所以本习题得证.

15. 证明:由于 $F_1 = F_2 = 1, F_3 = 2, F_4 = 3, F_5 = 5$,知道当 $n=1$ 和 $n=2$ 时,式(i) 成立.现在我们假设当 $n=k$(其中 $k \geqslant 2$) 时式(i) 成立,即有

$$F_1 F_2 + F_2 F_3 + F_3 F_4 + \cdots + F_{2k}F_{2k+1} = F_{2k+1}^2 - 1$$

由上式和本章书中的式(3),我们有

$$F_1 F_2 + F_2 F_3 + F_3 F_4 + \cdots + F_{2k}F_{2k+1} + F_{2k+1}F_{2k+2} + F_{2(k+1)}F_{2(k+1)} + 1 =$$
$$F_{2k+1}^2 - 1 + F_{2k+1}F_{2k+2} + F_{2k+2}F_{2k+3} =$$
$$(F_{2k+1})(F_{2k+1} + F_{2k+2}) + F_{2k+2}F_{2k+3} - 1 =$$
$$F_{2k+1}F_{2k+3} + F_{2k+2}F_{2k+3} - 1 =$$
$$(F_{2k+3})(F_{2k+1} + F_{2k+2}) - 1 =$$
$$F_{3(k+1)+1}^2 - 1$$

故当 $n=k+1$ 时,式(i) 也成立.因而由数学归纳法知道式(i) 成立.

由于 $F_1 = F_2 = 1, F_3 = 2, F_4 = 3, F_5 = 5, F_6 = 8$ 知道当 $n=1$ 和 $n=2$ 时式(ii) 都成立.现在我们假设当 $n=k$(其中 $k \geqslant 2$) 时式(ii) 成立,即有

$$kF_1 + (k-1)F_2 + \cdots + 2F_{k-1} + F_k = F_{k+4} - (k+3)$$

由上式和本章习题 9 中的式(i),我们有

$$(k+1)F_1 + kF_2 + \cdots + 3F_{k-1} + 2F_k + F_{k+1} =$$
$$kF_1 + (k-1)F_2 + \cdots + 2F_{k-1} + F_k + F_1 + F_2 + \cdots + F_{k+1} =$$
$$F_{k+4} - (k+3) + F_{k+3} - 1 =$$

$$F_{k+3} + F_{k+4} - (k+4) =$$
$$F_{k+1+4} - (k+4)$$

故当 $n = k+1$ 时式(ii)也成立,因而由数学归纳法知道式(ii)成立.

当 $m = 1$ 时,显见式(iii)成立.现在我们假设当 $m = k$(其中 $k \geqslant 1$)时式(iii)成立,即有

$$F_{nk} \geqslant F_n^k$$

由本章习题 12 和上式我们有

$$F_{n(k+1)} = F_{nk+n} \geqslant F_{nk}F_{n+1} \geqslant F_{nk}F_n \geqslant F_n^{k+1}$$

故当 $m = k+1$ 时,式(iii)也成立,因而由数学归纳法知道式(iii)成立.所以本习题得证.

16.证明:由于 $L_1 = 1, L_2 = 3, F_0 = 0, F_1 = F_2 = 1, F_3 = 2$ 知道当 $n = 1$ 和 $n = 2$ 时式(i)都成立.现在我们假设当 $n = k-1$ 和 $n = k$(其中 $k \geqslant 2$)时式(i)都成立,即有

$$L_{k-1} = F_{k-2} + F_k$$
$$L_k = F_{k-1} + F_{k+1}$$

当 $k \geqslant 2$ 时有 $L_{k+1} = L_k + L_{k-1}$,故由上面两个式子和本章书中的式(3),我们有

$$L_{k+1} = L_k + L_{k-1} =$$
$$F_{k-1} + F_{k+1} + F_{k-2} + F_k =$$
$$F_{k-2} + F_{k-1} + F_k + F_{k+1} =$$
$$F_k + F_{k+2}$$

因而当 $n = k+1$ 时式(i)也成立,故由数学归纳法知道式(i)成立.

由本章习题 13 中的式(ii)及本题的式(i)和本章书中的式(3)我们有

$$F_{2n} = F_{n+1}^2 - F_{n-1}^2 =$$
$$(F_{n+1} - F_{n-1})(F_{n+1} + F_{n-1}) =$$
$$L_n(F_{n+1} - F_{n-1}) = L_nF_n$$

故式(ii)成立.

由于 $F_3 = 2, F_5 = 5, F_6 = 8, F_8 = 21$,故当 $n = 1$ 和 $n = 2$ 时,式(iii)成立.现在我们假设当 $n = k$(其中 $k \geqslant 1$)时式(iii)成立,即有

$$F_3 + F_6 + F_9 + \cdots + F_{3k} = \frac{F_{3k+2} - 1}{2} \tag{10}$$

又当 $k \geqslant 1$ 时则由本章书中的式(3)我们有

$$F_{3(k+1)} + 2 = F_{3k+5} =$$
$$F_{3k+3} + F_{3k+4} =$$
$$F_{3k+3} + F_{3k+2} + F_{3k+3} =$$
$$F_{3k+2} + 2F_{3k+3} \tag{11}$$

由式(10) 和(11),我们有

$$F_3 + F_6 + F_9 + \cdots + F_{3(k+1)} = \frac{F_{3k+2} - 1}{2} + F_{3k+3} =$$

$$\frac{2F_{3k+3} + F_{3k+2} - 1}{2} =$$

$$\frac{F_{3(k+1)+2} - 1}{2}$$

即式(iii) 当 $n = k + 1$ 时也成立,故由数学归纳法知道式(iii) 成立.因而本习题得证.

17.(i):证明:当 $n = 1$ 时,由于 $1 \times 2 = \frac{1}{3} \times 1 \times 2 \times 3$ 故当 $n = 1$ 时式(i) 成立.

现在我们假设当 $n = k - 1$(其中 $k \geqslant 2$) 时式(i) 成立,即假定

$$1 \cdot 2 + 2 \cdot 3 + \cdots + (k-1)k = \frac{1}{3}(k-1) \cdot k \cdot (k+1)$$

则当 $n = k$ 时,由归纳法的假定有

$$1 \cdot 2 + 2 \cdot 3 + 3 \cdot 4 + \cdots + (k-1) \cdot k + k(k+1) =$$

$$\frac{1}{3}(k-1) \cdot k \cdot (k+1) + k(k+1) =$$

$$k(k+1)\left[\frac{1}{3}(k-1) + 1\right] =$$

$$\frac{1}{3}k(k+1)(k+2)$$

即当 $n = k$ 时式(i) 也成立.故由数学归纳法知道式(i) 对任意的正整数 n 都成立.

(ii) 证明:设 $f(n) = a^{n+2} + (a+1)^{2n+1}$.当 $n = 0$ 时,$f(0) = a^2 + a + 1$.故当 $n = 0$ 时,命题(ii) 成立.

假定命题(ii) 对于 $n = k - 1$ 成立,即假定

$$(a^2 + a + 1) \mid f(k-1)$$

则当 $n = k$ 时

$$f(k) = a^{k+2} + (a+1)^{2k+1} =$$

$$a \cdot a^{k+1} + (a+1)^2 \cdot (a+1)^{2k-1} =$$

$$a \cdot a^{k+1} + (a^2 + a + 1) \cdot (a+1)^{2k-1} + a(a+1)^{2k-1} =$$

$$a[a^{k+1} + (a+1)^{2k-1}] + (a^2 + a + 1)(a+1)^{2k-1} =$$

$$af(k-1) + (a^2 + a + 1)(a+1)^{2k-1}$$

由归纳法假定,$(a^2 + a + 1) \mid f(k-1)$,所以由上式可知道 $(a^2 + a + 1) \mid f(k)$,即当 $n = k$ 时,命题(ii) 也成立.故由数学归纳法知道命题(ii) 对任意非负整数 n

成立.

(iii) 证明：当 $n=1$ 时，由于 $a_1 = a_1$，故式(iii)成立. 又若 $a_1, a_2, \cdots, a_n$ 中有一个等于 0，式(iii)显然也成立，因此可以假设

$$0 < a_1 \leqslant a_2 \leqslant \cdots \leqslant a_n \tag{12}$$

若 $a_1 = a_n$，则所有的 $a_j(j=1,2,\cdots,n)$ 都相等，容易验证式(iii)此时也成立. 所以可以进一步假设 $a_1 < a_n$.

现在我们来作归纳法假设：当 $n=k-1$（其中 $k \geqslant 2$）时，式(iii)成立，即假定

$$(a_1 a_2 \cdots a_{k-1})^{\frac{1}{k-1}} \leqslant \frac{a_1 + a_2 + \cdots + a_{k-1}}{k-1} \tag{13}$$

则当 $n=k$ 时

$$\frac{a_1 + a_2 + \cdots + a_k}{k} = \frac{(k-1)\dfrac{a_1 + a_2 + \cdots + a_{k-1}}{k-1} + a_k}{k} =$$

$$\frac{k \cdot \dfrac{a_1 + a_2 + \cdots + a_{k-1}}{k-1} + a_k - \dfrac{a_1 + a_2 + \cdots + a_{k-1}}{k-1}}{k} =$$

$$\frac{a_1 + a_2 + \cdots + a_{k-1}}{k-1} + \frac{a_k - \dfrac{a_1 + a_2 + \cdots + a_{k-1}}{k-1}}{k} \tag{14}$$

由假设 $a_1 < a_n$，$n=k$ 及式(12)可知

$$\frac{a_1 + a_2 + \cdots + a_{k-1}}{k-1} < \frac{(k-1)a_k}{k-1} = a_k$$

所以式(14)右端两项均大于 0，将式(14)两边乘方 $k(k \geqslant 2)$ 次，并且利用不等式

$$(a+b)^k > a^k + ka^{k-1}b \quad (k \geqslant 2, a > 0, b > 0)$$

（这个不等式用数学归纳法很容易加以证明）得到

$$\left(\frac{a_1 + a_2 + \cdots + a_k}{k}\right)^k > \left(\frac{a_1 + a_2 + \cdots + a_{k-1}}{k-1}\right)^k +$$

$$k\left(\frac{a_1 + a_2 + \cdots + a_{k-1}}{k-1}\right)^{k-1} \cdot \left(\frac{a_k - \dfrac{a_1 + a_2 + \cdots + a_{k-1}}{k-1}}{k}\right) =$$

$$\left(\frac{a_1 + a_2 + \cdots + a_{k-1}}{k-1}\right)^{k-1} \cdot a_k$$

由归纳法的假定式(13)成立可知上式右端 $\geqslant a_1 a_2 \cdots a_k$，所以

$$(a_1 a_2 \cdots a_k)^{\frac{1}{k}} \leqslant \frac{a_1 + a_2 + \cdots + a_k}{k}$$

即当 $n=k$ 时，式(iii)也成立. 故由数学归纳法知道式(iii)对任意的正整数 n 都

成立. 至此, 本习题得证.

第二章

1. 解: 我们有

$$\binom{10}{3} = \frac{10 \times 9 \times 8}{1 \times 2 \times 3} = 10 \times 3 \times 4 = 120$$

$$\binom{16}{2} = \frac{16 \times 15}{1 \times 2} = 8 \times 15 = 120$$

$$\binom{14}{6} = \frac{14 \times 13 \times 12 \times 11 \times 10 \times 9}{1 \times 2 \times 3 \times 4 \times 5 \times 6} = 7 \times 13 \times 11 \times 3 = 3\ 003$$

$$\binom{15}{5} = \frac{15 \times 14 \times 13 \times 12 \times 11}{1 \times 2 \times 3 \times 4 \times 5} = 3 \times 7 \times 13 \times 11 = 3\ 003$$

2. 证明: 我们有

$$\binom{n}{r} = \frac{n!}{r!\ (n-r)!} = \left(\frac{n}{r}\right)\left(\frac{(n-1)!}{(r-1)!\ (n-r)!}\right) = \frac{n}{r}\binom{n-1}{r-1} \tag{1}$$

$$\binom{n}{r} = \frac{n!}{r!\ (n-r)!} = \left(\frac{n}{n-r}\right)\left(\frac{(n-1)!}{r!\ (n-r-1)!}\right) = \frac{n}{n-r}\binom{n-1}{r}$$

3. 证明: 我们有

$$\frac{n}{n+1}\binom{2n}{n} = \frac{n}{n+1} \cdot \frac{(2n)!}{(n!)^2} = \frac{(2n)!}{(n+1)!\ (n-1)!} = \binom{2n}{n-1} \tag{2}$$

由式(1) 我们有

$$\frac{1}{n+1}\binom{2n}{n} = \frac{2n}{(n+1)n}\binom{2n-1}{n-1} = \frac{2}{n+1}\binom{2n-1}{n-1}$$

我们又有

$$\left(1 - \frac{2}{n+1}\right)\binom{2n-1}{n-1} = \frac{n-1}{n+1} \cdot \frac{(2n-1)!}{n!\ (n-1)!} =$$

$$\frac{(2n-1)!}{(n+1)!\ (n-2)!} = \binom{2n-1}{n+1}$$

即是

$$\binom{2n-1}{n+1} = \binom{2n-1}{n-1} - \frac{2}{n+1}\binom{2n-1}{n-1} = \binom{2n-1}{n-1} - \frac{1}{n+1}\binom{2n}{n}$$

因而得到

$$\frac{1}{n+1}\binom{2n}{n} = \binom{2n-1}{n-1} - \binom{2n-1}{n+1} \tag{3}$$

由式(2)和(3),本习题得证.

4.证明:我们有

$$\sum_{k=0}^{n}\frac{1}{k+1}\binom{n}{k}=\sum_{k=0}^{n}\frac{1}{n+1}\cdot\frac{n+1}{k+1}\cdot\frac{n!}{k!\ (n-k)!}=$$

$$\sum_{k=0}^{n}\frac{1}{n+1}\cdot\frac{(n+1)!}{(k+1)!\ (n-k)!}=$$

$$\frac{1}{n+1}\sum_{k=0}^{n}\binom{n+1}{k+1}=$$

$$\frac{1}{n+1}\sum_{k=1}^{n+1}\binom{n+1}{k}=$$

$$\frac{1}{n+1}\left[\sum_{k=0}^{n+1}\binom{n+1}{k}-1\right]=$$

$$\frac{1}{n+1}\left[(1+1)^{n+1}-1\right]=$$

$$\frac{2^{n+1}-1}{n+1}$$

故式(i)得证.我们又有

$$\sum_{k=1}^{n}(-1)^{k-1}\frac{1}{k+1}\binom{n}{k}=\sum_{k=1}^{n}(-1)^{k-1}\frac{1}{n+1}\cdot\frac{n+1}{k+1}\binom{n}{k}=$$

$$\frac{1}{n+1}\sum_{k=1}^{n}(-1)^{k-1}\binom{n+1}{k+1}=$$

$$\frac{1}{n+1}\sum_{k=2}^{n+1}(-1)^{k}\binom{n+1}{k}=$$

$$\frac{1}{n+1}\left[\sum_{k=0}^{n+1}(-1)^{k}\binom{n+1}{k}-(-1)^{k}\binom{n+1}{0}-(-1)^{1}\binom{n+1}{1}\right]=$$

$$\frac{1}{n+1}\left[(1-1)^{k+1}-1+n+1\right]=$$

$$\frac{n}{n+1}$$

故式(ii)成立.由此可知本习题得证.

5.证明:在本章书中的式(17)里取 $a=1+x,b=-x$,则有

$$1=(1+x-x)^{n}=\sum_{k\geqslant0}\binom{n}{k}(-x)^{k}(1+x)^{n-k}=$$

$$\sum_{k\geqslant0}(-1)^{k}\binom{n}{k}x^{k}(1+x)^{n-k}$$

故本习题得证.

6. 证明：我们有

$$(1+x)^n \sum_{i=0}^{k} (-1)^i x^i = (1+x)^n \sum_{i=0}^{k} (-x)^i =$$
$$(1+x)^n \frac{1-(-x)^{k+1}}{1-(-x)}$$

故式(ii)成立.

当 $k \geqslant n$ 时，则由于 $\binom{n-1}{k} = 0$ 及

$$\sum_{i=0}^{k} \binom{n}{k-i} (-1)^i = \sum_{i=k-n}^{k} (-1)^i \binom{n}{k-i} =$$
$$(-1)^k \sum_{l=0}^{n} (-1)^l \binom{n}{l} = 0$$

故式(i)成立.

当 $1 \leqslant k \leqslant n-1$ 时，则由于比较式(ii)中两边 x^k 的系数就知道式(i)成立，故本习题得证.

7. 证明：我们有

$$\left(1 - \frac{1}{1+nx}\right)^n - \left(1 - \frac{1}{1+nx}\right)^n = 0 =$$

$$\left(1 - \frac{1}{1+nx}\right)^n - \frac{nx}{1+nx}\left(1 - \frac{1}{1+nx}\right)^{n-1} =$$

$$\sum_{k \geqslant 0} \binom{n}{k}\left(-\frac{1}{1+nx}\right)^k - \frac{nx}{1+nx}\sum_{k \geqslant 0} \binom{n-1}{k}\left(-\frac{1}{1+nx}\right)^k =$$

$$\sum_{k \geqslant 0} \binom{n}{k} - (1)^k \left(\frac{1}{1+nx}\right)^k - \frac{x}{1+nx}\sum_{k \geqslant 0}(k+1)(-1)^k \binom{n}{k+1}\left(\frac{1}{1+nx}\right)^k =$$

$$\sum_{k \geqslant 0}(-1)^k \binom{n}{k}\left(\frac{1}{1+nx}\right)^k + \sum_{k \geqslant 1} \frac{(kx)(-1)^k \binom{n}{k}}{(1+nx)^k} =$$

$$\sum_{k \geqslant 0}(-1)^k \binom{n}{k}\left(\frac{1+kx}{(1+nx)^k}\right)$$

故本习题得证.

8. 证明：当 $n=r$ 时显见式(i)成立，现在我们假设式(i)对于 $n=N$ 时(其中 $N \geqslant r$)成立，即有

$$\sum_{k=0}^{N-r} \binom{r+k}{r} = \binom{N+1}{r+1}$$

由上式和本章书中的式(17)我们有

$$\sum_{k=0}^{N+1-r} \binom{r+k}{r} = \sum_{k=0}^{N-r} \binom{r+k}{r} + \binom{N+1}{r} =$$

147

$$\binom{N+1}{r+1} + \binom{N+1}{r} =$$

$$\binom{N+2}{r+1}$$

故由数学归纳法知道式(i)成立. 又我们有

$$\sum_{k=1}^{n} k(k+1)(k+2) = \sum_{k=3}^{n+2} k(k-1)(k-2) =$$

$$6 \sum_{k=3}^{n+2} \frac{k(k-1)(k-2)}{3!} = 6 \sum_{k=3}^{n+2} \binom{k}{3} =$$

$$6 \sum_{k=0}^{n-1} \binom{3+k}{3} = 6 \sum_{k=0}^{n+2-3} \binom{3+k}{3} =$$

$$6 \binom{n+3}{4}$$

9. 证明:由本章习题 8 中式(i)我们有

$$\sum_{k=1}^{n} k(k+1)(k+2)\cdots(k+r) = \sum_{k=r+1}^{n+r} k(k-1)\cdots(k-r) =$$

$$(r+1)! \sum_{k=r+1}^{n+r} \frac{k(k-1)\cdots(k-r)}{(r+1)!} =$$

$$(r+1)! \sum_{k=r+1}^{n+r} \binom{k}{r+1} =$$

$$(r+1)! \sum_{k=0}^{n-1} \binom{r+1+k}{r+1} =$$

$$(r+1)! \sum_{k=0}^{n+r-(r+1)} \binom{r+1+k}{r+1} =$$

$$(r+1)! \binom{n+r+1}{r+2}$$

所以本习题得证.

10. 证明:由于 $\binom{n-k}{m-k} = \binom{n-k+1}{m} k - \binom{n-k}{m-k-1}$,我们有

$$\sum_{k=0}^{m} \binom{n-k}{m-k} = \binom{n}{m} + \sum_{k=1}^{m-1} \binom{n-k}{m-k} + \binom{n-m}{m-m} =$$

$$\binom{n}{m} + \sum_{k=1}^{m-1} \left[\binom{n-k+1}{m-k} - \binom{n-k}{m-k-1} \right] + 1 =$$

$$\binom{n}{m} + \sum_{k=1}^{m-1} \binom{n-k+1}{m-k} - \sum_{k=1}^{m-1} \binom{n-k}{m-k-1} + 1 =$$

$$\binom{n}{m}+\sum_{k=1}^{m-1}\binom{n-(k-1)}{m-1-(k-1)}-\sum_{k=1}^{m-1}\binom{n-k}{m-k-1}+1=$$

$$\binom{n}{m}+\sum_{k=0}^{m-2}\binom{n-k}{m-1-k}-\sum_{k=1}^{m-1}\binom{n-k}{m-k-1}+1=$$

$$\binom{n}{m}+\binom{n}{m-1}+\sum_{k=1}^{m-2}\binom{n-k}{m-1-k}-\sum_{k=1}^{m-2}\binom{n-k}{m-k-1}-$$

$$\binom{n-(m-1)}{m-(m-1)-1}+1=$$

$$\binom{n}{m}+\binom{n}{m-1}-\binom{n-m+1}{0}+1=$$

$$\binom{n+1}{m}$$

故本习题得证.

11.解:由于

$$\binom{k}{m}\binom{n}{k}=\frac{k!}{m!\ (k-m)!}\cdot\frac{n!}{k!\ (n-k)!}=$$

$$\frac{n!}{m!\ (n-m)!}\cdot\frac{(n-m)!}{(k-m)!\ (n-m-(k-m))!}=$$

$$\binom{n}{m}\binom{n-m}{k-m}$$

所以我们有

$$\sum_{k=m}^{n}\binom{k}{m}\binom{n}{k}=\sum_{k=m}^{n}\binom{n}{m}\binom{n-m}{k-m}=\binom{n}{m}\sum_{k=m}^{n}\binom{n-m}{k-m}=$$

$$\binom{n}{m}\sum_{k=0}^{n-m}\binom{n-m}{k}=\binom{n}{m}(1+1)^{n-m}=$$

$$\binom{n}{m}2^{n-m}$$

故本习题得解.

12.证明:当 $n\leqslant m$ 时,由于 $n<k$ 时,有 $\binom{n}{k}=0$,故我们有

$$\sum_{k=0}^{m}(-1)^{k}\binom{n}{k}=\sum_{k=0}^{m}(-1)^{k}\binom{n}{k}=0=(-1)^{m}\binom{n-1}{m}$$

故当 $n\leqslant m$ 时,本习题结论成立.

现在设 $0\leqslant m<n$,我们使用数学归纳法来证明此时本习题的结论也成立.

由于 $(-1)^{0}\binom{m}{0}=1=(-1)^{0}\binom{n-1}{0}$ 而得到当 $m=0$ 时,本习题结论成立.现在

我们假设 $0 \leqslant M < n$ 而当 $m = M$ 时,本习题的结论成立,即有

$$\sum_{k=0}^{M} (-1)^k \binom{n}{k} = (-1)^M \binom{n-1}{M}$$

则当 $m = M + 1$ 时,我们有

$$\sum_{k=0}^{M+1} (-1)^k \binom{n}{k} = \sum_{k=0}^{M} (-1)^k \binom{n}{k} + (-1)^{M+1} \binom{n}{M+1} =$$

$$(-1)^M \binom{n-1}{M} + (-1)^{M+1} \binom{n}{M+1} =$$

$$(-1)^{M+1} \left[\binom{n}{M+1} - \binom{n-1}{M} \right] =$$

$$(-1)^{M+1} \binom{n-1}{M+1}$$

即当 $m = M + 1$ 时,本习题结论也成立,故由数学归纳法得知本习题得证.

13. 证明:我们对 n 使用数学归纳法. 由于 $\binom{m+0}{0} = 1 = \binom{m+0+1}{0}$,故当 $n = 0$ 时,本习题结论成立. 现在我们假定当 $n = N$(其中 $N \geqslant 0$) 时,本习题结论成立,即有

$$\sum_{k=0}^{N} \binom{m+k}{k} = \binom{m+N+1}{N}$$

则当 $n = N + 1$ 时,由上式我们有

$$\sum_{k=0}^{N+1} \binom{m+k}{k} = \sum_{k=0}^{N} \binom{m+k}{k} + \binom{m+N+1}{N+1} =$$

$$\binom{m+N+1}{N} + \binom{m+N+1}{N+1} =$$

$$\binom{m+(N+1)+1}{N+1}$$

所以当 $n = N + 1$ 时,本习题结论也成立. 故本习题得证.

14. 证明:我们对 n 使用数学归纳法,由于 $\binom{m}{r} = \binom{m+1}{r+1} - \binom{m}{r+1}$,故当 $n = m$ 时,本习题结论成立. 现在我们假定当 $n = N$(其中 $m \leqslant N$) 时,本习题结论成立,即有

$$\sum_{k=m}^{N} \binom{k}{r} = \binom{N+1}{r+1} - \binom{m}{r+1}$$

由上式,我们有

$$\sum_{k=m}^{N+1} \binom{k}{r} = \sum_{k=m}^{N} \binom{k}{r} + \binom{N+1}{r} =$$

$$\binom{N+1}{r+1}-\binom{m}{r+1}+\binom{N+1}{r}=$$

$$\binom{(N+1)+1}{r+1}-\binom{m}{r+1}$$

故当 $n=N+1$ 时,本习题结论也成立. 所以本习题得证.

15. 证明:当 $k\geqslant 0$ 和 $N\geqslant 0$ 时,我们先证明

$$\sum_{m=0}^{k}\binom{N+m}{m}=\binom{N+1+k}{k} \tag{4}$$

由于 $\binom{N+0}{0}=1=\binom{N+1+0}{0}$,故当 $k=0$ 时式(4)成立,现在假定当 $k=K$(其中 $K\geqslant 0$) 时,式(4)成立,则有

$$\sum_{m=0}^{K+1}\binom{N+m}{m}=\sum_{m=0}^{K}\binom{N+m}{m}+\binom{N+K+1}{K+1}=$$

$$\binom{N+1+K}{K}+\binom{N+K+1}{K+1}=$$

$$\binom{N+1+K+1}{K+1}$$

故当 $k=K+1$ 时式(4)也成立,故由数学归纳法知道式(4)成立. 下面我们再用数学归纳法来证明本习题的结论正确.

由于 $(1-x)^{-0-1}=\sum_{k=0}^{\infty}x^{k}=\sum_{k=0}^{\infty}\binom{0+k}{k}x^{k}$,故当 $n=0$ 时本习题结论正确. 现在假定当 $n=N$(其中 $N\geqslant 0$) 时结论正确,即有

$$(1-x)^{-N-1}=\sum_{k=0}^{\infty}\binom{N+k}{k}x^{k}$$

则当 $n=N+1$ 时,由式(4)我们有

$$(1-x)^{-(N+1)-1}=(1-x)^{-N-1}\cdot(1-x)^{-1}=$$

$$\left(\sum_{k=0}^{\infty}\binom{N+k}{k}x^{k}\right)\left(\sum_{m=0}^{\infty}x^{m}\right)=$$

$$\sum_{k=0}^{\infty}\left(\sum_{m=0}^{k}\binom{N+m}{m}\right)x^{k}=\sum_{k=0}^{\infty}\binom{N+k+1}{k}x^{k}$$

故由数学归纳法知道本习题得证.

16. 证明:由于

$$(1+x)^{n}(1-x)^{-1}\equiv(1-x^{2})^{n}(1-x)^{-n-1} \tag{5}$$

式(5)左端的展开式为

$$(1+x)^{n}(1-x)^{-1}=\left(\sum_{i=0}^{n}\binom{n}{i}x^{i}\left(\sum_{j=0}^{\infty}x^{j}\right)\right)$$

其中 x^n 项的系数为 $\dbinom{n}{0}+\dbinom{n}{1}+\cdots+\dbinom{n}{n}=\sum_{k=0}^{n}\dbinom{n}{k}=2^n$.

由本章习题 15,得到式（4）右端展开式为

$$(1-x^2)^n(1-x)^{-n-1}=$$

$$\left(\sum_{k=0}^{n}(-1)^k\dbinom{n}{k}x^{2k}\right)\left(\sum_{m=0}^{\infty}\dbinom{n+m}{n}x^m\right)=$$

$$\sum_{m=0}^{\infty}\dbinom{n+m}{n}\left(\sum_{k=0}^{n}(-1)^k\dbinom{n}{k}x^{2k+m}\right)$$

其中 x^n 项的系数为

$$\sum_{k=0}^{n}(-1)^k\dbinom{n}{k}\dbinom{2n-2k}{n}$$

由比较式（5）两边展开式中的 x^n 项的系数可得本习题结论成立.

17. 证明:当 $m=n$ 时,我们有

$$\sum_{k=n}^{n}\dbinom{n}{k}\dbinom{k}{n}(-1)^{k+n}=\dbinom{n}{n}\dbinom{n}{n}(-1)^{n+n}=1 \qquad (6)$$

当 $m<n$ 时,我们有

$$\dbinom{n}{m}(1+x)^{n-m}=\frac{(n)_m(1+x)^{n-m}}{m!}=$$

$$\frac{1}{m!}D_x^{(m)}(1+x)^n=$$

$$\frac{1}{m!}D_x^{(m)}\left(\sum_{k=0}^{n}\dbinom{n}{k}x^k\right)=$$

$$\frac{1}{m!}\sum_{k=m}^{n}\dbinom{n}{k}k(k-1)\cdots(k-m+1)x^{k-m}=$$

$$\sum_{k=m}^{n}\dbinom{n}{k}\dbinom{k}{m}x^{k-m} \qquad (7)$$

在式（7）中令 $x=-1$,则得到

$$0=\sum_{k=m}^{n}\dbinom{n}{k}\dbinom{k}{m}(-1)^{k-m}$$

由式（6）和上式,我们知道本习题得证. 又若在式（7）中令 $x=1$,则可得到本章习题 11 的另一种证明方法.

18. 证明:由本章习题 15,我们有

$$(1-x)^{-m-l-2}=\sum_{i=m+l}^{\infty}\dbinom{i+1}{m+l+1}x^{i-m-l} \qquad (8)$$

$$(1-x)^{-l-1}=\sum_{j=l}^{\infty}\dbinom{j}{l}x^{j-l} \qquad (9)$$

$$(1-x)^{-m-1} = \sum_{k=m}^{\infty} \binom{k}{m} x^{k-m} \qquad (10)$$

由式 (8),(9) 和 (10) 我们有

$$\sum_{i=m+l}^{\infty} \binom{i+1}{m+l+1} x^{i-m-l} = (1-x)^{-m-l-2} =$$

$$(1-x)^{-m-1}(1-x)^{-l-1} =$$

$$\left(\sum_{k=m}^{\infty} \binom{k}{m} x^{k-m}\right) \cdot \left(\sum_{j=l}^{\infty} \binom{j}{l} x^{j-l}\right)$$

比较上式两边 x^{n-m-l} 项的系数,我们有

$$\binom{n+1}{m+l+1} = \binom{m}{m}\binom{n-m}{l} + \binom{m+1}{m}\binom{n-(m+1)}{l} + \cdots +$$

$$\binom{n-l}{m}\binom{n-(n-l)}{l} =$$

$$\binom{m}{m}\binom{n-m}{l} + \binom{m+1}{m}\binom{n-(m+1)}{l} + \cdots +$$

$$\binom{n-l}{m}\binom{l}{l} + \binom{n-l+1}{m}\binom{l-1}{l} + \cdots +$$

$$\binom{n-1}{m}\binom{1}{l} + \binom{n}{m}\binom{0}{l} =$$

$$\sum_{k=m}^{n} \binom{k}{m}\binom{n-k}{l}$$

故本习题得证.

19. 证明:由二项式定理,我们有

$$\sum_{i=0}^{n} \binom{n}{i}(-x^2)^i = (1-x^2)^n = (1+x)^n(1-x)^n =$$

$$\left(\sum_{j=0}^{n} \binom{n}{j} x^j\right)\left(\sum_{k=0}^{n} \binom{n}{k}(-x)^k\right)$$

比较上式两边中 x^m 的系数,我们有

当 m 为奇数时,左边没有 x 的奇次项,因而我们得到

$$0 = \binom{n}{0}\binom{n}{m}(-1)^m + \binom{n}{1}\binom{n}{m-1}(-1)^{m-1} + \cdots +$$

$$\binom{n}{m}\binom{n}{m-m}(-1)^{m-m} =$$

$$\sum_{k=0}^{m} (-1)^k \binom{n}{k}\binom{n}{m-k} \qquad (11)$$

当 m 为偶数时,则有

$$\begin{bmatrix} n \\ \dfrac{m}{2} \end{bmatrix} (-1)^{\frac{m}{2}} = \binom{n}{0}\binom{n}{m}(-1)^m + \binom{n}{1}\binom{n}{m-1}(-1)^{m-1} + \cdots +$$

$$\binom{n}{m}\binom{n}{m-m}(-1)^{m-m} =$$

$$\sum_{k=0}^{m}(-1)^k\binom{n}{k}\binom{n}{m-k} \tag{12}$$

由式(11)和(12),本习题得证.

第三章

1.证明:我们使用反证法来证明本习题.假设存在一种分法,它使得对任意一个满足条件 $1 \leqslant m \leqslant n$ 的正整数 m ,我们都有第 m 个集合的元素个数 $< a_m$,则这 n 个集合所包含的全部元素个数 $\leqslant (a_1-1)+(a_2-1)+\cdots+(a_n-1) = a_1+\cdots+a_n-n < a_1+a_2+\cdots+a_n-n+1$ 这显然和假定有 $a_1+a_2+\cdots+a_n-n+1$ 个元素相矛盾,因而本习题得证.

2.证明:要证明本习题的结论正确,我们只需去证明 $(a_1-1)(a_2-2)\cdots(a_{2m+1}-(2m+1))$ 中至少有一个因子是偶数即可.

从 1 到 $2m+1$ 这 $2m+1$ 个连续自然数中,有 m 个是偶数,有 $m+1$ 个是奇数.又因为 $a_1,a_2,\cdots,a_{2m+1}$ 是 $1,2,\cdots,2m+1$ 的更列,故也有 m 个偶数和 $m+1$ 个奇数.因此, $a_1,a_2,\cdots,a_{2m+1}$ 的 $m+1$ 个奇数,最多能与 $1,2,\cdots,2m+1$ 中的 m 个偶数配对,而剩下的一个奇数只能与 $1,2,\cdots,2m+1$ 中的某一个奇数配对,不妨设这一对为 a_i 与 i(其中 $1 \leqslant i \leqslant 2m+1$),故 a_i-i 为偶数,所以本习题得证.

3.证明: A 中共有 10 个元素,故 A 的所有子集合的个数为 $2^{10}=1\,024$,除去空集合与 A 本身之外,尚有 $1\,022$ 个不同的非空真子集.由于 A 中的任一个元素 x 都满足条件 $10 \leqslant x \leqslant 99$,并且每个非空真子集最多包含有 9 个元素,因而每个非空真子集的元素之和必然不小于 10 而不大于 $90+91+\cdots+99=945$.我们将 $10,11,\cdots,945$ 看为是 936 个抽屉而将 $1\,022$ 个非空真子集的元素的和看为是 $1\,022$ 个物体,由抽屉原则,必有一个抽屉有 2 个(或 2 个以上的)物体,即是说有两个非空真子集的元素之和相等,不妨设这两个非空真子集为 B_1 和 E_1 ,当 B_1 与 E_1 中可能有相同的元素时(但是不全相同的),我们把相同的元素删去后,仍可得两个不相交的非空真子集 B 与 E ,使它们的元素之和相等.所以本习题得证.

4. 证明：如图 6 所示，我们把正方形的对边中点联结起来，就得到 4 个小正方形，将这 4 个小正方形看为是 4 个抽屉，而把 5 个点看为是 5 个物体，则必有一个抽屉包含有至少两个物体，这就是说至少有两点要落在同一个小正方形内. 而小正方形的边长为

图 6

$\frac{1}{2}$，故对角线的长为 $\frac{\sqrt{2}}{2}$，因而落在同一个小正方形中的两点距离必定不大于 $\frac{\sqrt{2}}{2}$，所以本习题得证.

5. 证明：我们先来看每一列的三个小方格的涂色方式，因为每个小方格有两种涂色方法，故每一列的涂色方式共有 $2^3 = 8$（种）. 我们把这 8 种涂色方式看为是 8 个抽屉而把 9 列看为是 9 个物体，则由抽屉原则，至少有两列有相同的涂色方式. 故本习题得证.

6. 证明：设这五个整数是 a_1, a_2, a_3, a_4, a_5，又设它们被 3 除后所得的余数分别是 b_1, b_2, b_3, b_4, b_5，则显然有 $0 \leqslant b_i \leqslant 2, i = 1, 2, \cdots, 5$. 我们将 $0, 1, 2$ 看为是三个抽屉，而把 b_1, b_2, b_3, b_4, b_5 看为是 5 个物体. 我们分三种情况来进行讨论.

（i）若有两个抽屉是空的，则 5 个物体都在同一个抽屉里，我们从这个抽屉里任取出三个物体，也就是说这三个整数被 3 除后所得的余数相同，因而这三个余数之和能被 3 整除，于是这三个整数之和也能被 3 整除.

（ii）若有一个抽屉是空的，则 5 个物体都在另外两个抽屉里，由抽屉原则，必有一个抽屉包含至少三个物体，从这个抽屉里取出三个数来，与式（i）的分析一样，这三个整数之和能够被 3 整除.

（iii）若三个抽屉都不空，则我们分别从三个抽屉中各取出一个整数. 这三个数来自不同的抽屉，因而余数分别为 $0, 1, 2$，三个余数的和为 $0 + 1 + 2 = 3$，当然能被 3 整除，于是得到这三个整数之和也能被 3 整除.

由（i），（ii）和（iii），本习题得证.

7. 证明：因为一个整数被 n 除后所得的余数只可能是 $0, 1, \cdots, n-1$ 这 n 个数中的 1 个，因此，我们把 $0, 1, \cdots, n-1$ 这 n 个数看为是 n 个抽屉，而把 $a_1, \cdots, a_{n^2-2n+2}$ 看为是 $n^2 - 2n + 2$ 个物体. 我们分两种情况来进行讨论.

（i）当有 1 个（或 1 个以上的）抽屉是空的时，则 $n^2 - 2n + 2$ 个物体全部放进 $n - 1$ 个抽屉了. 根据抽屉原则，必有一个抽屉包含有至少 $\left[\frac{n^2 - 2n + 2 - 1}{n - 1}\right] + 1 = [n - 1] + 1 = n$（个）物体，也就是说，有 n 个数被 n 除后所得的余数相同，因而这 n 个余数之和能够被 n 整除，于是这 n 个整数之和也能够被 n 整除.

（ii）当 n 个抽屉都不空时，我们可以从这 n 个抽屉中各取出一个整数来，由于这 n 个整数来自不同的抽屉，因而它们被 n 除后所得的余数应该分别为 0，

$1,\cdots,n-1$，这 n 个余数之和为 $0+1+\cdots+n-1=\dfrac{(n-1)n}{2}$. 当 n 是一个奇数时，则有 $n-1$ 是偶数，故 $\dfrac{n-1}{2}$ 是整数，于是得到 $\dfrac{n-1}{2}\cdot n$ 是 n 的倍数，即这 n 个余数之和能够被 n 整除，进而得到这 n 个整数之和也能被 n 整除.

8.证明：不妨设这 $n+1$ 个正整数满足不等式

$$0 < a_1 \leqslant a_2 \leqslant \cdots \leqslant a_{n+1}$$

若上式中有一个等号成立，例如存在一个固定的 i（其中 $1\leqslant i \leqslant n$）使得 $a_i=a_{i+1}$ 成立，则 $a_{i+1}-a_i=0$，而 0 能被 n 整除，因此本习题结论已经成立. 故可进一步假设 $0 < a_1 < a_2 < \cdots < a_{n+1}$. 如果本习题结论不正确，即对任意的 i,j（其中 $1\leqslant i < j \leqslant n+1$），$a_j-a_i$ 都不是 n 的整数倍. 我们令

$$b_i = a_{n+1} - a_i \quad (i=1,2,\cdots,n)$$

由反证法假设，$b_i(i=1,2,\cdots,n)$ 都不能被 n 整除，我们设它们被 n 除后所得的余数分别为 $c_1,c_2,\cdots,c_n$，显然有 $1\leqslant c_i \leqslant n-1(i=1,2,\cdots,n)$. 我们把 $1,2,\cdots,n-1$ 看为是 $n-1$ 个抽屉，而把正整数 $c_1,c_2,\cdots,c_n$ 看为是 n 个物体，根据抽屉原则，至少存在两个正整数 i,j（其中 $1\leqslant i < j \leqslant n$），使得 $c_i=c_j$ 即有

$$(a_{n+1}-a_i)-k_in = (a_{n+1}-a_j)-k_jn \quad （其中 k_i 和 k_j 都是整数）$$

于是我们得到

$$a_j - a_i = (k_i - k_j)n$$

这与反证法假设矛盾，所以本习题得证.

9.证明：我们可以设这 n 个正整数满足不等式

$$0 < a_1 \leqslant a_2 \leqslant \cdots \leqslant a_n$$

若上式中有一个等号成立，则本习题结论已经成立，故可进一步假设

$$0 < a_1 < a_2 < \cdots < a_n$$

我们使用反证法来证明本习题结论，在上面不等式下仍然正确. 若不然，则对任意的 i,j（其中 $1\leqslant i < j \leqslant n$），$a_j-a_i$ 和 a_j+a_i 都不能被 n 整除. 我们令 $b_i = a_n-a_i(i=1,2,\cdots,n-1)$，又令 $b_n=a_n+a_1$，由反证法假设 $b_i(i=1,2,\cdots,n)$ 都不能被 n 整除，我们设它们被 n 除后所得的余数分别为 $c_1,c_2,\cdots,c_n$，则显然有 $1\leqslant c_i \leqslant n-1(i=1,2,\cdots,n)$. 我们把 $1,2,\cdots,n-1$ 看为是 $n-1$ 个抽屉，而把正整数 $c_1,c_2,\cdots,c_n$ 看为是 n 个物体，根据抽屉原则，至少存在两个正整数 i，j（其中 $1\leqslant i < j \leqslant n$）使得

$$c_i = c_j$$

当 $j=n$ 时，上式即为 $(a_n-a_i)-k_in = (a_n+a_1)-k_nn$（其中 k_i 与 k_n 都是整数），故我们有

$$a_1 + a_i = (k_n - k_i)n$$

这与反证法假设矛盾.

当 $1 \leqslant i < j \leqslant n-1$ 时,即有

$$(a_n - a_i) - k_i n = (a_n - a_j) - k_j n \quad (\text{其中 } k_i \text{ 与 } k_j \text{ 都是整数})$$

故我们有

$$a_j - a_i = (k_i - k_j)n$$

这也与反证法假设矛盾.

由以上的论述,本习题得证.

10. 证明:我们将对 a 和 b 使用双重归纳法. 当 $b=2$ 时,由本章书中的式 (2),我们有

$$N(a,2) = a = \binom{a+2-2}{a-1}$$

因而本习题结论当 $b=2$ 时成立. 当 $a=2$ 时,由本章书中的式(1)和(2)我们有

$$N(2,b) = b = \binom{2+b-2}{2-1}$$

故本习题结论当 $a=2$ 时也成立.

现在我们假定对于 $N(a,b-1)$ 和 $N(a-1,b)$,本习题结论都成立,即有

$$N(a,b-1) \leqslant \binom{a+b-1-2}{a-1} = \binom{a+b-3}{a-1}$$

$$N(a-1,b) \leqslant \binom{a-1+b-2}{a-1-1} = \binom{a+b-3}{a-2}$$

而来证明本习题结论对 $N(a,b)$ 也成立,因而由数学归纳法就知道本习题结论成立.

由本章书中的式(3),我们有

$$N(a,b) \leqslant N(a,b-1) + N(a-1,b) \leqslant$$

$$\binom{a+b-3}{a-1} + \binom{a+b-3}{a-2} =$$

$$\binom{a+b-3+1}{a-1} = \binom{a+b-2}{a-1}$$

故本习题得证.

11. 证明:对于任一整数 n,将区间 $[0,1)$ 等分为 n 个小区间

$$\left[0, \frac{1}{n}\right), \left[\frac{1}{n}, \frac{2}{n}\right), \cdots, \left[\frac{n-1}{n}, 1\right)$$

对任一实数 $a \in [0,1)$,必在且仅在某一小区间内. 对任给实数 w,考虑如下 $n+1$ 个实数

$$0 \leqslant iw - [iw] < 1 \quad i = 0,1,2,\cdots,n$$

根据抽屉原则,在上述 n 个小区间中,至少存在一个小区间,其内同时落入两个

上述这样的实数.不妨设为 $rw-[rw]$ 和 $sw-[sw]$,这两实数进入同一小区间.记

$$r-s=a,[rw]-[sw]=b$$

由于小区间长小于 $\frac{1}{n}$,故

$$\mid(rw-[rw])-(sw-[sw])\mid=\mid aw-b\mid<\frac{1}{n}$$

由于 $0\leqslant r\leqslant n,0\leqslant s\leqslant n,a\neq 0$,故 $0<\mid a\mid\leqslant n$.于是当 $a>0$ 时,取 $x=a$, $y=b$,即得证;当 $a<0$ 时,取 $x=-a,y=-b$,问题亦得证.

12.解:我们有

$$ab=\begin{pmatrix}1&2&3&4&5&6&7\\6&3&5&2&4&1&7\end{pmatrix}\begin{pmatrix}1&2&3&4&5&6&7\\6&7&2&1&3&4&5\end{pmatrix}=$$

$$\begin{pmatrix}1&2&3&4&5&6&7\\4&2&3&7&1&6&5\end{pmatrix}$$

$$ba=\begin{pmatrix}1&2&3&4&5&6&7\\6&7&2&1&3&4&5\end{pmatrix}\begin{pmatrix}1&2&3&4&5&6&7\\6&3&5&2&4&1&7\end{pmatrix}=$$

$$\begin{pmatrix}1&2&3&4&5&6&7\\1&7&3&6&5&2&4\end{pmatrix}$$

故得到 $ab\neq ba$.

13.证明:设 $P_1=(a,b)$,则我们有

$$P_1^2=(a,b)(a,b)=(a)(b)=I$$

设 $P_2=(a,b,c)$,则我们有

$$P_2^3=(a,b,c)(a,b,c)(a,b,c)=$$
$$(a,c,b)(a,b,c)=I$$

设 $P_{k-1}=(a_1,a_2,a_3,\cdots,a_k)$,则我们有

$$P_{k-1}^k=(a_1,a_2,\cdots,a_k)(a_1,a_2,\cdots,a_k)\cdots(a_1,a_2,\cdots,a_k)$$

我们首先来看 a_1 的变化:在第一个因子里,$a_1\rightarrow a_2$;在第二个因子里,$a_2\rightarrow a_3$;在第三个因子里,$a_3\rightarrow a_4$,……;在第 n(其中 $1\leqslant n\leqslant k-1$)个因子里,$a_n\rightarrow a_{n+1}$,……,最后在第 k 个因子里,$a_k\rightarrow a_1$.因而当这 k 个因子乘起来时,a_1 的变化路线是 $a_1\rightarrow a_2\rightarrow a_3\rightarrow\cdots\rightarrow a_k\rightarrow a_1$,所以在乘积运算后得到的第一个因子是 (a_1).现在我们再来看 a_2 的变化:在第一个因子里,$a_2\rightarrow a_3$;在第二个因子里,$a_3\rightarrow a_4$;……;在第 n 个因子里(其中 n 满足条件 $1\leqslant n\leqslant k-2$),$a_{n+1}\rightarrow a_{n+2}$;……;在第 $k-1$ 个因子里,$a_k\rightarrow a_1$;在第 k 个因子里,$a_1\rightarrow a_2$.因此,在这 k 个因子的乘积里,a_2 的变化路线是 $a_2\rightarrow a_3\rightarrow\cdots\rightarrow a_k\rightarrow a_1\rightarrow a_2$,所以在乘积运算后得到的第二个因子是 (a_2).以此类推,在乘积中 a_n(其中 n 满足条件 $1\leqslant n\leqslant k-1$)的变化路线是 $a_n\rightarrow a_{n+1}\rightarrow\cdots\rightarrow a_k\rightarrow a_1\rightarrow\cdots\rightarrow a_n$,所以在乘积运

算后我们得到的第 n 个因子是 (a_n)，……，最后，在乘积中 a_k 的变化路线是 $a_k \rightarrow a_1 \rightarrow a_2 \rightarrow \cdots \rightarrow a_{k-1} \rightarrow a_k$，所以在乘积运算后我们得到的最后一个因子是 (a_k).
由上面的论述，我们有

$$P_{k-1}^k = (a_1, a_2, \cdots, a_k)(a_1, a_2, \cdots, a_k) \cdots (a_1, a_2, \cdots, a_k) =$$
$$(a_1)(a_2) \cdots (a_k) = I$$

故本习题得证.

14. 证明：由于 $P = (1,2)(3,4,5,6)$，我们有

$$P^2 = (1,2)(3,4,5,6)(1,2)(3,4,5,6) =$$
$$(1)(2)(3,5)(4,6) = (3,5)(4,6)$$
$$P^3 = P^2 P = (3,5)(4,6)(1,2)(3,4,5,6) =$$
$$(1,2)(3,6,5,4)$$
$$P^4 = P^3 P = (1,2)(3,6,5,4)(1,2)(3,4,5,6) =$$
$$(1)(2)(3)(4)(5)(6) = I$$

故本习题得证.

第四章

1. 解：我们用 P_1 来表示一个整数能被 13 整除的这个性质，用 P_2 来表示一个整数能被 51 整除的这个性质，用 A 来表示从 1 到 10 000 中的所有整数所组成的集合，用 A_1 来表示 A 中的具有性质 P_1 的整数所组成的子集合，用 A_2 来表示 A 中的具有性质 P_2 的整数所组成的子集合，于是我们要求的就是集合 $\overline{A_1} \cap \overline{A_2}$ 中的整数的个数. 首先，我们有

$$| A_1 | = \left\lceil \frac{10\ 000}{13} \right\rceil = 769$$

$$| A_2 | = \left\lceil \frac{10\ 000}{51} \right\rceil = 196$$

在集合 $A_1 \cap A_2$ 中的整数是同时能够被 13 和 51 整除的，而一个整数能够同时被 13 和 51 整除的充要条件是这个整数能够被 13 与 51 的最小公倍数整除，13 与 51 的最小公倍数是 663，所以 $A_1 \cap A_2$ 中的整数一定能够被 663 整除，故我们有

$$| A_1 \cap A_2 | = \left\lceil \frac{10\ 000}{663} \right\rceil = 15$$

于是由本章书中定理 1，我们得到，1 到 10 000 中的既不能被 13 整除又不能被 51 整除的整数的个数为

$$|\overline{A_1} \cap \overline{A_2}| = |A| - (|A_1| + |A_2|) + |A_1 \cap A_2| =$$
$$10\,000 - (769 - 196) + 15 =$$
$$9\,050$$

故本习题得解.

2.解:设参加竞赛的120个学生所组成的集合为 S,而其中做对甲题的学生组成的集合为 A_1,做对乙题的学生组成的集合为 A_2,做对丙题的学生的集合为 A_3;那以既做对甲题又做对乙题的学生的集合为 $A_1 \cap A_2$,既做对甲题又做对丙题的学生的集合为 $A_1 \cap A_3$,既做对乙题又做对丙题的学生的集合为 $A_2 \cap A_3$;三题都做对的学生的集合为 $A_1 \cap A_2 \cap A_3$,三题都没有做对的学生的集合为 $\overline{A_1} \cap \overline{A_2} \cap \overline{A_3}$. 由题目所给的已知条件,我们有

$$|S| = 120, |A_1| = 48, |A_2| = 56, |A_1 \cap A_2| = 20, |A_1 \cap A_2| = 16$$
$$|A_2 \cap A_3| = 28, |A_1 \cap A_2 \cap A_3| = 12, |\overline{A_1} \cap \overline{A_2} \cap \overline{A_3}| = 16$$

由本章书中定理1,我们得到

$$|\overline{A_1} \cap \overline{A_2} \cap \overline{A_3}| = |S| - (|A_1| + |A_2| + |A_3|) + (|A_1 \cap A_2| +$$
$$|A_1 \cap A_3| + |A_2 \cap A_3|) - |A_1 \cap A_2 \cap A_3|$$

即是

$$|A_3| = |S| - |A_1| - |A_2| + |A_1 \cap A_2| + |A_1 \cap A_3| +$$
$$|A_2 \cap A_3| - |A_1 \cap A_2 \cap A_3| - |\overline{A_1} \cap \overline{A_2} \cap \overline{A_3}| =$$
$$120 - 48 - 56 + 20 + 16 + 28 - 12 - 16 = 52$$

故做对了丙题的学生有52名,本习题得解.

3.证明:当 $n=1$ 时, $\varphi(1) = 1$. 当 $n > 1$ 时,设 p 是 n 的一个素因数,又令 r 是满足条件 $p^r \mid n$ 的最大整数,于是我们可设 $n = p^r a$,则得到 $(a,p) = 1$. 由于 $\varphi(n)$ 是积性函数,故有

$$\varphi(n) = \varphi(p^r a) = \varphi(p^r)\varphi(a) = p^{r-1}(p-1)\varphi(a)$$

当 p 是奇素数时, $2 \mid p-1$,故 $\varphi(n)$ 是偶数. 当 $p=2, r>1$ 时, $\varphi(n)$ 也是偶数;当 $p=2, r=1$ 时, $\varphi(n) = \varphi(a)$,其中 a 是奇数. 这时如果 $a=1$,由 $\varphi(a)=1$ 知 $\varphi(n)=1$;如果 $a>1$. 由于 a 本身是奇数,它的素因数当然也是奇数,由前面的证明 $\varphi(a)$ 是偶数,从而 $\varphi(n)$ 也是偶数. 故本习题得证.

4.证明:我们分两种情况来讨论.

(i)当 $m < n$ 时,则我们有 $m, m+1, m+2, \cdots, m+n-1$ 中有一些数大于 n,有一些数小于 n,因而这 n 个数就为

$$m, m+1, \cdots, n, n+1, \cdots, m+n-1$$

将这些数除以 n,余数为

$$m, m+1, \cdots, n-1, 0, 1, \cdots, m-1$$

此中所有与 n 互素的整数与

$$1,2,\cdots,m-1,m,m+1,\cdots,n$$

中所有与 n 互素的整数相同,这样的整数个数为 $\varphi(n)$. 又由于如果 $(l,n)=1$,则 $(l+qn,n)=1$,其中 q 是任意整数. 因此原来的 n 个连续整数中与 n 互素的个数为 $\varphi(n)$.

(ii) 当 $m\geqslant n$ 时,将 $m,m+1,\cdots,m+n-1$ 除以 n 后所得的余数设为 r_1, $r_2,\cdots,r_n$,其中当 $1\leqslant i\leqslant n$ 时都有 $0\leqslant r_i\leqslant n-1$. 其次我们要来证明 $r_1,r_2,\cdots,$ r_n 中的数两两互相不等,若不然,存在有某一对 i 和 j(其中 $1\leqslant i<j\leqslant n$),使 得 $r_i=r_j$,则得到 $m+i-1\equiv m+j-1 \pmod{n}$ 这显然是不可能的,故 r_1, $r_2,\cdots,r_n$ 是 $0,1,\cdots,n-1$ 的一个更列. 于是 $r_1,r_2,\cdots,r_n$ 中所有与 n 互素的整数 和 $1,2,\cdots,n$ 中所有与 n 互素的整数相同,仿(i)的讨论,我们也能得到 $m,m+$ $1,\cdots,m+n-1$ 中与 n 互素的整数个数为 $\varphi(n)$.

由(i)(ii),本习题得证.

5. 证明:设 $n=p_1^{\alpha_1}p_2^{\alpha_2}\cdots p_r^{\alpha_r}$,其中 r 和 $\alpha_1,\alpha_2,\cdots,\alpha_r$ 都是正整数,而 p_1, $p_2,\cdots,p_r$ 都是各不相同的素数. 由本章书中例 3 的公式,则我们有

$$\varphi(n)=n\left(1-\frac{1}{p_1}\right)\left(1-\frac{1}{p_2}\right)\cdots\left(1-\frac{1}{p_r}\right)$$

又由同一公式得到当 m 是一个正整数时有

$$\varphi(n^m)=n^m\left(1-\frac{1}{p_1}\right)\left(1-\frac{1}{p_2}\right)\cdots\left(1-\frac{1}{p_r}\right)$$

所以我们有

$$\varphi(n^m)=n^{m-1}\cdot n\left(1-\frac{1}{p_1}\right)\left(1-\frac{1}{p_2}\right)\cdots\left(1-\frac{1}{p_r}\right)=$$
$$n^{m-1}\varphi(n)$$

特别是当 $m=2$ 时,我们有

$$\varphi(n^2)=n^{2-1}\varphi(n)=n\varphi(n)$$

故本习题得证.

6. 解:由于 $5\ 186=2\times 2\ 593$,而 2 与 2 593 都是素数,故由本章书中的例 3 里的公式,我们有

$$\varphi(5\ 186)=5\ 186\left(1-\frac{1}{2}\right)\left(1-\frac{1}{2\ 593}\right)=$$
$$2\times 2\ 593\times\frac{1}{2}\times\frac{2\ 592}{2\ 593}=$$
$$2\ 592$$

由于 $5\ 187=3\times 7\times 13\times 19$,而 $3,7,13,19$ 都是素数,故由本章书中例 3 的公式, 我们有

$$\varphi(5\ 187)=5\ 187\left(1-\frac{1}{3}\right)\left(1-\frac{1}{7}\right)\left(1-\frac{1}{13}\right)\left(1-\frac{1}{19}\right)=$$

$$3 \times 7 \times 13 \times 19 \times \frac{2}{3} \times \frac{6}{7} \times \frac{12}{13} \times \frac{18}{19} = 2\ 592$$

由于 $5\ 188 = 2^2 \times 1\ 297$，而 2 与 1 297 都是素数，故由本章书中例 3 的公式，我们有

$$\varphi(5\ 188) = 5\ 188\left(1 - \frac{1}{2}\right)\left(1 - \frac{1}{1\ 297}\right) =$$

$$2^2 \times 1\ 297 \times \frac{1}{2} \times \frac{1\ 296}{1\ 297} =$$

$$2\ 592$$

所以本习题得解.

第五章

1. 证明：令

$$G(x) = \sum_{n=1}^{\infty} F_n x^n$$

则由于 $F_1 = F_2 = 1$ 和当 $n \geqslant 3$ 时有 $F_n = F_{n-1} + F_{n-2}$，而我们得到

$$G(x) - xG(x) - x^2 G(x) =$$

$$x + (F_2 - F_1)x^2 + \sum_{n \geqslant 3}(F_n - F_{n-1} - F_{n-2})x^n = x$$

即有

$$G(x) = \frac{x}{1 - x - x^2} = \frac{\left(\frac{1+\sqrt{5}}{2} - \frac{1-\sqrt{5}}{2}\right)x}{\sqrt{5}\left(1 - \frac{(1+\sqrt{5}+1-\sqrt{5})x}{2} + \frac{(1+\sqrt{5})(1-\sqrt{5})x^2}{4}\right)} =$$

$$\frac{(a-b)x}{\sqrt{5}(1 - ax - bx + abx^2)} = \frac{1}{\sqrt{5}}\left(\frac{1}{1-ax} - \frac{1}{1-bx}\right) =$$

$$\frac{1}{\sqrt{5}}\left(\sum_{n=0}^{\infty}(ax)^n - \sum_{n=0}^{\infty}(bx)^n\right) =$$

$$\sum_{n=0}^{\infty}\frac{a^n - b^n}{\sqrt{5}}x^n$$

比较上式两边 x^n 的系数，就知道式(i)成立.

在式(i)中，由于 F_n 是个正整数，并且当 $n \geqslant 1$ 时有

$$0 < \frac{(\sqrt{5} - 1)^n}{\sqrt{5}(2^n)} < 1$$

从而得到

$$F_n = \left[\frac{\left(\frac{1+\sqrt5}{2}\right)^n}{\sqrt5}\right] + c_n$$

故式(ii)成立.

现在我们来看式(ii)的一些奇异现象,我们知道$\frac{1+\sqrt5}{2}$和$\frac{1-\sqrt5}{2}$这两个数都是无理数而斐波那契数都是正整数.正整数可用无理数来表示,这真是有些奇特.由式(ii)知道,当我们要计算F_n的数值时,只需计算$\frac{(1+\sqrt5)^n}{\sqrt5(2^n)}$中的整数部分的数值.

2.证明:令$L_0 = 2$,又令
$$L(x) = \sum_{n=0}^{\infty} L_n x^n$$
则由于$L_0 = 2, L_1 = 1, L_2 = 3$和当$n \geqslant 3$时有
$$L_n = L_{n-1} + L_{n-2}$$
而我们有
$$L(x) - xL(x) - x^2 L(x) =$$
$$2 + (1-2)x + (3-1-2)x^2 + \sum_{n=0}^{\infty}(L_n - L_{n-1} - L_{n-2})x^n =$$
$$2 - x$$
即有
$$L(x) = \frac{2-x}{1-x-x^2} = \frac{1-ax+1-bx}{(1-ax)(1-bx)} =$$
$$\frac{1}{1-ax} + \frac{1}{1-bx} =$$
$$\sum_{n=0}^{\infty}(ax)^n + \sum_{n=0}^{\infty}(bx)^n =$$
$$\sum_{n=0}^{\infty}(a^n + b^n)x^n$$
比较上式两边x^n中的系数就知道式(i)成立.

在式(i)中,由于L_n是一个正整数和当$n \geqslant 1$时有
$$0 < \left(\frac{\sqrt5-1}{2}\right)^n < 1$$
而知道式(ii)成立,所以本习题得证.

3.证明:当$n \geqslant 1$时,则由本章习题1中的式(i)和习题2中的式(i),我们有
$$L_n^2 - 5F_n^2 = (a^n + b^n)^2 - (a^n - b^n)^2 =$$

$$4(ab)^n = 4(-1)^n \tag{1}$$

由上式即知本习题成立.

4. 证明:当 $n \geqslant 1$ 时,则由本章习题 1 中的式(i),我们有

$$F_n^2 - F_{n+1}F_{n-1} =$$

$$\frac{1}{5}\{(a^n - b^n)^2 - (a^{n+1} - b^{n+1})(a^{n-1} - b^{n-1})\} =$$

$$\frac{(-2)(-4)^n + (12)(-4)^{n-1}}{(5)(2^{2^n})} =$$

$$\frac{(-4)^{n-1}(8+12)}{(5)(2^{2^n})} = (-1)^{n-1}$$

由上式,我们有

$$(F_n, F_{n+1}) = 1$$

由本章习题 2 中的式(i),我们有

$$L_n^2 - L_{n-1}L_{n+1} = (a^n + b^n)^2 - (a^{n-1} + b^{n-1})(a^{n+1} + b^{n+1}) =$$

$$\frac{2(1+\sqrt{5})^n(1-\sqrt{5})^n - (1+\sqrt{5})^{n-1}(1-\sqrt{5})^{n-1}((1+\sqrt{5})^2 + (1-\sqrt{5})^2)}{2^{2^n}} =$$

$(-1)^n 5$

由上式及式(1),我们有

$$(L_n, L_{n+1}) = 1$$

故本习题得证.

5. 证明:现在我们要使用数学归纳法来证明本题结论成立. 当 $n=1$ 时,显见结论成立. 现设当 $n=1,\cdots,N-1$ 时,本题结论都成立,而来证明当 $n=N$ 时,结论也能成立. 当 $n \geqslant 1, m \geqslant 1$ 时,则由本章习题 1 中的式(i) 和习题 2 中的式(i),我们有

$$F_n L_m + F_m L_n =$$

$$\frac{((1+\sqrt{5})^n - (1-\sqrt{5})^n)((1+\sqrt{5})^m + (1-\sqrt{5})^m)}{(\sqrt{5})(2^{n+m})} +$$

$$\frac{((1+\sqrt{5})^m - (1-\sqrt{5})^m)((1+\sqrt{5})^n + (1-\sqrt{5})^n)}{(\sqrt{5})(2^{n+m})} =$$

$$\frac{2((1+\sqrt{5})^{n+m} - (1-\sqrt{5})^{n+m})}{(\sqrt{5})(2^{n+m})} =$$

$$2F_{n+m}$$

由上式我们有

$$2F_{Nm} = 2F_{m|(N-1)m} = F_m L_{(N-1)m} + F_{(N-1)m} L_m \tag{2}$$

由于归纳法假设有 $F_m \mid F_{(N-1)m}$ 和式(2),我们有 $F_m \mid 2F_{Nm}$,故当 F_m 是奇数时

则我们有 $F_m \mid F_{Nm}$，现设 F_m 是偶数，则由本章习题 3 知道 L_m 也是偶数，由于 F_m 是偶数和 $F_m \mid F_{(N-1)m}$ 知道 $F_{(N-1)m}$ 也是偶数，又由本章习题 3 知道 $L_{(N-1)m}$ 也是偶数，由式（2）我们有

$$F_{Nm} = F_m \left(\frac{L_{(N-1)m}}{2} \right) + F_{(N-1)m} \left(\frac{L_m}{2} \right)$$

其中 $\dfrac{L_{(N-1)m}}{2}$ 和 $\dfrac{L_m}{2}$ 都是正整数，由于 $F_m \mid F_{(N-1)m}$，故当 F_m 是偶数时我们也有 $F_m \mid F_{Nm}$，因而由数学归纳法知道本习题结论成立.

6.证明：由本章习题 1 中式（i）我们有

$F_{4k}^2 - F_{4k-2}F_{4k+2} =$

$\left(\dfrac{1}{(5)(2^{8k})} \right) \{ ((1+\sqrt{5})^{4k} - (1-\sqrt{5})^{4k})^2 -$

$((1+\sqrt{5})^{4k-2} - (1-\sqrt{5})^{4k-2})((1+\sqrt{5})^{4k+2} - (1-\sqrt{5})^{4k+2}) \} =$

$\dfrac{(-2)(1+\sqrt{5})^{4k}(1-\sqrt{5})^{4k} + (1+\sqrt{5})^{4k-2}(1-\sqrt{5})^{4k-2}((1+\sqrt{5})^4 + (1-\sqrt{5})^4)}{(5)(2^{8k})} =$

$\dfrac{(-2)(-4)^{4k} + (-4)^{4k-2}(2+60+50)}{(5)(2^{8k})} = 1$

故本习题得证.

7.证明：当 n 是 3 的倍数时则由本章习题 5 我们有 $F_3 \mid F_n$，又由于 $F_3 = 2$，故得到 $2 \mid F_n$. 现设 $2 \mid F_n$ 而来证明 n 一定是 3 的倍数. 我们令 $n = 3k+l$，其中 $0 \leqslant l \leqslant 2$，当 $l=0$ 时则 n 是 3 的倍数. 当 $l=1$ 时，则由于 $2 \mid F_{3k+1}$ 和 $2 \mid F_{3k}$ 而得到 $2 \mid (F_{3k}, F_{3k+1})$，这和本章习题 4 的结论发生矛盾；当 $l=2$ 时，则由于 $2 \mid F_{3k+2}$ 和 $2 \mid F_{3k+3}$ 而得到 $2 \mid (F_{3k+2}, F_{3k+3})$，这也和本章习题 4 的结论发生矛盾，故当 $2 \mid F_n$ 时，则 n 一定是 3 的倍数.

当 n 是 4 的倍数时，则由本章习题 5 我们有 $F_4 \mid F_n$，又由于 $F_4 = 3$，故得到 $3 \mid F_n$；现设 $3 \mid F_n$ 而来证明 n 一定是 4 的倍数. 令 $n = 4k+l$，其中 $0 \leqslant l \leqslant 3$，当 $l=0$ 时则 n 是 4 的倍数；当 $l=1$ 时，则由于 $3 \mid F_{4k+1}$ 和 $3 \mid F_{4k}$ 而得到 $3 \mid (F_{4k}, F_{4k+1})$，这和本章习题 4 的结论发生矛盾；当 $l=2$ 时，由于 $3 \mid F_{4k+2}$ 和 $3 \mid F_{4k}$ 而得到 $3 \mid (F_{4k}, F_{4k+2})$，这和本章习题 6 的结论发生矛盾；当 $l=3$ 时，则由于 $3 \mid F_{4k+3}$ 和 $3 \mid F_{4k+4}$ 而得到 $3 \mid (F_{4k+3}, F_{4k+4})$，这和本章习题 4 的结论发生矛盾. 故当 $3 \mid F_n$ 时，则 n 一定是 4 的倍数，因而本习题 得证.

8.解：首先我们来计算 B_1, B_2, B_3, B_4. 我们用"1"表示买 1 元钱蔬菜；用"2"表示买 2 元钱猪肉；用"二"表示买 2 元钱鸡蛋. 例如使用记号（二,1,2）来表示 5 元钱的一种用法：第一天买的是 2 元钱鸡蛋，第二天买的是 1 元钱蔬菜，第三天买的是 2 元钱猪肉.

当我们只有 1 元钱时，则第一天只能买蔬菜，因为买猪肉或鸡蛋都需要 2 元

钱,故得到 1 元钱的用法只有一种,即为(1),所以我们有 $B_1=1$. 当我们有 2 元钱时,若第一天买蔬菜,则用去 1 元钱,还剩 1 元钱,则第二天只能还是买蔬菜,这是一种用法,即为(1,1);若第一天买猪肉,则 2 元钱恰好用完,所以这也是一种用法,即为(2);若第一天买鸡蛋,则 2 元钱恰好用完,所以这也是一种用法,即为(二). 故得到 $B_2=3$. 当我们有 3 元钱时,若第一天买蔬菜,则还剩余 2 元钱,这 2 元钱第二天还可以用来再买蔬菜,还剩 1 元钱,则这 1 元钱第三天只可以用来买蔬菜,这是一种用法,即为(1,1,1);若第一天买蔬菜,则还剩余 2 元钱,这两元钱可以用来买猪肉,这也是一种用法,即为(1,2);若第一天买蔬菜,则还剩余 2 元钱,这两元钱可以用来买鸡蛋,这也是一种用法,即为(1,二);若第一天买猪肉,则还剩 1 元钱,这 1 元钱只能用来买蔬菜,这是一种用法,即为(2,1);若第一天买鸡蛋,则还剩余 1 元钱,第二天只能用来买蔬菜,这也是一种用法,即为(二,1). 故得到 $B_3=5$. 当我们有 4 元钱时,使用同样的计算方法,可以得到它的所有用法是(1,1,1,1),(1,1,2),(1,1,二),(1,2,1),(1,二,1),(2,1,1),(2,2),(2,二),(二,1,1),(二,2),(二,二),即得到 $B_4=11$. 所以我们有
$$B_1=1,B_2=3,B_3=5,B_4=11$$
由于 $B_3=5=3+2=B_2+2B_1,B_4=11=5+2\times3=B_3+2B_2$,所以当 $1\leqslant n\leqslant4$ 时,B_n 的数学式子已经求出来了.

现设有 n 元钱(其中 $n\geqslant5$),假定第一天买蔬菜,则用去 1 元钱,还剩 $n-1$ 元钱,这 $n-1$ 元钱的用法有 B_{n-1} 种;假定第一天买猪肉,则用去 2 元钱,还剩 $n-2$ 元钱,这 $n-2$ 元钱的用法为 B_{n-2} 种;假定第一天买鸡蛋,则用去 2 元钱,还剩 $n-2$ 元钱,这 $n-2$ 元钱的用法为 B_{n-2} 种. 所以我们得到
$$B_n=B_{n-1}+B_{n-2}+B_{n-2}=B_{n-1}+2B_{n-2}$$
因而 B_n 的数学式子已经求出来了.

9.解:由已知条件,我们可以看出
$$B_2=3=2+1=2B_1+(-1)^2$$
$$B_3=5=6-1=2\times3+(-1)^3=2B_2+(-1)^3$$
$$B_4=11=10+1=2\times5+(-1)^4=2B_3+(-1)^4$$
所以我们猜想:当 $n\geqslant2$ 时有
$$B_n=2B_{n-1}+(-1)^n \tag{3}$$
现在我们使用数学归纳法来证明式(3)是成立的. 当 $n=2,3,4$ 时,我们已经知道式(3)成立. 因而我们假定 $k\geqslant4$ 而当 $n=k$ 时,式(3)成立,即有 $B_k=2B_{k-1}+(-1)^k$,也就是
$$2B_{k-1}=B_k-(-1)^k=B_k+(-1)^{k+1} \tag{4}$$
则当 $n=k+1$ 时,将式(4)代入递推关系式 $B_n=B_{n-1}+2B_{n-2}$ 中可以得到
$$B_{k+1}=B_k+2B_{k-1}=B_k+B_k+(-1)^{k+1}=$$

$$2B_k + (-1)^{k+1}$$

所以式(3)当 $n=k+1$ 时也成立. 因而由数学归纳法知道式(3)成立.

由于

$$B_1 = 1 = \frac{4-1}{3} = \frac{2^{1+1}+(-1)^1}{3}$$

$$B_2 = 3 = \frac{8+1}{3} = \frac{2^{2+1}+(-1)^2}{3}$$

$$B_3 = 5 = \frac{16-1}{3} = \frac{2^{3+1}+(-1)^3}{3}$$

$$B_4 = 11 = \frac{32+1}{3} = \frac{2^{4+1}+(-1)^4}{3}$$

因而当 $1 \leqslant n \leqslant 4$ 时,B_n 的一般表达式已经求出来了. 而当 $n \geqslant 5$ 时,由式(3),我们有

$$B_n = 2B_{n-1} + (-1)^n =$$
$$2[2B_{n-2} + (-1)^{n-1}] + (-1)^n =$$
$$2^2 B_{n-2} + (-1)^{n-1} \times 2 + (-1)^n =$$
$$2^2[2B_{n-3} + (-1)^{n-2}] + (-1)^{n-1} \times 2 + (-1)^n =$$
$$2^3 B_{n-3} + (-1)^{n-2} \times 2^2 + (-1)^{n-1} \times 2 + (-1)^n = \cdots =$$
$$2^{n-1} B_1 + (-1)^2 \times 2^{n-2} + (-1)^3 \times 2^{n-3} + \cdots +$$
$$(-1)^{n-2} \times 2^2 + (-1)^{n-1} \times 2 + (-1)^n =$$
$$2^{n-1} + 2^{n-2} - 2^{n-3} + \cdots + (-1)^{n-1} \times 2 + (-1)^n =$$
$$2^{n-1} + \frac{2^{n-2}\left[1 - \left(-\frac{1}{2}\right)^{n-1}\right]}{1 - \left(-\frac{1}{2}\right)} =$$
$$2^{n-1} + \frac{2^{n-1}\left[1 + (-1)^n \left(\frac{1}{2}\right)^{n-1}\right]}{3} =$$
$$\frac{4 \times 2^{n-1} + (-1)^n}{3} =$$
$$\frac{2^{n+1} + (-1)^n}{3}$$

因而本习题得解.

10. 证明:由本章习题 9,我们有 $B_n = \dfrac{2^{n+1}+(-1)^n}{3}$,又因为 B_n 是一个正整数,所以本习题得证.

11. 解:由本章书中式(53),我们有

$$x = (\mathrm{e}^x - 1) \sum_{n=0}^{\infty} \frac{B_n}{n!} x^n = \left(\sum_{n=0}^{\infty} \frac{1}{k!} x^k - 1\right)\left(\sum_{n=0}^{\infty} \frac{B_n}{n!} x^n\right) =$$

$$\left(\sum_{n=0}^{\infty} \frac{1}{k!} x^k \right) \left(\sum_{n=0}^{\infty} \frac{B_n}{n!} x^n \right)$$

比较上式两边中的 x 的系数,即可得

$$B_0 = 1 \tag{5}$$

在本章书中的式(58)里取 $n=2$,并由本章习题解答的式(5),则我们有

$$B_1 = -\frac{B_0}{2} = -\frac{1}{2} \tag{6}$$

在本章书中的式(58)里取 $n=3$,并由本章习题解答的式(5)和式(6),我们有

$$B_2 = -\frac{1}{3}(B_0 + 3B_1) = -\frac{1}{3}\left(1 - \frac{3}{2}\right) = \frac{1}{6} \tag{7}$$

在本章书中的式(58)里取 $n=4$,并由本章习题解答的式(5)和式(7),我们有

$$B_3 = -\frac{1}{4}(B_0 + 4B_1 + 6B_2) = -\frac{1}{4}\left(1 - \frac{4}{2} + \frac{6}{6}\right) = 0 \tag{8}$$

在本章书中的式(58)里取 $n=5$,并由本章习题解答的式(5)到式(8),我们有

$$B_4 = -\frac{1}{5}(B_0 + 5B_1 + 10B_2 + 10B_3) =$$
$$-\frac{1}{5}\left(1 - \frac{5}{2} + \frac{10}{6} + 0\right) = -\frac{1}{30} \tag{9}$$

在本章书中的式(58)里取 $n=6$,并由本章习题解答的式(5)到式(9),我们有

$$B_5 = -\frac{1}{6}(B_0 + 6B_1 + 15B_2 + 20B_2 + 15B_4) =$$
$$-\frac{1}{6}\left(1 - \frac{6}{2} + \frac{15}{6} + 0 - \frac{15}{30}\right) = 0 \tag{10}$$

在本章书中的式(58)里取 $n=7$,并由本章习题解答的式(5)到式(10),我们有

$$B_6 = -\frac{1}{7}(B_0 + 7B_1 + 21B_2 + 35B_3 + 35B_4 + 21B_5) =$$
$$-\frac{1}{7}\left(1 - \frac{7}{2} + \frac{21}{6} + 0 - \frac{35}{30} + 0\right) = \frac{1}{42} \tag{11}$$

在本章书中的式(58)里取 $n=8$,并由本章习题解答的式(5)到式(11),我们有

$$B_7 = -\frac{1}{8}(B_0 + 8B_1 + 28B_2 + 56B_3 + 70B_4 + 56B_5 + 28B_6) =$$

$$-\frac{1}{8}\left(1-\frac{8}{2}+\frac{28}{6}+0-\frac{70}{30}+0+\frac{28}{42}\right)=0 \tag{12}$$

在本章书中的式(58)里取 $n=9$，并由本章习题解答的式(5)到式(12)，我们有

$$B_8=-\frac{1}{9}(B_0+9B_1+36B_2+84B_3+126B_4+126B_5+84B_6+36B_7)=$$

$$-\frac{1}{9}\left(1-\frac{9}{2}+\frac{36}{6}+0-\frac{126}{30}+0+\frac{84}{42}+0\right)=-\frac{1}{30} \tag{13}$$

在本章书中的式(58)里取 $n=10$，并由本章习题解答中的式(5)到式(13)，我们有

$$B_9=-\frac{1}{10}(B_0+10B_1+45B_2+120B_3+210B_4+252B_5+210B_6+120B_7+45B_8)=$$

$$-\frac{1}{10}\left(1-\frac{10}{2}+\frac{45}{6}+0-\frac{210}{30}+0+\frac{210}{42}+0-\frac{45}{30}\right)=0 \tag{14}$$

在本章书中的式(58)里取 $n=11$，并由本章习题解答的式(5)到式(14)，我们有

$$B_{10}=-\frac{1}{11}(B_0+11B_1+55B_2+165B_3+330B_4+462B_5+$$

$$462B_6+330B_7+165B_8+55B_9)=$$

$$-\frac{1}{11}\left(1-\frac{11}{2}+\frac{55}{6}+0-\frac{330}{30}+0+\frac{462}{42}+0-\frac{165}{30}+0\right)=$$

$$\frac{5}{66} \tag{15}$$

由式(5)到(15)，知道本习题得解.

12. 解：由本章书中定理 8 和本章习题解答中的式(7)，我们有

$$\sum_{n=1}^{\infty}n^{-2}=\zeta(2)=(-1)^{1+1}\frac{(2\pi)^2B_2}{2\times(2!)}=\frac{4\pi^2\times\frac{1}{6}}{4}=\frac{\pi^2}{6} \tag{16}$$

由本章书中定理 8 和本章习题解答中的式(9)，我们有

$$\sum_{n=1}^{\infty}n^{-4}=\zeta(4)=(-1)^{2+1}\frac{(2\pi)^4B_4}{2(4!)}=$$

$$-\frac{2^4\pi^4\left(-\frac{1}{30}\right)}{2\times24}=\frac{\pi^4}{90} \tag{17}$$

由本章书中定理 8 和本章习题解答中的式(11)，我们有

$$\sum_{n=1}^{\infty}n^{-6}=\zeta(6)=(-1)^{3+1}\frac{(2\pi)^6B_6}{2(6!)}=$$

$$\frac{2^6\pi^6\times\frac{1}{42}}{2\times(6!)}=\frac{\pi^6}{945} \tag{18}$$

由本章书中定理 8 和本章习题解答中的式(13),我们有

$$\sum_{n=1}^{\infty} n^{-8} = \zeta(8) = (-1)^{4+1} \frac{(2\pi)^8 B_8}{2(8!)} =$$

$$-\frac{2^8 \pi^8 \left(-\dfrac{1}{30}\right)}{2(8!)} = \frac{\pi^8}{9\,450} \tag{19}$$

由本章书中定理 8 和本章习题解答中的式(15),我们有

$$\sum_{n=1}^{\infty} n^{-10} = \zeta(10) = (-1)^{5+1} \cdot \frac{(2\pi)^{10} B_{10}}{2(10!)} =$$

$$\frac{2^{10} \pi^{10} \times \dfrac{5}{66}}{2(10!)} = \frac{\pi^{10}}{93\,555} \tag{20}$$

由式(16) 到(20),知道本习题得解.

13. 证明:由于 $\dfrac{x}{\mathrm{e}^x - 1} = \sum_{n=0}^{\infty} \dfrac{B_n}{n!} x^n$ 和 $B_0 = 1, B_1 = -\dfrac{1}{2}$,所以我们有

$$\frac{x}{\mathrm{e}^x - 1} + \frac{x}{2} = 1 - \frac{x}{2} + \sum_{n=2}^{\infty} \frac{B_n}{n!} x^n + \frac{x}{2} = 1 + \sum_{n=2}^{\infty} \frac{B_n}{n!} x^n \tag{21}$$

我们令 $f(x) = \dfrac{x}{\mathrm{e}^x - 1} + \dfrac{x}{2}$,则有

$$f(-x) = \frac{-x}{\mathrm{e}^{-x} - 1} + \frac{-x}{2} = \frac{-x\mathrm{e}^x}{1 - \mathrm{e}^x} - \frac{x}{2} =$$

$$\frac{x(\mathrm{e}^x - 1) + x}{\mathrm{e}^x - 1} - \frac{x}{2} = x + \frac{x}{\mathrm{e}^x - 1} - \frac{x}{2} =$$

$$\frac{x}{\mathrm{e}^x - 1} + \frac{x}{2} = f(x)$$

故 $f(x)$ 是偶函数,由此得到式(21) 的右边也是偶函数,所以式(21) 右边中的奇数项的系数都为 0,即当 $n \geqslant 1$ 时,我们有

$$B_{2n+1} = 0$$

因而本习题得证.

14. 证明:设集合 $A = \{a_1, a_2, \cdots, a_n\}$,则由 $\left\{\dfrac{n}{n-2}\right\}$ 的定义知道它含有下列两种情况.

(i) 当存在有 $n-3$ 个子集合,其中每个子集合都只包含有 1 个元素时,则一定还存在有 1 个子集合,它含有 3 个元素. 这 3 个元素是由 $a_1, a_2, \cdots, a_n$ 这 n 个元素中无序选出,故有 $\dbinom{n}{3}$ 种选法.

(ii) 当存在有 $n-4$ 个子集合,其中每个子集合都只包含有 1 个元素时,则一定还有两个子集合,其中每个子集合都包含有两个元素(这是因为这两个子

集合都是非空的,并且其中任何一个子集合都不能只包含有 1 个元素,否则应归为第一种情况),从 n 个元素中无序选出 4 个元素的取法有 $\binom{n}{4}$,而把 4 个元素分拆为两组,每组都含有 2 个元素的取法有 3 种(例如把 a_1, a_2, a_3, a_4 这 4 个元素分为两个子集合,而每个子集合都包含有 2 个元素的分法有 $a_1 a_2 \mid a_3 a_4$, $a_1 a_3 \mid a_2 a_4, a_1 a_4 \mid a_2 a_3$ 这三种),故得到第二种情况下的分拆方法有 $3\binom{n}{4}$ 种.

又假定存在有 $n-k$(其中 $k \geqslant 5$)个子集合其中每个子集合都只包含有 1 个元素,而其余的 $k-2$ 个子集合,其中每个子集合都至少包含有 2 个元素,则由于 $n - k + 2(k-2) > n$ 而产生矛盾,因而不存在有这种情况.

根据加法原则,由(i)和(ii),我们有

$$\left\{ \begin{matrix} n \\ n-2 \end{matrix} \right\} = \binom{n}{3} + 3\binom{n}{4}$$

我们又有

$$\binom{n}{3} + 3\binom{n}{4} = \binom{n}{3} + 3 \times \frac{n!}{(n-4)! \ 4!} =$$

$$\binom{n}{3} + 3 \times \frac{n! \ (n-3)}{(n-3)! \ 3! \ \times 4} = \binom{n}{3} + \frac{3}{4}\binom{n}{3}(n-3) =$$

$$\frac{1}{4}\binom{n}{3}(4 + 3n - 9) = \frac{1}{4}\binom{n}{3}(3n-5)$$

因而本习题得证.

15. 证明:设集合 $A = \{a_1, a_2, \cdots, a_n\}$,则由 $\left\{ \begin{matrix} n \\ n-3 \end{matrix} \right\}$ 的定义,它包含有下面三种情况的分拆方法.

(i) 有 $n-4$ 个子集合,其中每个子集合都只包含有 1 个元素,则一定还有 1 个子集合,它包含有 4 个元素. 从 n 个元素中无序选出 4 个元素的方法有 $\binom{n}{4}$ 种.

(ii) 有 $n-5$ 个子集合,其中每个子集合都只包含有 1 个元素,则其余的两个子集合一定要包含有 5 个元素,其中每个子集合都至少包含有 2 个元素. 从 n 个元素中无序选出 5 个元素的方法有 $\binom{n}{5}$ 种,而把 5 个元素分拆为两个子集合,每个子集合包含的元素都不少于 2 个,这样的分法有 10 种(例如,设这 5 个元素为 a_1, a_2, a_3, a_4, a_5,则分法有 $a_1 a_2 \mid a_2 a_4 a_5, a_1 a_3 \mid a_2 a_4 a_5, a_1 a_4 \mid a_2 a_3 a_5$, $a_1 a_5 \mid a_2 a_3 a_4, a_1 a_2 a_3 \mid a_4 a_5, a_1 a_2 a_4 \mid a_3 a_5, a_1 a_2 a_5 \mid a_3 a_4, a_1 a_3 a_4 \mid a_2 a_5, a_1 a_3 a_5 \mid$

a_2a_4，$a_1a_4a_3 \mid a_4a_3$）故第二种情况下的分拆方法有 $10\binom{n}{5}$ 种．

（iii）有 $n-6$ 个子集合，其中每个子集合都只包含有 1 个元素，则一定还有 3 个子集合要包含 6 个元素，其中每个子集合都要包含有 2 个元素．从 n 个元素中无序选出 6 个元素的方法有 $\binom{n}{6}$ 种，而 6 个元素分拆为 3 个子集合，其中每个子集合都包含有 2 个元素的方法有 15 种（例如设这 6 个元素为 a_1，a_2，a_3，a_4，a_5，a_6，则分法有：$a_1a_2 \mid a_3a_4 \mid a_5a_6$，$a_1a_2 \mid a_3a_5 \mid a_4a_6$，$a_1a_2 \mid a_3a_6 \mid a_4a_5$，$a_1a_3 \mid a_2a_4 \mid a_5a_6$，$a_1a_3 \mid a_2a_5 \mid a_4a_6$，$a_1a_3 \mid a_2a_6 \mid a_4a_5$，$a_1a_4 \mid a_2a_3 \mid a_5a_6$，$a_1a_4 \mid a_2a_5 \mid a_3a_6$，$a_1a_4 \mid a_2a_6 \mid a_3a_5$，$a_1a_5 \mid a_2a_3 \mid a_4a_6$，$a_1a_5 \mid a_2a_4 \mid a_3a_6$，$a_1a_5 \mid a_2a_6 \mid a_3a_4$，$a_1a_6 \mid a_2a_3 \mid a_4a_5$，$a_1a_6 \mid a_2a_5 \mid a_3a_4$，$a_1a_6 \mid a_2a_5 \mid a_3a_4$），故第三种情况下的分拆方法有 $15\binom{n}{6}$ 种．

又假定存在有 $n-k$（其中 $k \geqslant 7$）个子集合，其中每个子集合都只含有 1 个元素，而剩余的 $k-3$ 个子集合，其中每个子集合都至少含有 2 个元素．则由于 $n-k+2(k-3)=n+k-6>n$ 而产生矛盾．因而不存在有这种情况．

根据加法原则，由（i）、（ii）和（iii），我们得到

$$\left\{\begin{matrix} n \\ n-3 \end{matrix}\right\}=\binom{n}{4}+10\binom{n}{5}+15\binom{n}{6}$$

所以本习题得证．

第六章

1．证明：当 $2 \leqslant l \leqslant 6$ 时我们有

$$(n+2)^l - n^l = (n+1+1)^l - (n+1-1)^l =$$

$$\begin{cases} 4(n+1) & \text{当 } l=2 \text{ 时} \\ 6(n+1)^2+2 & \text{当 } l=3 \text{ 时} \\ 8(n+1)^3+8(n+1) & \text{当 } l=4 \text{ 时} \\ 10(n+1)^4+20(n+1)^2+2 & \text{当 } l=5 \text{ 时} \\ 12(n+1)^5+40(n+1)^3+12(n+1) & \text{当 } l=6 \text{ 时} \end{cases} \tag{1}$$

由于

$$f_3(2)=1, f_5(2)=\frac{4-1}{3}=1, f_7(2)=\frac{3 \times 2^2 - 4 \times 2 + 2}{6}=1$$

$$f_9(2)=\frac{2 \times 2^3 - 5 \times 2^2 + 6 \times 2 - 3}{5}=1$$

$$f_{11}(2) = \frac{2 \times 2^4 - 8 \times 2^3 + 17 \times 2^2 - 20 \times 2 + 10}{6} = 1$$

和 $S_{2l+1}(1) = 1$ 知道当 $n = 1$ 时本习题结论成立. 现在我们假设本习题结论当 n(其中 $n \geqslant 1$) 时是成立的而来证明本习题的结论对于 $n+1$ 也成立,因而由数学归纳法就知道本习题的结论成立.

我们令 $F_{2l+1}(n) = (n+2)^2 f_{2l+1}((n+1)(n+2)) - n^2 f_{2l+1}(n(n+1))$ 由本章书中的式(49)和本习题中的式(1),我们有

$$F_3(n) = (n+2)^2 - n^2 = 4(n+1)$$

$$F_5(n) = \frac{(n+2)^2(2(n+1)(n+2)-1) - n^2(2n(n+1)-1)}{3} =$$

$$\frac{2(n+1)((n+2)^3 - n^3) - ((n+2)^2 - n^2)}{3} =$$

$$\frac{2(n+1)(6(n+1)^2 + 2) - 4(n+1)}{3} = 4(n+1)^3$$

$$F_7(n) = \frac{(n+2)^2(3(n+1)^2(n+2)^2 - 4(n+1)(n+2) + 2)}{6} -$$

$$\frac{n^2(3n^2(n+1)^2 - 4n(n+1) + 2)}{6} =$$

$$\frac{3(n+1)^2((n+2)^4 - n^4) - 4(n+1)((n+2)^3 - n^3)}{6} +$$

$$\frac{2((n+2)^2 - n^2)}{6} =$$

$$\frac{3(n+1)^2(8(n+1)^3 + 8(n+1)) - 4(n+1)(6(n+1)^2 + 2) + 8(n+1)}{6} =$$

$$4(n+1)^5$$

$$F_9(n) = \frac{1}{5}((n+2)^2(2(n+1)^3(n+2)^3 - 5(n+1)^2(n+2)^2 +$$

$$6(n+1)(n+2) - 3) - n^2(2n^3(n+1)^3 -$$

$$5n^2(n+1)^2 + 6n(n+1) - 3)) =$$

$$\frac{1}{5}(2(n+1)^3((n+2)^5 - n^5) - 5(n+1)^2((n+2)^4 - n^4) +$$

$$6(n+1)((n+2)^3 - n^3) - 3((n+2)^2 - n^2) -$$

$$2(n+1)^3(10(n+1)^4 + 20(n+1)^2 + 2) - 5(n+1)^2(8(n+1)^3 +$$

$$8(n+1)) + 6(n+1)(6(n+1)^2 + 2) - 12(n+1)) =$$

$$4(n+1)^7$$

$$F_{11}(n) = \frac{1}{6}((n+2)^2(2(n+1)^4(n+2)^4 - 8(n+1)^3(n+2)^3) +$$

$$17(n+1)^2(n+2)^2 - 20(n+1)(n+2) + 10) -$$

$$n^2(2n^4(n+1)^4 - 8n^3(n+1)^3 + 17n^2(n+1)^3) -$$

$$20n(n+1) + 10)) =$$

$$\frac{1}{6}(2(n+1)^4((n+2)^6 - n^6) - 8(n+1)^3((n+2)^5 - n^5) +$$

$$17(n+1)^2((n+2)^4 - n^4) - 20(n+1)((n+2)^3 - n^3) +$$

$$10((n+2)^2 - n^2)) =$$

$$\frac{1}{6}(2(n+1)^4(12(n+1)^5 + 40(n+1)^3 + 12(n+1)) -$$

$$8(n+1)^3(10(n+1)^4 + 20(n+1)^2 + 2) +$$

$$17(n+1)^2(8(n+1)^3 + 8(n+1)) -$$

$$20(n+1)(6(n+1)^2 + 2) + 40(n+1)) =$$

$$4(n+1)^9$$

故当 $1 \leqslant l \leqslant 5$ 时有 $F_{2l+1}(n) = 4(n+1)^{2l-1}$，即当 $1 \leqslant l \leqslant 5$ 时我们有

$$(n+2)^2 f_{2l+1}((n+1)(n+2)) = n^2 f_{2l+1}(n(n+1)) + 4(n+1)^{2l-1} \quad (2)$$

由式 (2) 我们得到

$$S_{2l+1}(n+1) = S_{2l+1}(n) + (n+1)^{2l+1} =$$

$$\frac{n^2 f_{2l+1}(n)}{4} + (n+1)^{2l+1} =$$

$$\frac{(n+1)^2(n^2 f_{2l+1}(n(n+1)) + 4(n+1)^{2l-1})}{4} =$$

$$\frac{(n+1)^2 f_{2l+1}(n+1)}{4}$$

故本习题得证.

2. 证明：当 $1 \leqslant l \leqslant 5$ 时则由习题 1 的解答中的式 (1) 我们有

$$(n+2)^l(2n+3) - n^l(2n+1) =$$

$$2(n+1)((n+2)^l - n^l) + (n+1+1)^l + (n+1-1)^l =$$

$$\begin{cases} 6(n+1) & \text{当 } l = 1 \text{ 时} \\ 8(n+1)^2 + 2(n+1)^2 + 2 & \text{当 } l = 2 \text{ 时} \\ 2(n+1)(6(n+1)^2 + 2) + 2(n+1)^3 + 6(n+1) & \text{当 } l = 3 \text{ 时} \\ 2(n+1)(8(n+1)^3 + 8(n+1)) + 2(n+1)^4 + 12(n+1)^2 + 2 & \text{当 } l = 4 \text{ 时} \\ 2(n+1)(10(n+1)^4 + 20(n+1)^2 + 2) + \\ 2(n+1)^5 + 20(n+1)^3 + 10(n+1) & \text{当 } l = 5 \text{ 时} \end{cases} =$$

$$\begin{cases} 6(n+1) & \text{当 } l = 1 \text{ 时} \\ 10(n+1)^2 + 2 & \text{当 } l = 2 \text{ 时} \\ 14(n+1)^3 + 10(n+1) & \text{当 } l = 3 \text{ 时} \\ 18(n+1)^4 + 28(n+1)^2 + 2 & \text{当 } l = 4 \text{ 时} \\ 22(n+1)^5 + 60(n+1)^3 + 14(n+1) & \text{当 } l = 5 \text{ 时} \end{cases} \quad (3)$$

由于

$$f_2(2)=1, f_4(2)=\frac{3\times2-1}{5}=1, f_6(2)=\frac{3\times2^2-3\times2+1}{7}=1$$

$$f_8(2)=\frac{5\times2^3-10\times2^2+9\times2-3}{15}=1$$

$$f_{10}(2)=\frac{3\times2^4-10\times2^3+17\times2^2-15\times2+5}{11}=1$$

和 $S_{2l}(1)=1$ 知道本习题结论当 $n=1$ 时是成立的. 现在我们假设本习题的结论对 n(其中 $n\geqslant1$) 是成立的而来证明本习题结论对于 $n+1$ 也成立,因而由数学归纳法就知道本习题的结论成立.

我们令

$$F_{2l}(n)=(n+2)(2n+3)f_{2l}((n+1)(n+2))-n(2n+1)f_{2l}(n(n+1))$$

则由本章书中的式(50) 和本章习题中的式(3) 我们有

$$F_2(n)=(n+2)(2n+3)-n(2n+1)=6(n+1)$$

$$F_4(n)=\frac{(n+2)(2n+3)(3(n+1)(n+2)-1)}{5}-$$

$$\frac{n(2n+1)(3n(n+1)-1)}{5}=$$

$$\frac{3(n+1)((n+2)^2(2n+3)-n^2(2n+1))}{5}-$$

$$\frac{(n+2)(2n+3)-n(2n+1)}{5}=$$

$$\frac{3(n+1)(10(n+1)^2+2)-6(n+1)}{5}=$$

$$6(n+1)^3$$

$$F_6(n)=\frac{1}{7}((n+2)(2n+3)(3(n+1)^2(n+2)^2-$$

$$3(n+1)(n+2)+1)-n(2n+1)(3n^2(n+1)^2-$$

$$3n(n+1)+1))=$$

$$\frac{1}{7}(3(n+1)^2((n+2)^3(2n+3)-n^3(2n+1))-$$

$$3(n+1)((n+2)^2(2n+3)-n^2(2n+1))-$$

$$((n+2)(2n+3)-n(2n+1)))=$$

$$\frac{1}{7}(3(n+1)^2(14(n+1)^3+10(n+1))-$$

$$3(n+1)(10(n+1)^2+2)+6(n+1))=$$

$$6(n+1)^5$$

$$F_8(n)=\frac{1}{15}((n+2)(2n+3)(5(n+1)^3(n+2)^3-$$

175

$$10(n+1)^2(n+2)^2+9(n+1)(n+2)-3)-$$
$$n(2n+1)(5n^3(n+1)^3-10n^2(n+1)^2+$$
$$9n(n+1)-3))=$$
$$\frac{1}{15}(5(n+1)^3((n+2)^4(2n+3)-n^4(2n+1))-$$
$$10(n+1)^2((n+2)^3(2n+3)-n^3(2n+1))+$$
$$9(n+1)((n+2)^2(2n+3)-n^2(2n+1))-$$
$$3((n+2)(2n+6)-n(2n+1)))=$$
$$\frac{1}{15}(5(n+1)^3(18(n+1)^4+28(n+1)^2+2)-$$
$$10(n+1)^2(14(n+1)^3+10(n+1))+$$
$$9(n+1)(10(n+1)^2+2)-3(6(n+1)))=$$
$$6(n+1)^7$$
$$F_{10}(n)=\frac{1}{11}((n+2)(2n+3)(3(n+1)^4(n+2)^4-$$
$$10(n+1)^3(n+2)^3+17(n+1)^2(n+2)^2-$$
$$15(n+1)(n+2)+5)-n(2n+1)(3n^4(n+1)^4-$$
$$10n^3(n+1)^3+17n^2(n+1)^2-15n(n+1)+5))=$$
$$\frac{1}{11}(3(n+1)^4((n+2)^5(2n+3)-n^5(2n+1))-$$
$$10(n+1)^3((n+2)^4(2n+3)-n^4(2n+1))+$$
$$17(n+1)^2((n+2)^3(2n+3)-n^3(2n+1))-$$
$$15(n+1)((n+2)^2(2n+3)-n^2(2n+1))+$$
$$5((n+2)(2n+3)-n(2n+1)))=$$
$$\frac{1}{11}(3(n+1)^4(22(n+1)^5+60(n+1)^3+14(n+1))-$$
$$10(n+1)^3(18(n+1)^4+28(n+1)^2+2)+$$
$$17(n+1)^2(14(n+1)^3+10(n+1))-$$
$$15(n+1)(10(n+1)^2+2)+5(6(n+1)))=$$
$$6(n+1)^9$$

故当 $1\leqslant l\leqslant 5$ 时有，$F_{2l}(n)=6(n+1)^{2l-1}$，即当 $1\leqslant l\leqslant 5$ 时我们有
$$(n+2)(2n+3)f_{2l}((n+1)(n+2))=$$
$$n(2n+1)f_{2l}(n(n+1))+6(n+1)^{2l-1} \tag{4}$$

由式(4)我们得到
$$S_{2l}(n+1)=S_{2l}(n)+(n+1)^{2l}=$$
$$\frac{(2n+1)nf_{2l}(n)}{6}+(n+1)^{2l}=$$

$$\frac{(n+1)(n(2n+1)f_{2l}(n(n+1))+6(n+1)^{2l-1})}{6}=$$

$$\frac{(n+1)(n+2)(2n+3)f_{2l}((n+1)(n+2))}{6}=$$

$$\frac{(2(n+1)+1)\overline{(n+1)}f_{2l}\overline{(n+1)}}{6}$$

故本习题得证.

3. 证明:当 $7 \leqslant l \leqslant 8$ 时我们有

$$(n+2)^l-n^l=(n+1+1)^l-(n+1-1)^l=$$

$$\begin{cases} 14(n+1)^6+70(n+1)^4+42(n+1)^2+2 & \text{当 } l=7 \text{ 时} \\ 16(n+1)^7+112(n+1)^5+112(n+1)^3+16(n+1) & \text{当 } l=8 \text{ 时} \end{cases} \tag{5}$$

由于

$$f_{13}(2)=\frac{30\times2^5-175\times2^4+574\times2^3-1\,180\times2^2+1\,382\times2-691}{105}=1$$

$$f_{15}(2)=\frac{3\times2^6-24\times2^5+112\times2^4-352\times2^3+718\times2^2}{12}-$$

$$\frac{840\times2+420}{12}=1$$

和当 $6 \leqslant l \leqslant 7$ 时有 $S_{2l+1}(1)=1$ 知道当 $n=1$ 时,本习题结论成立. 现在我们假设本习题结论对 n(其中 $n \geqslant 1$)是成立的,而来证明本习题结论对于 $n+1$ 也成立,因而由数学归纳法就知道本习题结论是成立的. 我们令

$$F_{2l+1}(n)=(n+2)^2f_{2l+1}((n+1)(n+2))-n^2f_{2l+1}(n(n+1))$$

由本章书中的式(51)及本章习题解答中的式(1)和(5)我们有

$$F_{13}(n)=\frac{(n+2)^2}{105}(30(n+1)^5(n+2)^5-175(n+1)^4(n+2)^4+$$

$$574(n+1)^3(n+2)^3-1\,180(n+1)^2(n+2)^2+$$

$$1\,382(n+1)(n+2)-691)-\frac{n^2}{105}(30n^5(n+1)^5-$$

$$175n^4(n+1)^4+574n^3(n+1)^3-1\,180n^2(n+1)^2+$$

$$1\,382n(n+1)-691)=$$

$$\frac{30(n+1)^5((n+2)^7-n^7)}{105}-\frac{175(n+1)^4((n+2)^6-n^6)}{105}+$$

$$\frac{574(n+1)^3((n+2)^5-n^5)}{105}-\frac{1\,180(n+1)^2((n+2)^4-n^4)}{105}+$$

$$\frac{1\,382(n+1)((n+2)^3-n^3)}{105}-\frac{691((n+2)^2-n^2)}{105}=$$

$$\frac{30(n+1)^5(14(n+1)^6+70(n+1)^4+42(n+1)^2+2)}{105}-$$

$$\frac{175(n+1)^4(12(n+1)^5+40(n+1)^3+12(n+1))}{105}+$$

$$\frac{574(n+1)^3(10(n+1)^4+20(n+1)^2+2)}{105}-$$

$$\frac{1\,180(n+1)^2(8(n+1)^3+8(n+1))}{105}+$$

$$\frac{1\,382(n+1)(6(n+1)^2+2)}{105}-\frac{691(4(n+1))}{105}=$$

$$4(n+1)^{11}$$

$$F_{15}(n)=\frac{(n+2)^2}{12}(3(n+1)^6(n+2)^6-24(n+1)^5(n+2)^5+$$

$$112(n+1)^4(n+2)^4-$$

$$352(n+1)^3(n+2)^3+718(n+1)^2(n+2)^2-$$

$$840(n+1)(n+2)+420)-\frac{n^2}{12}(3n^6(n+1)^6-24n^5(n+1)^5+$$

$$112n^4(n+1)^4-352n^3(n+1)^3+718n^2(n+1)^2-$$

$$840n(n+1)+420)=$$

$$\frac{3(n+1)^6((n+2)^8-n^8)}{12}-\frac{24(n+1)^5((n+2)^7-n^7)}{12}+$$

$$\frac{112(n+1)^4((n+2)^6-n^6)}{12}-\frac{352(n+1)^3((n+2)^5-n^5)}{12}+$$

$$\frac{718(n+1)^2((n+2)^4-n^4)}{12}-\frac{840(n+1)((n+2)^3-n^3)}{12}+$$

$$\frac{420((n+2)^2-n^2)}{12}=$$

$$\frac{1}{12}(3(n+1)^6(16(n+1)^7+112(n+1)^5+112(n+1)^3+$$

$$16(n+1))-24(n+1)^5(14(n+1)^6+70(n+1)^4+$$

$$42(n+1)^2+2)+112(n+1)^4(12(n+1)^5+$$

$$40(n+1)^3+12(n+1))-352(n+1)^3(10(n+1)^4+$$

$$20(n+1)^2+2)+718(n+1)^2(8(n+1)^3+8(n+1))-$$

$$840(n+1)(6(n+1)^2+2)+420(4(n+1)))=$$

$$4(n+1)^{13}$$

故当 $6\leqslant l\leqslant 7$ 时有 $F_{2l+1}(n)=4(n+1)^{2l-1}$，即当 $6\leqslant l\leqslant 7$ 时我们有

$$(n+2)^2 f_{2l+1}((n+1)(n+2))=n^2 f_{2l+1}(n(n+1))+4(n+1)^{2l-1} \qquad (6)$$

由式(6)我们得到

$$S_{2l+1}(n+1)=S_{2l+1}(n)+(n+1)^{2l+1}=\frac{\overline{n^2 f_{2l+1}(\overline{n})}}{4}+(n+1)^{2l+1}=$$

$$\frac{(n+1)^2(n^2 f_{2l+1}(n(n+1))+4(n+1)^{2l-1})}{4}=$$

$$\frac{\overline{(n+1)^2 f_{2l+1}(\overline{n+1})}}{4}$$

故本习题得证.

4. 证明：当 $l=6$ 时,则由本章习题解答中的式(1),我们有

$(n+1)^6(2n+3)-n^6(2n+1)=$

$2(n+1)((n+2)^6-n^6)+(n+1+1)^6+(n+1-1)^6=$

$2(n+1)(12(n+1)^5+40(n+1)^3+12(n+1))+$

$2(n+1)^6+30(n+1)^4+30(n+1)^2+2=$

$26(n+1)^6+110(n+1)^4+54(n+1)^2+2 \qquad (7)$

当 $l=7$ 时,则由本章习题解答中的式(5)我们有

$(n+2)^7(2n+3)-n^7(2n+1)=$

$2(n+1)((n+2)^7-n^7)+(n+1+1)^7+(n+1-1)^7=$

$2(n+1)(14(n+1)^6+70(n+1)^4+42(n+1)^2+2)+$

$2(n+1)^7+42(n+1)^5+70(n+1)^3+14(n+1)=$

$30(n+1)^7+182(n+1)^5+154(n+1)^3+18(n+1) \qquad (8)$

由于

$$f_{12}(2)=\frac{105\times 2^5-525\times 2^4+1\,435\times 2^3-2\,360\times 2^2+2\,073\times 2-691}{455}=1$$

$$f_{14}(2)=\frac{3\times 2^6-21\times 2^5+84\times 2^4-220\times 2^3+359\times 2^2-315\times 2+105}{51}=1$$

和当 $6\leqslant l\leqslant 7$ 时有 $S_{2l}(1)=1$ 知道当 $n=1$ 时本习题结论成立. 现在我们假设本习题结论对 n(其中 $n\geqslant 1$)是成立的,而来证明本习题结论对于 $n+1$ 也成立,因而由数学归纳法就知道本习题结论是成立的. 我们令

$$F_{2l}(n)=(n+2)(2n+3)f_{2l}((n+1)(n+2))-$$
$$n(2n+1)f_{2l}(n(n+1))$$

则由本章习题解答中的式(3),(7) 和(8) 我们有

$F_{12}(n)=\dfrac{(n+2)(2n+3)}{455}(105(n+1)^5(n+2)^5-$

$525(n+1)^4(n+2)^4+1\,435(n+1)^3(n+2)^3-$

$2\,360(n+1)^2(n+2)^2+2\,073(n+1)(n+2)-691)-$

$\dfrac{n(2n+1)}{455}(105n^5(n+1)^5-525n^4(n+1)^4+$

$1\,435n^3(n+1)^3-2\,360n^2(n+1)^2+2\,073n(n+1)-691)=$

$\dfrac{105(n+1)^5((n+2)^6(2n+3)-n^6(2n+1))}{455}-$

$$\frac{525(n+1)^4((n+2)^5(2n+3)-n^5(2n+1))}{455}+$$

$$\frac{1\,435(n+1)^3((n+2)^4(2n+3)-n^4(2n+1))}{455}-$$

$$\frac{2\,360(n+1)^2((n+2)^3(2n+3)-n^3(2n+1))}{455}+$$

$$\frac{2\,073(n+1)((n+2)^2(2n+3)-n^2(2n+1))}{455}-$$

$$\frac{691((n+2)(2n+3)-n(2n+1))}{455}=$$

$$\frac{105(n+1)^5(26(n+1)^6+110(n+1)^4+54(n+1)^2+2)}{455}-$$

$$\frac{525(n+1)^4(22(n+1)^5+60(n+1)^3+14(n+1))}{455}+$$

$$\frac{1\,435(n+1)^3(18(n+1)^4+28(n+1)^2+2)}{455}+$$

$$\frac{2\,360(n+1)^2(14(n+1)^3+10(n+1))}{455}+$$

$$\frac{2\,073(n+1)(10(n+1)^2+2)}{455}-\frac{691(6(n+1))}{455}=$$

$$6(n+1)^{11}$$

$$F_{14}(n)=\frac{(n+2)(2n+3)}{15}(3(n+1)^6(n+2)^6-21(n+1)^5(n+2)^5+$$

$$84(n+1)^4(n+2)^4-220(n+1)^3(n+2)^3+$$

$$359(n+1)^2(n+2)^2-315(n+1)(n+2)+105)-$$

$$\frac{n(2n+1)}{15}(3n^8(n+1)^6-21n^5(n+1)^5+84n^4(n+1)^4-$$

$$220n^3(n+1)^3+359n^2(n+1)^2-315n(n+1)+105)=$$

$$\frac{3(n+1)^6((n+2)^7(2n+3)-n^7(2n+1))}{15}-$$

$$\frac{21(n+1)^5((n+2)^6(2n+3)-n^6(2n+1))}{15}+$$

$$\frac{84(n+1)^4((n+1)^5(2n+3)-n^5(2n+1))}{15}-$$

$$\frac{220(n+1)^3((n+2)^4(2n+3)-n^4(2n+1))}{15}+$$

$$\frac{359(n+1)^2((n+2)^3(2n+3)-n^3(2n+1))}{15}-$$

$$\frac{315(n+1)((n+2)^2(2n+3)-n^2(2n+1))}{15}+$$

$$\frac{105((n+2)(2n+3)-n(2n+1))}{15}=$$

$$\frac{1}{15}(3(n+1)^6(30(n+1)^7+182(n+1)^5+154(n+1)^3+$$

$$18(n+1))-21(n+1)^5(26(n+1)^6+110(n+1)^4+$$

$$54(n+1)^2+2)+84(n+1)^4(22(n+1)^5+60(n+1)^3+$$

$$14(n+1))-220(n+1)^3(18(n+1)^4+28(n+1)^2+2)+$$

$$359(n+1)^2(14(n+1)^3+10(n+1))-$$

$$315(n+1)(10(n+1)^2+2)+105(6(n+1)))=$$

$$6(n+1)^{13}$$

故当 $6\leqslant l\leqslant 7$ 时有 $F_{2l}(n)=6(n+1)^{2l-1}$，即当 $6\leqslant l\leqslant 7$ 时，我们有

$$(n+2)(2n+3)f_{2l}((n+1)(n+2))=$$
$$n(2n+1)f_{2l}(n(n+1))+6(n+1)^{2l-1} \tag{9}$$

由式(9)，我们得到

$$S_{2l}(n+1)=S_{2l}(n)+(n+1)^{2l}=$$

$$\frac{(2n+1)\overline{nf_{2l}(\overline{n})}}{6}+(n+1)^{2l}=$$

$$\frac{(n+1)(n(2n+1)f_{2l}(n(n+1))+6(n+1)^{2l-1})}{6}=$$

$$\frac{(n+1)(n+2)(2n+3)f_{2l}((n+1)(n+2))}{6}=$$

$$\frac{(2(n+1)+1)\overline{(n+1)}f_{2l}\overline{(n+1)}}{6}$$

故本习题得证.

5. 证明：由本章习题解答中的式(5) 我们有

$$(n+2)^8(2n+3)-n^8(2n+1)=$$

$$2(n+1)((n+2)^8-n^8)+(n+1+1)^8+(n+1-1)^8=$$

$$2(n+1)(16(n+1)^7+112(n+1)^5+112(n+1)^3+$$

$$16(n+1))+2(n+1)^8+56(n+1)^6+140(n+1)^4+$$

$$56(n+1)^2+2=$$

$$34(n+1)^8+280(n+1)^6+364(n+1)^4+$$

$$88(n+1)^2+2 \tag{10}$$

由于 $f_{16}(2)=\frac{1}{85}(15\times2^7-140\times2^6+770\times2^5-2\,930\times2^4+7\,595\times2^3-$

$12\,370\times2^2+10\,851\times2-3\,617)=1$ 和 $S_{16}(1)=1$ 知道当 $n=1$ 时本习题结论成立. 现在我们假设本习题结论对 n(其中 $n\geqslant1$) 时是成立的，而来证明本题结论对于 $n+1$ 也成立，因而由数学归纳法知道本习题结论是成立的. 我们令

$$F_{16}(n) = (n+2)(2n+3)f_{16}((n+1)(n+2)) -$$
$$n(2n+1)f_{16}(n(n+1))$$

则由本章习题解答中的式(3),(7),(8) 和(10),我们有

$$F_{16}(n) = \frac{(n+2)(2n+3)}{85}(15(n+1)^7(n+2)^7 - 140(n+1)^6(n+2)^6 +$$

$$770(n+1)^5(n+2)^5 - 2\,930(n+1)^4(n+2)^4 +$$

$$7\,595(n+1)^3(n+2)^3 - 12\,370(n+1)^2(n+2)^2 +$$

$$10\,851(n+1)(n+2) - 3\,617) - \frac{n(2n+1)}{85}(15n^7(n+1)^7 -$$

$$140n^6(n+1)^6 + 770n^5(n+1)^5 - 2\,930n^4(n+1)^4 +$$

$$7\,595n^3(n+1)^3 - 12\,370n^2(n+1)^2 + 10\,851n(n+1) - 3\,617) =$$

$$\frac{15(n+1)^7((n+2)^8(2n+3) - n^8(2n+1))}{85} -$$

$$\frac{140(n+1)^6((n+2)^7(2n+3) - n^7(2n+1))}{85} +$$

$$\frac{770(n+1)^5((n+2)^6(2n+3) - n^6(2n+1))}{85} -$$

$$\frac{2\,930(n+1)^4((n+2)^5(2n+3) - n^5(2n+1))}{85} +$$

$$\frac{7\,595(n+1)^3((n+2)^4(2n+3) - n^4(2n+1))}{85} -$$

$$\frac{12\,370(n+1)^2((n+2)^3(2n+3) - n^3(2n+1))}{85} +$$

$$\frac{10\,851(n+1)((n+2)^2(2n+3) - n^2(2n+1))}{85} -$$

$$\frac{3\,617((n+2)(2n+3) - n(2n+1))}{85} =$$

$$\frac{1}{85}(15(n+1)^7(34(n+1)^8 + 280(n+1)^6 + 364(n+1)^4 +$$

$$88(n+1)^2 + 2) - 140(n+1)^6(30(n+1)^7 + 182(n+1)^5 +$$

$$154(n+1)^3 + 18(n+1)) + 770(n+1)^5(26(n+1)^6 +$$

$$110(n+1)^4 + 54(n+1)^2 + 2) -$$

$$2\,930(n+1)^4(22(n+1)^5 + 60(n+1)^3 + 14(n+1)) +$$

$$7\,595(n+1)^3(18(n+1)^4 + 28(n+1)^2 + 2) -$$

$$12\,370(n+1)^2(14(n+1)^3 + 10(n+1)) +$$

$$10\,851(n+1)(10(n+1)^2 + 2) - 3\,617(6(n+1))) =$$

$$6(n+1)^{15}$$

于是我们得到

$$(n+2)(2n+3)f_{16}((n+1)(n+2)) =$$
$$n(2n+1)f_{16}(n(n+1)) + 6(n+1)^{15} \tag{11}$$

由式(11),我们有

$$S_{16}(n+1) = S_{16}(n) + (n+1)^{16} =$$

$$\frac{(2n+1)\overline{n}f_{16}(\overline{n})}{6} + (n+1)^{16} =$$

$$\frac{(n+1)(n(2n+1)f_{16}(n(n+1)) + 6(n+1)^{15})}{6} =$$

$$\frac{(n+1)(n+2)(2n+3)f_{16}((n+1)(n+2))}{6} =$$

$$\frac{(2(n+1)+1)\overline{(n+1)}f_{16}\overline{(n+1)}}{6}$$

因而本习题得证.

6.证明:我们有

$$(n+2)^9 - n^9 = (n+1+1)^9 - (n+1-1)^9 =$$
$$((n+1)^9 + 9(n+1)^8 + 36(n+1)^7 + 84(n+1)^6 +$$
$$126(n+1)^5 + 126(n+1)^4 + 84(n+1)^3 + 36(n+1)^2 +$$
$$9(n+1) + 1) - ((n+1)^9 - 9(n+1)^8 + 36(n+1)^7 -$$
$$84(n+1)^6 + 126(n+1)^5 - 126(n+1)^4 + 84(n+1)^3 -$$
$$36(n+1)^2 + 9(n+1) - 1) =$$
$$18(n+1)^8 + 168(n+1)^6 + 252(n+1)^4 + 72(n+1)^2 + 2 \tag{12}$$

由于

$$f_{17}(2) = \frac{1}{45}(10 \times 2^7 - 105 \times 2^6 + 660 \times 2^5 - 2\,930 \times 2^4 +$$

$$9\,114 \times 2^3 - 18\,555 \times 2^2 + 21\,702 \times 2 - 10\,851) = 1$$

和 $S_{17}(1) = 1$,知道当 $n=1$ 时本习题结论成立,现在我们假设本习题结论对 n(其中 $n \geqslant 1$)是成立的,而来证明本习题结论对于 $n+1$ 也成立,因而由数学归纳法就知道本习题结论是成立的. 我们令

$$F_{17}(n) = (n+2)^2 f_{17}((n+1)(n+2)) - n^2 f_{17}(n(n+1))$$

由本章书中的式(54)及本章习题解答中的式(1),(5),(12),我们有

$$F_{17}(n) = \frac{(n+2)^2}{45}(10(n+1)^7(n+2)^7 - 105(n+1)^6(n+2)^6 +$$

$$660(n+1)^5(n+2)^5 - 2\,930(n+1)^4(n+2)^4 +$$

$$9\,114(n+1)^3(n+2)^3 - 18\,555(n+1)^2(n+2)^2 +$$

$$21\,702(n+1)(n+2) - 10\,851) - \frac{n^2}{45}(10n^7(n+1)^7 -$$

$$105n^6(n+1)^6 + 660n^5(n+1)^5 - 2\,930n^4(n+1)^4 +$$

$9\,114n^3(n+1)^3-18\,555n^2(n+1)^2+21\,702n(n+1)-10\,851)=$

$$\frac{10(n+1)^7((n+2)^9-n^9)}{45}-\frac{105(n+1)^6((n+2)^8-n^8)}{45}+$$

$$\frac{660(n+1)^5((n+2)^7-n^7)}{45}-\frac{2\,930(n+1)^4((n+2)^6-n^6)}{45}+$$

$$\frac{9\,114(n+1)^3((n+2)^5-n^6)}{45}-\frac{18\,555(n+1)^2((n+2)^4-n^4)}{45}+$$

$$\frac{21\,702(n+1)((n+2)^3-n^3)}{45}-\frac{10\,851((n+2)^2-n^2)}{45}=$$

$$\frac{1}{45}(10(n+1)^7(18(n+1)^8+168(n+1)^6+252(n+1)^4+$$

$$72(n+1)^2+2)-105(n+1)^6(16(n+1)^7+112(n+1)^5+$$

$$112(n+1)^3+16(n+1))+660(n+1)^5(14(n+1)^6+$$

$$70(n+1)^4+42(n+1)^2+2)-2\,930(n+1)^4(12(n+1)^5+$$

$$40(n+1)^3+12(n+1))+9\,114(n+1)^3(10(n+1)^4+$$

$$20(n+1)^2+2)-18\,555(n+1)^2(8(n+1)^3+8(n+1))+$$

$$21\,702(n+1)(6(n+1)^2+2)-10\,851(4(n+1)))=$$

$$4(n+1)^{15}$$

于是我们得到

$$(n+2)^2f_{17}((n+1)(n+2))=n^2f_{17}(n(n+1))+4(n+1)^{15} \qquad (13)$$

由式(13),我们有

$$S_{17}(n+1)=S_{17}(n)+(n+1)^{17}=$$

$$\frac{n^2f_{17}(n)}{4}+(n+1)^{17}=$$

$$\frac{(n+1)^2(n^2f_{17}(n(n+1))+4(n+1)^{17})}{4}=$$

$$\frac{(n+1)^2(n+2)^2f_{17}((n+1)(n+2))}{4}=$$

$$\frac{(n+1)^2f_{17}(n+1)}{4}$$

故本习题得证.

在联想集团与杨元庆齐名的是郭为先生,但年轻时,郭为从没想过,自己会成为一名"企业家".

郭为自小是个能读进书的人,他说:

> "当时有两篇报告文学对我影响很大,一篇是写陈景润的"哥德巴赫猜想",一篇是写华罗庚的"从平原到高山"."

从那时起,郭为迷上了数学,每天清晨,当别人捧着外语书时,他却与数学书相伴.(详见《中国青年报》2012 年 3 月 7 日第一版)

在"哥德巴赫猜想"中,徐迟以饱满的激情,流畅的文笔,将陈景润塑造成了全民楷模的形象.正如当时有评论说:

> "作家写这位科学家的坎坷之途和步入新的生活之境的精神变异,始终把握这个人物的思想品格与个性特征,写他在生活中的'无知'与'呆傻',实际上是写他专心致志,如痴如醉的'攻关'精神,不仅人物写得活灵活现,真切感人,题材也处理得雄奇、别致."(中国科学院文学

研究所当代文学研究室:《新时期文学六年》(1976.10—1982.9).中国社会科学出版社,北京:1985 年)

中国人有一种泛化倾向,一旦一个词叫响后就迅速在各领域泛滥,最离谱的是有一本专写清代帮会和民国的黑社会的书叫《江湖三百年:从帮会到黑社会》中居然称天地会起源问题应是中国秘密社会史研究领域的"哥德巴赫猜想".不过这从另一个角度说明陈景润及其哥德巴赫猜想在中国传播时间之长,传播层面之广,直至今天陈景润还是人们心目中数学家的形象代言人.如同罗素给出的定义.

罗素在《哲学问题》(1912 年)中指出:

> "实在的世界(The world of being),是不变的、刚刻的、正确的,数学家、名学家和玄学家,与一切爱完美重过生命的人,喜欢的就是他."
> (罗素著,黄陵霜译,《哲学问题》,上海新文化书社,1935 年).

其实从现代数学的大势看,解析数论已是昨日黄花.现在是代数几何、代数数论当道,朗兰兹纲领如日中天,但陈景润的这种精神却是我们所呼唤的.其中之一是对数学真理的好奇和克服病痛坚持到底的毅力与信念.

英国著名理论物理学家斯蒂芬·霍金在剑桥大学为其专门举办的庆祝会上发表了事先录制的感言,其中他强调,在探索科学的道路上,非常重要的两点是保持好奇心和坚持到底.他说:

> "要尝试找出眼前事物的意义,探究是什么让宇宙存在.要有好奇心,无论生活多么艰难,也总会有你能做并能成功的事情,绝不放弃非常重要."

陈景润精神可贵处之二是他的纯粹与对功名利禄的淡然.

有人说当前教育界之乱象横生,足可以写一部《儒林外史新编》,其啼笑皆非之跨度,斯文扫地之广大,晚清文人当嗔乎其后,学习景润好榜样或许可以挽救这一切.

对于本书的内容笔者非专家、非学者,很难对大家的作品做什么评论.不过以笔者对组合数学的了解和国内外同类著作的阅读比较而言,陈景润先生的这部著作中对计算的重视倒是很有特色的.

正如陈省身的一位学生 J·米尔森所说:我一直确信,陈省身先生和我所崇拜的另一位英雄博雷尔一样,虽然看起来反应不快,但他们都能做极其困难的代数学计算. 并且, 他也和博雷尔一样, 能看出哪些计算是重要的.

本书的第六章杨辉－高斯级数中给出的大量具体的计算例子是其他同类书中少有的, 一句话: 大家就是大家, 各有独到之处.

刘培杰

2012 年 3 月 15 日于哈工大

刘培杰数学工作室
已出版(即将出版)图书目录——初等数学

书　　名	出版时间	定价	编号
新编中学数学解题方法全书(高中版)上卷(第2版)	2018—08	58.00	951
新编中学数学解题方法全书(高中版)中卷(第2版)	2018—08	68.00	952
新编中学数学解题方法全书(高中版)下卷(一)(第2版)	2018—08	58.00	953
新编中学数学解题方法全书(高中版)下卷(二)(第2版)	2018—08	58.00	954
新编中学数学解题方法全书(高中版)下卷(三)(第2版)	2018—08	68.00	955
新编中学数学解题方法全书(初中版)上卷	2008—01	28.00	29
新编中学数学解题方法全书(初中版)中卷	2010—07	38.00	75
新编中学数学解题方法全书(高考复习卷)	2010—01	48.00	67
新编中学数学解题方法全书(高考真题卷)	2010—01	38.00	62
新编中学数学解题方法全书(高考精华卷)	2011—03	68.00	118
新编平面解析几何解题方法全书(专题讲座卷)	2010—01	18.00	61
新编中学数学解题方法全书(自主招生卷)	2013—08	88.00	261
数学奥林匹克与数学文化(第一辑)	2006—05	48.00	4
数学奥林匹克与数学文化(第二辑)(竞赛卷)	2008—01	48.00	19
数学奥林匹克与数学文化(第二辑)(文化卷)	2008—07	58.00	36'
数学奥林匹克与数学文化(第三辑)(竞赛卷)	2010—01	48.00	59
数学奥林匹克与数学文化(第四辑)(竞赛卷)	2011—08	58.00	87
数学奥林匹克与数学文化(第五辑)	2015—06	98.00	370
世界著名平面几何经典著作钩沉——几何作图专题卷(共3卷)	2022—01	198.00	1460
世界著名平面几何经典著作钩沉(民国平面几何老课本)	2011—03	38.00	113
世界著名平面几何经典著作钩沉(建国初期平面三角老课本)	2015—08	38.00	507
世界著名解析几何经典著作钩沉——平面解析几何卷	2014—01	38.00	264
世界著名数论经典著作钩沉(算术卷)	2012—01	28.00	125
世界著名数学经典著作钩沉——立体几何卷	2011—02	28.00	88
世界著名三角学经典著作钩沉(平面三角卷Ⅰ)	2010—06	28.00	69
世界著名三角学经典著作钩沉(平面三角卷Ⅱ)	2011—01	38.00	78
世界著名初等数论经典著作钩沉(理论和实用算术卷)	2011—07	38.00	126
世界著名几何经典著作钩沉(解析几何卷)	2022—10	68.00	1564
发展你的空间想象力(第3版)	2021—01	98.00	1464
空间想象力进阶	2019—05	68.00	1062
走向国际数学奥林匹克的平面几何试题诠释.第1卷	2019—07	88.00	1043
走向国际数学奥林匹克的平面几何试题诠释.第2卷	2019—09	78.00	1044
走向国际数学奥林匹克的平面几何试题诠释.第3卷	2019—03	78.00	1045
走向国际数学奥林匹克的平面几何试题诠释.第4卷	2019—09	98.00	1046
平面几何证明方法全书	2007—08	35.00	1
平面几何证明方法全书习题解答(第2版)	2006—12	18.00	10
平面几何天天练上卷·基础篇(直线型)	2013—01	58.00	208
平面几何天天练中卷·基础篇(涉及圆)	2013—01	28.00	234
平面几何天天练下卷·提高篇	2013—01	58.00	237
平面几何专题研究	2013—07	98.00	258
平面几何解题之道.第1卷	2022—05	38.00	1494
几何学习题集	2020—10	48.00	1217
通过解题学习代数几何	2021—04	88.00	1301
圆锥曲线的奥秘	2022—06	88.00	1541

刘培杰数学工作室
已出版(即将出版)图书目录——初等数学

书　　　名	出版时间	定　价	编号
最新世界各国数学奥林匹克中的平面几何试题	2007—09	38.00	14
数学竞赛平面几何典型题及新颖解	2010—07	48.00	74
初等数学复习及研究(平面几何)	2008—09	68.00	38
初等数学复习及研究(立体几何)	2010—06	38.00	71
初等数学复习及研究(平面几何)习题解答	2009—01	58.00	42
几何学教程(平面几何卷)	2011—03	68.00	90
几何学教程(立体几何卷)	2011—07	68.00	130
几何变换与几何证题	2010—06	88.00	70
计算方法与几何证题	2011—06	28.00	129
立体几何技巧与方法(第2版)	2022—10	168.00	1572
几何瑰宝——平面几何500名题暨1500条定理(上、下)	2021—07	168.00	1358
三角形的解法与应用	2012—07	18.00	183
近代的三角形几何学	2012—07	48.00	184
一般折线几何学	2015—08	48.00	503
三角形的五心	2009—06	28.00	51
三角形的六心及其应用	2015—10	68.00	542
三角形趣谈	2012—08	28.00	212
解三角形	2014—01	28.00	265
探秘三角形:一次数学旅行	2021—10	68.00	1387
三角学专门教程	2014—09	28.00	387
图天下几何新题试卷.初中(第2版)	2017—11	58.00	855
圆锥曲线习题集(上册)	2013—06	68.00	255
圆锥曲线习题集(中册)	2015—01	78.00	434
圆锥曲线习题集(下册·第1卷)	2016—10	78.00	683
圆锥曲线习题集(下册·第2卷)	2018—01	98.00	853
圆锥曲线习题集(下册·第3卷)	2019—10	128.00	1113
圆锥曲线的思想方法	2021—08	48.00	1379
圆锥曲线的八个主要问题	2021—10	48.00	1415
论九点圆	2015—05	88.00	645
近代欧氏几何学	2012—03	48.00	162
罗巴切夫斯基几何学及几何基础概要	2012—07	28.00	188
罗巴切夫斯基几何学初步	2015—06	28.00	474
用三角、解析几何、复数、向量计算解数学竞赛几何题	2015—03	48.00	455
用解析法研究圆锥曲线的几何理论	2022—05	48.00	1495
美国中学几何教程	2015—04	88.00	458
三线坐标与三角形特征点	2015—04	98.00	460
坐标几何学基础.第1卷,笛卡儿坐标	2021—08	48.00	1398
坐标几何学基础.第2卷,三线坐标	2021—09	28.00	1399
平面解析几何方法与研究(第1卷)	2015—05	18.00	471
平面解析几何方法与研究(第2卷)	2015—06	18.00	472
平面解析几何方法与研究(第3卷)	2015—07	18.00	473
解析几何研究	2015—01	38.00	425
解析几何学教程.上	2016—01	38.00	574
解析几何学教程.下	2016—01	38.00	575
几何学基础	2016—01	58.00	581
初等几何研究	2015—02	58.00	444
十九和二十世纪欧氏几何学中的片段	2017—01	58.00	696
平面几何中考.高考.奥数一本通	2017—07	28.00	820
几何学简史	2017—08	28.00	833
四面体	2018—01	48.00	880
平面几何证明方法思路	2018—12	68.00	913
折纸中的几何练习	2022—09	48.00	1559
中学新几何学(英文)	2022—10	98.00	1562
线性代数与几何	2023—04	68.00	1633

刘培杰数学工作室
已出版(即将出版)图书目录——初等数学

书　　名	出版时间	定　价	编号
平面几何图形特性新析.上篇	2019—01	68.00	911
平面几何图形特性新析.下篇	2018—06	88.00	912
平面几何范例多解探究.上篇	2018—04	48.00	910
平面几何范例多解探究.下篇	2018—12	68.00	914
从分析解题过程学解题:竞赛中的几何问题研究	2018—07	68.00	946
从分析解题过程学解题:竞赛中的向量几何与不等式研究(全2册)	2019—06	138.00	1090
从分析解题过程学解题:竞赛中的不等式问题	2021—01	48.00	1249
二维、三维欧氏几何的对偶原理	2018—12	38.00	990
星形大观及闭折线论	2019—03	68.00	1020
立体几何的问题和方法	2019—11	58.00	1127
三角代换论	2021—05	58.00	1313
俄罗斯平面几何问题集	2009—08	88.00	55
俄罗斯立体几何问题集	2014—03	58.00	283
俄罗斯几何大师——沙雷金论数学及其他	2014—01	48.00	271
来自俄罗斯的5000道几何习题及解答	2011—03	58.00	89
俄罗斯初等数学问题集	2012—05	38.00	177
俄罗斯函数问题集	2011—03	38.00	103
俄罗斯组合分析问题集	2011—01	48.00	79
俄罗斯初等数学万题选——三角卷	2012—11	38.00	222
俄罗斯初等数学万题选——代数卷	2013—08	68.00	225
俄罗斯初等数学万题选——几何卷	2014—01	68.00	226
俄罗斯《量子》杂志数学征解问题100题选	2018—08	48.00	969
俄罗斯《量子》杂志数学征解问题又100题选	2018—08	48.00	970
俄罗斯《量子》杂志数学征解问题	2020—05	48.00	1138
463个俄罗斯几何老问题	2012—01	28.00	152
《量子》数学短文精粹	2018—09	38.00	972
用三角、解析几何等计算解来自俄罗斯的几何题	2019—11	88.00	1119
基谢廖夫平面几何	2022—01	48.00	1461
基谢廖夫立体几何	2023—04	48.00	1599
数学:代数、数学分析和几何(10—11年级)	2021—01	48.00	1250
立体几何.10—11年级	2022—01	58.00	1472
直观几何学:5—6年级	2022—04	58.00	1508
平面几何:9—11年级	2022—10	48.00	1571
谈谈素数	2011—03	18.00	91
平方和	2011—03	18.00	92
整数论	2011—05	38.00	120
从整数谈起	2015—10	28.00	538
数与多项式	2016—01	38.00	558
谈谈不定方程	2011—05	28.00	119
质数漫谈	2022—07	68.00	1529
解析不等式新论	2009—06	68.00	48
建立不等式的方法	2011—03	98.00	104
数学奥林匹克不等式研究(第2版)	2020—07	68.00	1181
不等式研究(第二辑)	2012—02	68.00	153
不等式的秘密(第一卷)(第2版)	2014—02	38.00	286
不等式的秘密(第二卷)	2014—01	38.00	268
初等不等式的证明方法	2010—06	38.00	123
初等不等式的证明方法(第二版)	2014—11	38.00	407
不等式·理论·方法(基础卷)	2015—07	38.00	496
不等式·理论·方法(经典不等式卷)	2015—07	38.00	497
不等式·理论·方法(特殊类型不等式卷)	2015—07	48.00	498
不等式探究	2016—03	38.00	582
不等式探秘	2017—01	88.00	689
四面体不等式	2017—01	68.00	715
数学奥林匹克中常见重要不等式	2017—09	38.00	845

刘培杰数学工作室
已出版(即将出版)图书目录——初等数学

书 名	出版时间	定 价	编号
三正弦不等式	2018—09	98.00	974
函数方程与不等式:解法与稳定性结果	2019—04	68.00	1058
数学不等式.第1卷,对称多项式不等式	2022—05	78.00	1455
数学不等式.第2卷,对称有理不等式与对称无理不等式	2022—05	88.00	1456
数学不等式.第3卷,循环不等式与非循环不等式	2022—05	88.00	1457
数学不等式.第4卷,Jensen不等式的扩展与加细	2022—05	88.00	1458
数学不等式.第5卷,创建不等式与解不等式的其他方法	2022—05	88.00	1459
同余理论	2012—05	38.00	163
[x]与{x}	2015—04	48.00	476
极值与最值.上卷	2015—06	28.00	486
极值与最值.中卷	2015—06	38.00	487
极值与最值.下卷	2015—06	28.00	488
整数的性质	2012—11	38.00	192
完全平方数及其应用	2015—08	78.00	506
多项式理论	2015—10	88.00	541
奇数、偶数、奇偶分析法	2018—01	98.00	876
不定方程及其应用.上	2018—12	58.00	992
不定方程及其应用.中	2019—01	78.00	993
不定方程及其应用.下	2019—02	98.00	994
Nesbitt不等式加强式的研究	2022—06	128.00	1527
最值定理与分析不等式	2023—02	78.00	1567
一类积分不等式	2023—02	88.00	1579
邦费罗尼不等式及概率应用	2023—05	58.00	1637
历届美国中学生数学竞赛试题及解答(第一卷)1950—1954	2014—07	18.00	277
历届美国中学生数学竞赛试题及解答(第二卷)1955—1959	2014—04	18.00	278
历届美国中学生数学竞赛试题及解答(第三卷)1960—1964	2014—06	18.00	279
历届美国中学生数学竞赛试题及解答(第四卷)1965—1969	2014—04	28.00	280
历届美国中学生数学竞赛试题及解答(第五卷)1970—1972	2014—06	18.00	281
历届美国中学生数学竞赛试题及解答(第六卷)1973—1980	2017—07	18.00	768
历届美国中学生数学竞赛试题及解答(第七卷)1981—1986	2015—01	18.00	424
历届美国中学生数学竞赛试题及解答(第八卷)1987—1990	2017—05	18.00	769
历届中国数学奥林匹克试题集(第3版)	2021—10	58.00	1440
历届加拿大数学奥林匹克试题集	2012—08	38.00	215
历届美国数学奥林匹克试题集:1972~2019	2020—04	88.00	1135
历届波兰数学竞赛试题集.第1卷,1949~1963	2015—03	18.00	453
历届波兰数学竞赛试题集.第2卷,1964~1976	2015—03	18.00	454
历届巴尔干数学奥林匹克试题集	2015—05	38.00	466
保加利亚数学奥林匹克	2014—10	38.00	393
圣彼得堡数学奥林匹克试题集	2015—01	38.00	429
匈牙利奥林匹克数学竞赛题解.第1卷	2016—05	28.00	593
匈牙利奥林匹克数学竞赛题解.第2卷	2016—05	28.00	594
历届美国数学邀请赛试题集(第2版)	2017—10	78.00	851
普林斯顿大学数学竞赛	2016—06	38.00	669
亚太地区数学奥林匹克竞赛题	2015—07	18.00	492
日本历届(初级)广中杯数学竞赛试题及解答.第1卷(2000~2007)	2016—05	28.00	641
日本历届(初级)广中杯数学竞赛试题及解答.第2卷(2008~2015)	2016—05	38.00	642
越南数学奥林匹克题选:1962—2009	2021—07	48.00	1370
360个数学竞赛问题	2016—08	58.00	677
奥数最佳实战题.上卷	2017—06	38.00	760
奥数最佳实战题.下卷	2017—05	58.00	761
哈尔滨市早期中学数学竞赛试题汇编	2016—07	28.00	672
全国高中数学联赛试题及解答:1981—2019(第4版)	2020—07	138.00	1176
2022年全国高中数学联合竞赛模拟题集	2022—06	30.00	1521

刘培杰数学工作室
已出版(即将出版)图书目录——初等数学

书　名	出版时间	定　价	编号
20 世纪 50 年代全国部分城市数学竞赛试题汇编	2017-07	28.00	797
国内外数学竞赛题及精解:2018~2019	2020-08	45.00	1192
国内外数学竞赛题及精解:2019~2020	2021-11	58.00	1439
许康华竞赛优学精选集.第一辑	2018-08	68.00	949
天问叶班数学问题征解 100 题.Ⅰ,2016-2018	2019-05	88.00	1075
天问叶班数学问题征解 100 题.Ⅱ,2017-2019	2020-07	98.00	1177
美国初中数学竞赛:AMC8 准备(共 6 卷)	2019-08	138.00	1089
美国高中数学竞赛:AMC10 准备(共 6 卷)	2019-08	158.00	1105
王连笑教你怎样学数学:高考选择题解题策略与客观题实用训练	2014-01	48.00	262
王连笑教你怎样学数学:高考数学高层次讲座	2015-02	48.00	432
高考数学的理论与实践	2009-08	38.00	53
高考数学核心题型解题方法与技巧	2010-01	28.00	86
高考思维新平台	2014-03	38.00	259
高考数学压轴题解题诀窍(上)(第 2 版)	2018-01	58.00	874
高考数学压轴题解题诀窍(下)(第 2 版)	2018-01	48.00	875
北京市五区文科数学三年高考模拟题详解:2013~2015	2015-09	48.00	500
北京市五区理科数学三年高考模拟题详解:2013~2015	2015-09	68.00	505
向量法巧解数学高考题	2009-08	28.00	54
高中数学课堂教学的实践与反思	2021-11	48.00	791
数学高考参考	2016-01	78.00	589
新课程标准高考数学解答题各种题型解法指导	2020-08	78.00	1196
全国及各省市高考数学试题审题要津与解法研究	2015-02	48.00	450
高中数学章节起始课的教学研究与案例设计	2019-05	28.00	1064
新课标高考数学——五年试题分章详解(2007~2011)(上、下)	2011-10	78.00	140,141
全国中考数学压轴题审题要津与解法研究	2013-04	78.00	248
新编全国及各省市中考数学压轴题审题要津与解法研究	2014-05	58.00	342
全国及各省市 5 年中考数学压轴题审题要津与解法研究(2015 版)	2015-04	58.00	462
中考数学专题总复习	2007-04	28.00	6
中考数学较难题常考题型解题方法与技巧	2016-09	48.00	681
中考数学难题常考题型解题方法与技巧	2016-09	48.00	682
中考数学中档题常考题型解题方法与技巧	2017-08	68.00	835
中考数学选择填空压轴好题妙解 365	2017-05	38.00	759
中考数学:三类重点考题的解法例析与习题	2020-04	48.00	1140
中小学数学的历史文化	2019-11	48.00	1124
初中平面几何百题多思创新解	2020-01	58.00	1125
初中数学中考备考	2020-01	58.00	1126
高考数学之九章演义	2019-08	68.00	1044
高考数学之难题谈笑间	2022-06	68.00	1519
化学可以这样学:高中化学知识方法智慧感悟疑难辨析	2019-07	58.00	1103
如何成为学习高手	2019-09	58.00	1107
高考数学:经典真题分类解析	2020-04	78.00	1134
高考数学解答题破解策略	2020-11	58.00	1221
从分析解题过程学解题:高考压轴题与竞赛题之关系探究	2020-08	88.00	1179
教学新思考:单元整体视角下的初中数学教学设计	2021-03	58.00	1278
思维再拓展:2020 年经典几何题的多解探究与思考	即将出版		1279
中考数学小压轴汇编初讲	2017-07	48.00	788
中考数学大压轴专题微言	2017-09	48.00	846
怎么解中考平面几何探索题	2019-06	48.00	1093
北京中考数学压轴题解题方法突破(第 8 版)	2022-11	78.00	1577
助你高考成功的数学解题智慧:知识是智慧的基础	2016-01	58.00	596
助你高考成功的数学解题智慧:错误是智慧的试金石	2016-04	58.00	643
助你高考成功的数学解题智慧:方法是智慧的推手	2016-04	68.00	657
高考数学奇思妙解	2016-04	38.00	610
高考数学解题策略	2016-05	48.00	670
数学解题泄天机(第 2 版)	2017-10	48.00	850

刘培杰数学工作室
已出版(即将出版)图书目录——初等数学

书 名	出版时间	定 价	编号
高考物理压轴题全解	2017—04	58.00	746
高中物理经典问题25讲	2017—05	28.00	764
高中物理教学讲义	2018—01	48.00	871
高中物理教学讲义:全模块	2022—03	98.00	1492
高中物理答疑解惑65篇	2021—11	48.00	1462
中学物理基础问题解析	2020—08	48.00	1183
初中数学、高中数学脱节知识补缺教材	2017—06	48.00	766
高考数学小题抢分必练	2017—10	48.00	834
高考数学核心素养解读	2017—09	38.00	839
高考数学客观题解题方法和技巧	2017—10	38.00	847
十年高考数学精品试题审题要津与解法研究	2021—10	98.00	1427
中国历届高考数学试题及解答.1949—1979	2018—01	38.00	877
历届中国高考数学试题及解答.第二卷,1980—1989	2018—10	28.00	975
历届中国高考数学试题及解答.第三卷,1990—1999	2018—10	48.00	976
数学文化与高考研究	2018—03	48.00	882
跟我学解高中数学题	2018—07	58.00	926
中学数学研究的方法及案例	2018—05	58.00	869
高考数学抢分技能	2018—07	68.00	934
高一新生常用数学方法和重要数学思想提升教材	2018—06	38.00	921
2018年高考数学真题研究	2019—01	68.00	1000
2019年高考数学真题研究	2020—05	88.00	1137
高考数学全国卷六道解答题常考题型解题诀窍:理科(全2册)	2019—07	78.00	1101
高考数学全国卷16道选择、填空题常考题型解题诀窍.理科	2018—09	88.00	971
高考数学全国卷16道选择、填空题常考题型解题诀窍.文科	2020—01	88.00	1123
高中数学一题多解	2019—06	58.00	1087
历届中国高考数学试题及解答:1917—1999	2021—08	98.00	1371
2000~2003年全国及各省市高考数学试题及解答	2022—05	88.00	1499
2004年全国及各省市高考数学试题及解答	2022—07	78.00	1500
突破高原:高中数学解题思维探究	2021—08	48.00	1375
高考数学中的"取值范围"	2021—10	48.00	1429
新课程标准高中数学各种题型解法大全.必修一分册	2021—06	58.00	1315
新课程标准高中数学各种题型解法大全.必修二分册	2022—01	68.00	1471
高中数学各种题型解法大全.选择性必修一分册	2022—06	68.00	1525
高中数学各种题型解法大全.选择性必修二分册	2023—01	58.00	1600
高中数学各种题型解法大全.选择性必修三分册	2023—04	48.00	1643
历届全国初中数学竞赛经典试题详解	2023—04	88.00	1624

书 名	出版时间	定 价	编号
新编640个世界著名数学智力趣题	2014—01	88.00	242
500个最新世界著名数学智力趣题	2008—06	48.00	3
400个最新世界著名数学最值问题	2008—09	48.00	36
500个世界著名数学征解问题	2009—06	48.00	52
400个中国最佳初等数学征解老问题	2010—01	48.00	60
500个俄罗斯数学经典老题	2011—01	28.00	81
1000个国外中学物理好题	2012—04	48.00	174
300个日本高考数学题	2012—05	38.00	142
700个早期日本高考数学试题	2017—02	88.00	752
500个前苏联早期高考数学试题及解答	2012—05	28.00	185
546个早期俄罗斯大学生数学竞赛题	2014—03	38.00	285
548个来自美苏的数学好问题	2014—11	28.00	396
20所苏联著名大学早期入学试题	2015—02	18.00	452
161道德国工科大学生必做的微分方程习题	2015—05	28.00	469
500个德国工科大学生必做的高数习题	2015—06	28.00	478
360个数学竞赛问题	2016—08	58.00	677
200个趣味数学故事	2018—02	48.00	857
470个数学奥林匹克中的最值问题	2018—10	88.00	985
德国讲义日本考题.微积分卷	2015—04	48.00	456
德国讲义日本考题.微分方程卷	2015—04	38.00	457
二十世纪中叶中、英、美、日、法、俄高考数学试题精选	2017—06	38.00	783

刘培杰数学工作室
已出版(即将出版)图书目录——初等数学

书　名	出版时间	定价	编号
中国初等数学研究　2009 卷(第 1 辑)	2009－05	20.00	45
中国初等数学研究　2010 卷(第 2 辑)	2010－05	30.00	68
中国初等数学研究　2011 卷(第 3 辑)	2011－07	60.00	127
中国初等数学研究　2012 卷(第 4 辑)	2012－07	48.00	190
中国初等数学研究　2014 卷(第 5 辑)	2014－02	48.00	288
中国初等数学研究　2015 卷(第 6 辑)	2015－06	68.00	493
中国初等数学研究　2016 卷(第 7 辑)	2016－04	68.00	609
中国初等数学研究　2017 卷(第 8 辑)	2017－01	98.00	712
初等数学研究在中国.第 1 辑	2019－03	158.00	1024
初等数学研究在中国.第 2 辑	2019－10	158.00	1116
初等数学研究在中国.第 3 辑	2021－05	158.00	1306
初等数学研究在中国.第 4 辑	2022－06	158.00	1520
几何变换(Ⅰ)	2014－07	28.00	353
几何变换(Ⅱ)	2015－06	28.00	354
几何变换(Ⅲ)	2015－01	38.00	355
几何变换(Ⅳ)	2015－12	38.00	356
初等数论难题集(第一卷)	2009－05	68.00	44
初等数论难题集(第二卷)(上、下)	2011－02	128.00	82,83
数论概貌	2011－03	18.00	93
代数数论(第二版)	2013－08	58.00	94
代数多项式	2014－06	38.00	289
初等数论的知识与问题	2011－02	28.00	95
超越数论基础	2011－03	28.00	96
数论初等教程	2011－03	28.00	97
数论基础	2011－03	18.00	98
数论基础与维诺格拉多夫	2014－03	18.00	292
解析数论基础	2012－08	28.00	216
解析数论基础(第二版)	2014－01	48.00	287
解析数论问题集(第二版)(原版引进)	2014－05	88.00	343
解析数论问题集(第二版)(中译本)	2016－04	88.00	607
解析数论基础(潘承洞,潘承彪著)	2016－07	98.00	673
解析数论导引	2016－07	58.00	674
数论入门	2011－03	38.00	99
代数数论入门	2015－03	38.00	448
数论开篇	2012－07	28.00	194
解析数论引论	2011－03	48.00	100
Barban Davenport Halberstam 均值和	2009－01	40.00	33
基础数论	2011－03	28.00	101
初等数论 100 例	2011－05	18.00	122
初等数论经典例题	2012－07	18.00	204
最新世界各国数学奥林匹克中的初等数论试题(上、下)	2012－01	138.00	144,145
初等数论(Ⅰ)	2012－01	18.00	156
初等数论(Ⅱ)	2012－01	18.00	157
初等数论(Ⅲ)	2012－01	28.00	158

书　名	出版时间	定　价	编号
平面几何与数论中未解决的新老问题	2013—01	68.00	229
代数数论简史	2014—11	28.00	408
代数数论	2015—09	88.00	532
代数、数论及分析习题集	2016—11	98.00	695
数论导引提要及习题解答	2016—01	48.00	559
素数定理的初等证明.第2版	2016—09	48.00	686
数论中的模函数与狄利克雷级数(第二版)	2017—11	78.00	837
数论:数学导引	2018—01	68.00	849
范氏大代数	2019—02	98.00	1016
解析数学讲义.第一卷,导来式及微分、积分、级数	2019—04	88.00	1021
解析数学讲义.第二卷,关于几何的应用	2019—04	68.00	1022
解析数学讲义.第三卷,解析函数论	2019—04	78.00	1023
分析·组合·数论纵横谈	2019—04	58.00	1039
Hall 代数:民国时期的中学数学课本:英文	2019—08	88.00	1106
基谢廖夫初等代数	2022—07	38.00	1531
数学精神巡礼	2019—01	58.00	731
数学眼光透视(第2版)	2017—06	78.00	732
数学思想领悟(第2版)	2018—01	68.00	733
数学方法溯源(第2版)	2018—08	68.00	734
数学解题引论	2017—05	58.00	735
数学史话览胜(第2版)	2017—01	48.00	736
数学应用展观(第2版)	2017—08	68.00	737
数学建模尝试	2018—04	48.00	738
数学竞赛采风	2018—01	68.00	739
数学测评探营	2019—05	58.00	740
数学技能操握	2018—03	48.00	741
数学欣赏拾趣	2018—02	48.00	742
从毕达哥拉斯到怀尔斯	2007—10	48.00	9
从迪利克雷到维斯卡尔迪	2008—01	48.00	21
从哥德巴赫到陈景润	2008—05	98.00	35
从庞加莱到佩雷尔曼	2011—08	138.00	136
博弈论精粹	2008—03	58.00	30
博弈论精粹.第二版(精装)	2015—01	88.00	461
数学 我爱你	2008—01	28.00	20
精神的圣徒　别样的人生——60 位中国数学家成长的历程	2008—09	48.00	39
数学史概论	2009—06	78.00	50
数学史概论(精装)	2013—03	158.00	272
数学史选讲	2016—01	48.00	544
斐波那契数列	2010—02	28.00	65
数学拼盘和斐波那契魔方	2010—07	38.00	72
斐波那契数列欣赏(第2版)	2018—08	58.00	948
Fibonacci 数列中的明珠	2018—06	58.00	928
数学的创造	2011—02	48.00	85
数学美与创造力	2016—01	48.00	595
数海拾贝	2016—01	48.00	590
数学中的美(第2版)	2019—04	68.00	1057
数论中的美学	2014—12	38.00	351

刘培杰数学工作室
已出版(即将出版)图书目录——初等数学

书　名	出版时间	定　价	编号
数学王者　科学巨人——高斯	2015-01	28.00	428
振兴祖国数学的圆梦之旅:中国初等数学研究史话	2015-06	98.00	490
二十世纪中国数学史料研究	2015-10	48.00	536
数字谜、数阵图与棋盘覆盖	2016-01	58.00	298
时间的形状	2016-01	38.00	556
数学发现的艺术:数学探索中的合情推理	2016-07	58.00	671
活跃在数学中的参数	2016-07	48.00	675
数海趣史	2021-05	98.00	1314
数学解题——靠数学思想给力(上)	2011-07	38.00	131
数学解题——靠数学思想给力(中)	2011-07	48.00	132
数学解题——靠数学思想给力(下)	2011-07	38.00	133
我怎样解题	2013-01	48.00	227
数学解题中的物理方法	2011-06	28.00	114
数学解题的特殊方法	2011-06	48.00	115
中学数学计算技巧(第2版)	2020-10	48.00	1220
中学数学证明方法	2012-01	58.00	117
数学趣题巧解	2012-03	28.00	128
高中数学教学通鉴	2015-05	58.00	479
和高中生漫谈:数学与哲学的故事	2014-08	28.00	369
算术问题集	2017-03	38.00	789
张教授讲数学	2018-07	38.00	933
陈永明实话实说数学教学	2020-04	68.00	1132
中学数学学科知识与教学能力	2020-06	58.00	1155
怎样把课讲好:大罕数学教学随笔	2022-03	58.00	1484
中国高考评价体系下高考数学探秘	2022-03	48.00	1487
自主招生考试中的参数方程问题	2015-01	28.00	435
自主招生考试中的极坐标问题	2015-04	28.00	463
近年全国重点大学自主招生数学试题全解及研究.华约卷	2015-02	38.00	441
近年全国重点大学自主招生数学试题全解及研究.北约卷	2016-05	38.00	619
自主招生数学解证宝典	2015-09	48.00	535
中国科学技术大学创新班数学真题解析	2022-03	48.00	1488
中国科学技术大学创新班物理真题解析	2022-03	58.00	1489
格点和面积	2012-07	18.00	191
射影几何趣谈	2012-04	28.00	175
斯潘纳尔引理——从一道加拿大数学奥林匹克试题谈起	2014-01	28.00	228
李普希兹条件——从几道近年高考数学试题谈起	2012-10	18.00	221
拉格朗日中值定理——从一道北京高考试题的解法谈起	2015-10	18.00	197
闵科夫斯基定理——从一道清华大学自主招生试题谈起	2014-01	28.00	198
哈尔测度——从一道冬令营试题的背景谈起	2012-08	28.00	202
切比雪夫逼近问题——从一道中国台北数学奥林匹克试题谈起	2013-04	38.00	238
伯恩斯坦多项式与贝齐尔曲面——从一道全国高中数学联赛试题谈起	2013-03	38.00	236
卡塔兰猜想——从一道普特南竞赛试题谈起	2013-06	18.00	256
麦卡锡函数和阿克曼函数——从一道前南斯拉夫数学奥林匹克试题谈起	2012-08	18.00	201
贝蒂定理与拉姆贝克莫斯尔定理——从一个拣石子游戏谈起	2012-08	18.00	217
皮亚诺曲线和豪斯道夫分球定理——从无限集谈起	2012-08	18.00	211
平面凸图形与凸多面体	2012-10	28.00	218
斯坦因豪斯问题——从一道二十五省市自治区中学数学竞赛试题谈起	2012-07	18.00	196

刘培杰数学工作室
已出版(即将出版)图书目录——初等数学

书　名	出版时间	定　价	编号
纽结理论中的亚历山大多项式与琼斯多项式——从一道北京市高一数学竞赛试题谈起	2012—07	28.00	195
原则与策略——从波利亚"解题表"谈起	2013—04	38.00	244
转化与化归——从三大尺规作图不能问题谈起	2012—08	28.00	214
代数几何中的贝祖定理(第一版)——从一道IMO试题的解法谈起	2013—08	18.00	193
成功连贯理论与约当块理论——从一道比利时数学竞赛试题谈起	2012—04	18.00	180
素数判定与大数分解	2014—08	18.00	199
置换多项式及其应用	2012—10	18.00	220
椭圆函数与模函数——从一道美国加州大学洛杉矶分校(UCLA)博士资格考题谈起	2012—10	28.00	219
差分方程的拉格朗日方法——从一道2011年全国高考理科试题的解法谈起	2012—08	28.00	200
力学在几何中的一些应用	2013—01	38.00	240
从根式解到伽罗华理论	2020—01	48.00	1121
康托洛维奇不等式——从一道全国高中联赛试题谈起	2013—03	28.00	337
西格尔引理——从一道第18届IMO试题的解法谈起	即将出版		
罗斯定理——从一道前苏联数学竞赛试题谈起	即将出版		
拉克斯定理和阿廷定理——从一道IMO试题的解法谈起	2014—01	58.00	246
毕卡大定理——从一道美国大学数学竞赛试题谈起	2014—07	18.00	350
贝齐尔曲线——从一道全国高中联赛试题谈起	即将出版		
拉格朗日乘子定理——从一道2005年全国高中联赛试题的高等数学解法谈起	2015—05	28.00	480
雅可比定理——从一道日本数学奥林匹克试题谈起	2013—04	48.00	249
李天岩—约克定理——从一道波兰数学竞赛试题谈起	2014—06	28.00	349
受控理论与初等不等式:从一道IMO试题的解法谈起	2023—03	48.00	1601
布劳维不动点定理——从一道前苏联数学奥林匹克试题谈起	2014—01	38.00	273
伯恩赛德定理——从一道英国数学奥林匹克试题谈起	即将出版		
布查特—莫斯特定理——从一道上海市初中竞赛试题谈起	即将出版		
数论中的同余数问题——从一道普特南竞赛试题谈起	即将出版		
范·德蒙行列式——从一道美国数学奥林匹克试题谈起	即将出版		
中国剩余定理:总数法构建中国历史年表	2015—01	28.00	430
牛顿程序与方程求根——从一道全国高考试题解法谈起	即将出版		
库默尔定理——从一道IMO预选试题谈起	即将出版		
卢丁定理——从一道冬令营试题的解法谈起	即将出版		
沃斯滕霍姆定理——从一道IMO预选试题谈起	即将出版		
卡尔松不等式——从一道莫斯科数学奥林匹克试题谈起	即将出版		
信息论中的香农熵——从一道近年高考压轴题谈起	即将出版		
约当不等式——从一道希望杯竞赛试题谈起	即将出版		
拉比诺维奇定理	即将出版		
刘维尔定理——从一道《美国数学月刊》征解问题的解法谈起	即将出版		
卡塔兰恒等式与级数求和——从一道IMO试题的解法谈起	即将出版		
勒让德猜想与素数分布——从一道爱尔兰竞赛试题谈起	即将出版		
天平称重与信息论——从一道基辅市数学奥林匹克试题谈起	即将出版		
哈密尔顿—凯莱定理:从一道高中数学联赛试题的解法谈起	2014—09	18.00	376
艾思特曼定理——从一道CMO试题的解法谈起	即将出版		

刘培杰数学工作室
已出版(即将出版)图书目录——初等数学

书　名	出版时间	定　价	编号
阿贝尔恒等式与经典不等式及应用	2018—06	98.00	923
迪利克雷除数问题	2018—07	48.00	930
幻方、幻立方与拉丁方	2019—08	48.00	1092
帕斯卡三角形	2014—03	18.00	294
蒲丰投针问题——从2009年清华大学的一道自主招生试题谈起	2014—01	38.00	295
斯图姆定理——从一道"华约"自主招生试题的解法谈起	2014—01	18.00	296
许瓦兹引理——从一道加利福尼亚大学伯克利分校数学系博士生试题谈起	2014—08	18.00	297
拉姆塞定理——从王诗宬院士的一个问题谈起	2016—04	48.00	299
坐标法	2013—12	28.00	332
数论三角形	2014—04	38.00	341
毕克定理	2014—07	18.00	352
数林掠影	2014—09	48.00	389
我们周围的概率	2014—10	38.00	390
凸函数最值定理:从一道华约自主招生题的解法谈起	2014—10	28.00	391
易学与数学奥林匹克	2014—10	38.00	392
生物数学趣谈	2015—01	18.00	409
反演	2015—01	28.00	420
因式分解与圆锥曲线	2015—01	18.00	426
轨迹	2015—01	28.00	427
面积原理:从常庚哲命的一道CMO试题的积分解法谈起	2015—01	48.00	431
形形色色的不动点定理:从一道28届IMO试题谈起	2015—01	38.00	439
柯西函数方程:从一道上海交大自主招生的试题谈起	2015—02	28.00	440
三角恒等式	2015—02	28.00	442
无理性判定:从一道2014年"北约"自主招生试题谈起	2015—02	38.00	443
数学归纳法	2015—03	18.00	451
极端原理与解题	2015—04	28.00	464
法雷级数	2014—08	18.00	367
摆线族	2015—01	38.00	438
函数方程及其解法	2015—05	38.00	470
含参数的方程和不等式	2012—09	28.00	213
希尔伯特第十问题	2016—01	38.00	543
无穷小量的求和	2016—01	28.00	545
切比雪夫多项式:从一道清华大学金秋营试题谈起	2016—01	38.00	583
泽肯多夫定理	2016—03	38.00	599
代数等式证题法	2016—01	28.00	600
三角等式证题法	2016—01	28.00	601
吴大任教授藏书中的一个因式分解公式:从一道美国数学邀请赛试题的解法谈起	2016—06	28.00	656
易卦——类万物的数学模型	2017—08	68.00	838
"不可思议"的数与数系可持续发展	2018—01	38.00	878
最短线	2018—01	38.00	879
数学在天文、地理、光学、机械力学中的一些应用	2023—03	88.00	1576
从阿基米德三角形谈起	2023—01	28.00	1578
幻方和魔方(第一卷)	2012—05	68.00	173
尘封的经典——初等数学经典文献选读(第一卷)	2012—07	48.00	205
尘封的经典——初等数学经典文献选读(第二卷)	2012—07	38.00	206
初级方程式论	2011—03	28.00	106
初等数学研究(Ⅰ)	2008—09	68.00	37
初等数学研究(Ⅱ)(上、下)	2009—05	118.00	46,47
初等数学专题研究	2022—10	68.00	1568

刘培杰数学工作室

 ## 已出版(即将出版)图书目录——初等数学

书　名	出版时间	定　价	编号
趣味初等方程妙题集锦	2014—09	48.00	388
趣味初等数论选与欣赏	2015—02	48.00	445
耕读笔记(上卷):一位农民数学爱好者的初数探索	2015—04	28.00	459
耕读笔记(中卷):一位农民数学爱好者的初数探索	2015—05	28.00	483
耕读笔记(下卷):一位农民数学爱好者的初数探索	2015—05	28.00	484
几何不等式研究与欣赏.上卷	2016—01	88.00	547
几何不等式研究与欣赏.下卷	2016—01	48.00	552
初等数列研究与欣赏·上	2016—01	48.00	570
初等数列研究与欣赏·下	2016—01	48.00	571
趣味初等函数研究与欣赏.上	2016—09	48.00	684
趣味初等函数研究与欣赏.下	2018—09	48.00	685
三角不等式研究与欣赏	2020—10	68.00	1197
新编平面解析几何解题方法研究与欣赏	2021—10	78.00	1426
火柴游戏(第2版)	2022—05	38.00	1493
智力解谜.第1卷	2017—07	38.00	613
智力解谜.第2卷	2017—07	38.00	614
故事智力	2016—07	48.00	615
名人们喜欢的智力问题	2020—01	48.00	616
数学大师的发现、创造与失误	2018—01	48.00	617
异曲同工	2018—09	48.00	618
数学的味道	2018—01	58.00	798
数学千字文	2018—10	68.00	977
数贝偶拾——高考数学题研究	2014—04	28.00	274
数贝偶拾——初等数学研究	2014—04	38.00	275
数贝偶拾——奥数题研究	2014—04	48.00	276
钱昌本教你快乐学数学(上)	2011—12	48.00	155
钱昌本教你快乐学数学(下)	2012—03	58.00	171
集合、函数与方程	2014—01	28.00	300
数列与不等式	2014—01	38.00	301
三角与平面向量	2014—01	28.00	302
平面解析几何	2014—01	38.00	303
立体几何与组合	2014—01	28.00	304
极限与导数、数学归纳法	2014—01	38.00	305
趣味数学	2014—03	28.00	306
教材教法	2014—04	68.00	307
自主招生	2014—05	58.00	308
高考压轴题(上)	2015—01	48.00	309
高考压轴题(下)	2014—10	68.00	310
从费马到怀尔斯——费马大定理的历史	2013—10	198.00	I
从庞加莱到佩雷尔曼——庞加莱猜想的历史	2013—10	298.00	II
从切比雪夫到爱尔特希(上)——素数定理的初等证明	2013—07	48.00	III
从切比雪夫到爱尔特希(下)——素数定理100年	2012—12	98.00	III
从高斯到盖尔方特——二次域的高斯猜想	2013—10	198.00	IV
从库默尔到朗兰兹——朗兰兹猜想的历史	2014—01	98.00	V
从比勃巴赫到德布朗斯——比勃巴赫猜想的历史	2014—02	298.00	VI
从麦比乌斯到陈省身——麦比乌斯变换与麦比乌斯带	2014—02	298.00	VII
从布尔到豪斯道夫——布尔方程与格论漫谈	2013—10	198.00	VIII
从开普勒到阿诺德——三体问题的历史	2014—05	298.00	IX
从华林到华罗庚——华林问题的历史	2013—10	298.00	X

刘培杰数学工作室
已出版(即将出版)图书目录——初等数学

书　名	出版时间	定　价	编号
美国高中数学竞赛五十讲.第1卷(英文)	2014—08	28.00	357
美国高中数学竞赛五十讲.第2卷(英文)	2014—08	28.00	358
美国高中数学竞赛五十讲.第3卷(英文)	2014—09	28.00	359
美国高中数学竞赛五十讲.第4卷(英文)	2014—09	28.00	360
美国高中数学竞赛五十讲.第5卷(英文)	2014—10	28.00	361
美国高中数学竞赛五十讲.第6卷(英文)	2014—11	28.00	362
美国高中数学竞赛五十讲.第7卷(英文)	2014—12	28.00	363
美国高中数学竞赛五十讲.第8卷(英文)	2015—01	28.00	364
美国高中数学竞赛五十讲.第9卷(英文)	2015—01	28.00	365
美国高中数学竞赛五十讲.第10卷(英文)	2015—02	38.00	366
三角函数(第2版)	2017—04	38.00	626
不等式	2014—01	38.00	312
数列	2014—01	38.00	313
方程(第2版)	2017—04	38.00	624
排列和组合	2014—01	28.00	315
极限与导数(第2版)	2016—04	38.00	635
向量(第2版)	2018—08	58.00	627
复数及其应用	2014—08	28.00	318
函数	2014—01	38.00	319
集合	2020—01	48.00	320
直线与平面	2014—01	28.00	321
立体几何(第2版)	2016—04	38.00	629
解三角形	即将出版		323
直线与圆(第2版)	2016—11	38.00	631
圆锥曲线(第2版)	2016—09	48.00	632
解题通法(一)	2014—07	38.00	326
解题通法(二)	2014—07	38.00	327
解题通法(三)	2014—05	38.00	328
概率与统计	2014—01	28.00	329
信息迁移与算法	即将出版		330
IMO 50 年.第1卷(1959—1963)	2014—11	28.00	377
IMO 50 年.第2卷(1964—1968)	2014—11	28.00	378
IMO 50 年.第3卷(1969—1973)	2014—09	28.00	379
IMO 50 年.第4卷(1974—1978)	2016—04	38.00	380
IMO 50 年.第5卷(1979—1984)	2015—04	38.00	381
IMO 50 年.第6卷(1985—1989)	2015—04	58.00	382
IMO 50 年.第7卷(1990—1994)	2016—01	48.00	383
IMO 50 年.第8卷(1995—1999)	2016—06	38.00	384
IMO 50 年.第9卷(2000—2004)	2015—04	58.00	385
IMO 50 年.第10卷(2005—2009)	2016—01	48.00	386
IMO 50 年.第11卷(2010—2015)	2017—03	48.00	646

刘培杰数学工作室

已出版(即将出版)图书目录——初等数学

书　　名	出版时间	定　价	编号
数学反思(2006—2007)	2020—09	88.00	915
数学反思(2008—2009)	2019—01	68.00	917
数学反思(2010—2011)	2018—05	58.00	916
数学反思(2012—2013)	2019—01	58.00	918
数学反思(2014—2015)	2019—03	78.00	919
数学反思(2016—2017)	2021—03	58.00	1286
数学反思(2018—2019)	2023—01	88.00	1593
历届美国大学生数学竞赛试题集.第一卷(1938—1949)	2015—01	28.00	397
历届美国大学生数学竞赛试题集.第二卷(1950—1959)	2015—01	28.00	398
历届美国大学生数学竞赛试题集.第三卷(1960—1969)	2015—01	28.00	399
历届美国大学生数学竞赛试题集.第四卷(1970—1979)	2015—01	18.00	400
历届美国大学生数学竞赛试题集.第五卷(1980—1989)	2015—01	28.00	401
历届美国大学生数学竞赛试题集.第六卷(1990—1999)	2015—01	28.00	402
历届美国大学生数学竞赛试题集.第七卷(2000—2009)	2015—08	18.00	403
历届美国大学生数学竞赛试题集.第八卷(2010—2012)	2015—01	18.00	404
新课标高考数学创新题解题诀窍:总论	2014—09	28.00	372
新课标高考数学创新题解题诀窍:必修1~5分册	2014—08	38.00	373
新课标高考数学创新题解题诀窍:选修2−1,2−2,1−1,1−2分册	2014—09	38.00	374
新课标高考数学创新题解题诀窍:选修2−3,4−4,4−5分册	2014—09	18.00	375
全国重点大学自主招生英文数学试题全攻略:词汇卷	2015—07	48.00	410
全国重点大学自主招生英文数学试题全攻略:概念卷	2015—01	28.00	411
全国重点大学自主招生英文数学试题全攻略:文章选读卷(上)	2016—09	38.00	412
全国重点大学自主招生英文数学试题全攻略:文章选读卷(下)	2017—01	58.00	413
全国重点大学自主招生英文数学试题全攻略:试题卷	2015—07	38.00	414
全国重点大学自主招生英文数学试题全攻略:名著欣赏卷	2017—03	48.00	415
劳埃德数学趣题大全.题目卷.1:英文	2016—01	18.00	516
劳埃德数学趣题大全.题目卷.2:英文	2016—01	18.00	517
劳埃德数学趣题大全.题目卷.3:英文	2016—01	18.00	518
劳埃德数学趣题大全.题目卷.4:英文	2016—01	18.00	519
劳埃德数学趣题大全.题目卷.5:英文	2016—01	18.00	520
劳埃德数学趣题大全.答案卷:英文	2016—01	18.00	521
李成章教练奥数笔记.第1卷	2016—01	48.00	522
李成章教练奥数笔记.第2卷	2016—01	48.00	523
李成章教练奥数笔记.第3卷	2016—01	38.00	524
李成章教练奥数笔记.第4卷	2016—01	38.00	525
李成章教练奥数笔记.第5卷	2016—01	38.00	526
李成章教练奥数笔记.第6卷	2016—01	38.00	527
李成章教练奥数笔记.第7卷	2016—01	38.00	528
李成章教练奥数笔记.第8卷	2016—01	48.00	529
李成章教练奥数笔记.第9卷	2016—01	28.00	530

书　　名	出版时间	定　价	编号
第19~23届"希望杯"全国数学邀请赛试题审题要津详细评注(初一版)	2014—03	28.00	333
第19~23届"希望杯"全国数学邀请赛试题审题要津详细评注(初二、初三版)	2014—03	38.00	334
第19~23届"希望杯"全国数学邀请赛试题审题要津详细评注(高一版)	2014—03	28.00	335
第19~23届"希望杯"全国数学邀请赛试题审题要津详细评注(高二版)	2014—03	38.00	336
第19~25届"希望杯"全国数学邀请赛试题审题要津详细评注(初一版)	2015—01	38.00	416
第19~25届"希望杯"全国数学邀请赛试题审题要津详细评注(初二、初三版)	2015—01	58.00	417
第19~25届"希望杯"全国数学邀请赛试题审题要津详细评注(高一版)	2015—01	48.00	418
第19~25届"希望杯"全国数学邀请赛试题审题要津详细评注(高二版)	2015—01	48.00	419
物理奥林匹克竞赛大题典——力学卷	2014—11	48.00	405
物理奥林匹克竞赛大题典——热学卷	2014—04	28.00	339
物理奥林匹克竞赛大题典——电磁学卷	2015—07	48.00	406
物理奥林匹克竞赛大题典——光学与近代物理卷	2014—06	28.00	345
历届中国东南地区数学奥林匹克试题集(2004~2012)	2014—06	18.00	346
历届中国西部地区数学奥林匹克试题集(2001~2012)	2014—07	18.00	347
历届中国女子数学奥林匹克试题集(2002~2012)	2014—08	18.00	348
数学奥林匹克在中国	2014—06	98.00	344
数学奥林匹克问题集	2014—01	38.00	267
数学奥林匹克不等式散论	2010—06	38.00	124
数学奥林匹克不等式欣赏	2011—09	38.00	138
数学奥林匹克超级题库(初中卷上)	2010—01	58.00	66
数学奥林匹克不等式证明方法和技巧(上、下)	2011—08	158.00	134,135
他们学什么:原民主德国中学数学课本	2016—09	38.00	658
他们学什么:英国中学数学课本	2016—09	38.00	659
他们学什么:法国中学数学课本.1	2016—09	38.00	660
他们学什么:法国中学数学课本.2	2016—09	28.00	661
他们学什么:法国中学数学课本.3	2016—09	38.00	662
他们学什么:苏联中学数学课本	2016—09	28.00	679
高中数学题典——集合与简易逻辑·函数	2016—07	48.00	647
高中数学题典——导数	2016—07	48.00	648
高中数学题典——三角函数·平面向量	2016—07	48.00	649
高中数学题典——数列	2016—07	58.00	650
高中数学题典——不等式·推理与证明	2016—07	38.00	651
高中数学题典——立体几何	2016—07	48.00	652
高中数学题典——平面解析几何	2016—07	78.00	653
高中数学题典——计数原理·统计·概率·复数	2016—07	48.00	654
高中数学题典——算法·平面几何·初等数论·组合数学·其他	2016—07	68.00	655

刘培杰数学工作室
已出版(即将出版)图书目录——初等数学

书　名	出版时间	定　价	编号
台湾地区奥林匹克数学竞赛试题.小学一年级	2017—03	38.00	722
台湾地区奥林匹克数学竞赛试题.小学二年级	2017—03	38.00	723
台湾地区奥林匹克数学竞赛试题.小学三年级	2017—03	38.00	724
台湾地区奥林匹克数学竞赛试题.小学四年级	2017—03	38.00	725
台湾地区奥林匹克数学竞赛试题.小学五年级	2017—03	38.00	726
台湾地区奥林匹克数学竞赛试题.小学六年级	2017—03	38.00	727
台湾地区奥林匹克数学竞赛试题.初中一年级	2017—03	38.00	728
台湾地区奥林匹克数学竞赛试题.初中二年级	2017—03	38.00	729
台湾地区奥林匹克数学竞赛试题.初中三年级	2017—03	28.00	730
不等式证题法	2017—04	28.00	747
平面几何培优教程	2019—08	88.00	748
奥数鼎级培优教程.高一分册	2018—09	88.00	749
奥数鼎级培优教程.高二分册.上	2018—04	68.00	750
奥数鼎级培优教程.高二分册.下	2018—04	68.00	751
高中数学竞赛冲刺宝典	2019—04	68.00	883
初中尖子生数学超级题典.实数	2017—07	58.00	792
初中尖子生数学超级题典.式、方程与不等式	2017—08	58.00	793
初中尖子生数学超级题典.圆、面积	2017—08	38.00	794
初中尖子生数学超级题典.函数、逻辑推理	2017—08	48.00	795
初中尖子生数学超级题典.角、线段、三角形与多边形	2017—07	58.00	796
数学王子——高斯	2018—01	48.00	858
坎坷奇星——阿贝尔	2018—01	48.00	859
闪烁奇星——伽罗瓦	2018—01	58.00	860
无穷统帅——康托尔	2018—01	48.00	861
科学公主——柯瓦列夫斯卡娅	2018—01	48.00	862
抽象代数之母——埃米·诺特	2018—01	48.00	863
电脑先驱——图灵	2018—01	58.00	864
昔日神童——维纳	2018—01	48.00	865
数坛怪侠——爱尔特希	2018—01	68.00	866
传奇数学家徐利治	2019—09	88.00	1110
当代世界中的数学.数学思想与数学基础	2019—01	38.00	892
当代世界中的数学.数学问题	2019—01	38.00	893
当代世界中的数学.应用数学与数学应用	2019—01	38.00	894
当代世界中的数学.数学王国的新疆域(一)	2019—01	38.00	895
当代世界中的数学.数学王国的新疆域(二)	2019—01	38.00	896
当代世界中的数学.数林撷英(一)	2019—01	38.00	897
当代世界中的数学.数林撷英(二)	2019—01	48.00	898
当代世界中的数学.数学之路	2019—01	38.00	899

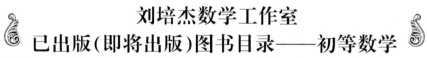
刘培杰数学工作室
已出版(即将出版)图书目录——初等数学

书　　名	出版时间	定　价	编号
105 个代数问题:来自 AwesomeMath 夏季课程	2019-02	58.00	956
106 个几何问题:来自 AwesomeMath 夏季课程	2020-07	58.00	957
107 个几何问题:来自 AwesomeMath 全年课程	2020-07	58.00	958
108 个代数问题:来自 AwesomeMath 全年课程	2019-01	68.00	959
109 个不等式:来自 AwesomeMath 夏季课程	2019-04	58.00	960
国际数学奥林匹克中的 110 个几何问题	即将出版		961
111 个代数和数论问题	2019-05	58.00	962
112 个组合问题:来自 AwesomeMath 夏季课程	2019-05	58.00	963
113 个几何不等式:来自 AwesomeMath 夏季课程	2020-08	58.00	964
114 个指数和对数问题:来自 AwesomeMath 夏季课程	2019-09	48.00	965
115 个三角问题:来自 AwesomeMath 夏季课程	2019-09	58.00	966
116 个代数不等式:来自 AwesomeMath 全年课程	2019-04	58.00	967
117 个多项式问题:来自 AwesomeMath 夏季课程	2021-09	58.00	1409
118 个数学竞赛不等式	2022-08	78.00	1526
紫色彗星国际数学竞赛试题	2019-02	58.00	999
数学竞赛中的数学:为数学爱好者、父母、教师和教练准备的丰富资源.第一部	2020-04	58.00	1141
数学竞赛中的数学:为数学爱好者、父母、教师和教练准备的丰富资源.第二部	2020-07	48.00	1142
和与积	2020-10	38.00	1219
数论:概念和问题	2020-12	68.00	1257
初等数学问题研究	2021-03	48.00	1270
数学奥林匹克中的欧几里得几何	2021-10	68.00	1413
数学奥林匹克题解新编	2022-01	58.00	1430
图论入门	2022-09	58.00	1554
澳大利亚中学数学竞赛试题及解答(初级卷)1978～1984	2019-02	28.00	1002
澳大利亚中学数学竞赛试题及解答(初级卷)1985～1991	2019-02	28.00	1003
澳大利亚中学数学竞赛试题及解答(初级卷)1992～1998	2019-02	28.00	1004
澳大利亚中学数学竞赛试题及解答(初级卷)1999～2005	2019-02	28.00	1005
澳大利亚中学数学竞赛试题及解答(中级卷)1978～1984	2019-03	28.00	1006
澳大利亚中学数学竞赛试题及解答(中级卷)1985～1991	2019-03	28.00	1007
澳大利亚中学数学竞赛试题及解答(中级卷)1992～1998	2019-03	28.00	1008
澳大利亚中学数学竞赛试题及解答(中级卷)1999～2005	2019-03	28.00	1009
澳大利亚中学数学竞赛试题及解答(高级卷)1978～1984	2019-05	28.00	1010
澳大利亚中学数学竞赛试题及解答(高级卷)1985～1991	2019-05	28.00	1011
澳大利亚中学数学竞赛试题及解答(高级卷)1992～1998	2019-05	28.00	1012
澳大利亚中学数学竞赛试题及解答(高级卷)1999～2005	2019-05	28.00	1013
天才中小学生智力测验题.第一卷	2019-03	38.00	1026
天才中小学生智力测验题.第二卷	2019-03	38.00	1027
天才中小学生智力测验题.第三卷	2019-03	38.00	1028
天才中小学生智力测验题.第四卷	2019-03	38.00	1029
天才中小学生智力测验题.第五卷	2019-03	38.00	1030
天才中小学生智力测验题.第六卷	2019-03	38.00	1031
天才中小学生智力测验题.第七卷	2019-03	38.00	1032
天才中小学生智力测验题.第八卷	2019-03	38.00	1033
天才中小学生智力测验题.第九卷	2019-03	38.00	1034
天才中小学生智力测验题.第十卷	2019-03	38.00	1035
天才中小学生智力测验题.第十一卷	2019-03	38.00	1036
天才中小学生智力测验题.第十二卷	2019-03	38.00	1037
天才中小学生智力测验题.第十三卷	2019-03	38.00	1038

刘培杰数学工作室
已出版(即将出版)图书目录——初等数学

书　名	出版时间	定　价	编号
重点大学自主招生数学备考全书:函数	2020—05	48.00	1047
重点大学自主招生数学备考全书:导数	2020—08	48.00	1048
重点大学自主招生数学备考全书:数列与不等式	2019—10	78.00	1049
重点大学自主招生数学备考全书:三角函数与平面向量	2020—08	68.00	1050
重点大学自主招生数学备考全书:平面解析几何	2020—07	58.00	1051
重点大学自主招生数学备考全书:立体几何与平面几何	2019—08	48.00	1052
重点大学自主招生数学备考全书:排列组合·概率统计·复数	2019—09	48.00	1053
重点大学自主招生数学备考全书:初等数论与组合数学	2019—08	48.00	1054
重点大学自主招生数学备考全书:重点大学自主招生真题.上	2019—04	68.00	1055
重点大学自主招生数学备考全书:重点大学自主招生真题.下	2019—04	58.00	1056
高中数学竞赛培训教程:平面几何问题的求解方法与策略.上	2018—05	68.00	906
高中数学竞赛培训教程:平面几何问题的求解方法与策略.下	2018—06	78.00	907
高中数学竞赛培训教程:整除与同余以及不定方程	2018—01	88.00	908
高中数学竞赛培训教程:组合计数与组合极值	2018—04	48.00	909
高中数学竞赛培训教程:初等代数	2019—04	78.00	1042
高中数学讲座:数学竞赛基础教程(第一册)	2019—06	48.00	1094
高中数学讲座:数学竞赛基础教程(第二册)	即将出版		1095
高中数学讲座:数学竞赛基础教程(第三册)	即将出版		1096
高中数学讲座:数学竞赛基础教程(第四册)	即将出版		1097
新编中学数学解题方法 1000 招丛书.实数(初中版)	2022—05	58.00	1291
新编中学数学解题方法 1000 招丛书.式(初中版)	2022—05	48.00	1292
新编中学数学解题方法 1000 招丛书.方程与不等式(初中版)	2021—04	58.00	1293
新编中学数学解题方法 1000 招丛书.函数(初中版)	2022—05	38.00	1294
新编中学数学解题方法 1000 招丛书.角(初中版)	2022—05	48.00	1295
新编中学数学解题方法 1000 招丛书.线段(初中版)	2022—05	48.00	1296
新编中学数学解题方法 1000 招丛书.三角形与多边形(初中版)	2021—04	48.00	1297
新编中学数学解题方法 1000 招丛书.圆(初中版)	2022—05	48.00	1298
新编中学数学解题方法 1000 招丛书.面积(初中版)	2021—07	28.00	1299
新编中学数学解题方法 1000 招丛书.逻辑推理(初中版)	2022—06	48.00	1300
高中数学题典精编.第一辑.函数	2022—01	58.00	1444
高中数学题典精编.第一辑.导数	2022—01	68.00	1445
高中数学题典精编.第一辑.三角函数·平面向量	2022—01	68.00	1446
高中数学题典精编.第一辑.数列	2022—01	58.00	1447
高中数学题典精编.第一辑.不等式·推理与证明	2022—01	58.00	1448
高中数学题典精编.第一辑.立体几何	2022—01	58.00	1449
高中数学题典精编.第一辑.平面解析几何	2022—01	68.00	1450
高中数学题典精编.第一辑.统计·概率·平面几何	2022—01	58.00	1451
高中数学题典精编.第一辑.初等数论·组合数学·数学文化·解题方法	2022—01	58.00	1452
历届全国初中数学竞赛试题分类解析.初等代数	2022—09	98.00	1555
历届全国初中数学竞赛试题分类解析.初等数论	2022—09	48.00	1556
历届全国初中数学竞赛试题分类解析.平面几何	2022—09	38.00	1557
历届全国初中数学竞赛试题分类解析.组合	2022—09	38.00	1558

联系地址:哈尔滨市南岗区复华四道街 10 号　哈尔滨工业大学出版社刘培杰数学工作室
网　　址:http://lpj.hit.edu.cn/
邮　　编:150006
联系电话:0451—86281378　　13904613167
E-mail:lpj1378@163.com